JN248316

作って学べる

Unity本格入門

Akihito Kako 賀好昭仁

技術評論社

◎ご注意

ご購入・ご利用の前に必ずお読みください。

- 本書に記載された内容は、情報の提供のみを目的としております。したがって、本書を用いた運用は、必ずお客様ご自身の責任と判断のもとで行ってください。本書記載内容による運用結果について、著者および技術評論社はいかなる責任も負いません。あらかじめ、ご了承ください。

- 本書の記載内容は、2019年12月現在のものを掲載しており、ご利用時に変更されている場合もあります。また、本書の出版後に実施されるソフトウェアのバージョンアップによって、お客様の実行時に本書内の解説や機能内容、画面図などと異なることがありえます。本書ご購入の前に、必ずバージョンをご確認ください。

- 本書で利用するサンプルデータは、弊社サイトよりダウンロードして利用することができます。なお、サンプルデータの著作権はすべて著者に帰属しています。本書をご購入いただいた方のみ、学習目的に限り自由にご利用いただけます。

- 本書掲載のプログラムは下記の環境で動作検証を行っております。

OS	macOS Catalina/Windows 10
Unity	Unity 2019.3.0f1

上記以外の環境をお使いの場合、操作方法、画面図、プログラムの動作などが本書内の表記と異なる場合があります。あらかじめご了承ください。

- 本書のサポート情報およびサンプルファイルについては、下記の弊社サイトで確認できます。

https://gihyo.jp/book/2020/978-4-297-10973-8/support

まえがき

この本を手にとっていただき、ありがとうございます。

本書では、ゲームの企画方法・Unityの基礎・本格的な開発手順・マネタイズの基礎まで、ゲーム開発に役立つ情報をできるだけ盛り込みました。

Unityは日々進化を続けており、驚くほど機能が豊富なため、1冊ですべての機能を解説することは困難です。その代わりに、基礎を学習し終わったあとでもっと深く学ぶためのヒントが得られるよう、Unityの高度な機能の紹介もできるだけ盛り込んでいます。

加えてゲーム開発を通して筆者が経験したハマりがちなポイントについても各所で記載し、開発で困った時にも活用できる本を目指しました。

筆者はUnityでゲーム開発を始めて5～6年ほど経ちますが、Unityを始めたばかりで右も左もわからないころを振り返りつつ、当時の自分自身にもオススメできる本にしたつもりです。

本書の特色として、いろいろなミニゲームを作るのではなく1冊を通して1本の本格的なサンプルゲームを作ります。

少し大変かもしれませんが、最後まで進めれば実践的な開発手法がひと通り身につくのに加えて、「本格的なゲームを作れるようになったぞ！」という自信にもつながります。

また、カスタムしがいのある本格的なサンプルゲームができあがりますので、それをベースに思い通りのゲームに作り変えていくのも面白いかもしれません。

これからゲーム開発を志す皆さんにとって、本書が少しでも助けになれば幸いです。

2019年12月

賀好 昭仁

本書の使い方

■本書の構成

本書は11章で構成されています。各章の内容は以下の通りです。

Chapter 1	ゲーム開発を始めよう
Chapter 2	Unity の開発環境を構築しよう
Chapter 3	C# の基本文法を学ぼう
Chapter 4	ゲーム企画の基本を学ぼう
Chapter 5	ゲームの舞台を作ってみよう
Chapter 6	キャラクターを作ってみよう
Chapter 7	敵キャラクターを作って動きをつけよう
Chapter 8	ユーザーインタフェースを作ってみよう
Chapter 9	ゲームが楽しくなる効果をつけよう
Chapter 10	ゲームのチューニングを行おう
Chapter 11	プレイされるゲームにしていこう

本書はChapter 5以降でサンプルゲームを制作していきます。

Chapter 6～Chapter 9には、前章までの作業内容を含むサンプルプロジェクトを用意しています(ex.IkinikoBattle9.zipはChapter 8まで)。目的の章のみ学習したい場合は、これらのファイルでプロジェクトを取り込んでください。

ゲームとして完成度をより高めた完成版プロジェクトファイルをダウンロードページに用意しています。完成版については、P.284に追加した機能を記載しています。各機能について解説はしませんが、完成版プロジェクトファイルの中身を確認して学習してみてください。

サンプルデータのダウンロードや使い方については、P.338～P.339に記載しています。

■サポートページ・ダウンロードページ

本書のサポートページには、訂正情報や著者によるGitHubページへのリンクを掲載しています。

サンプルデータをダウンロードする場合は、著者によるGitHubページにアクセスしてください。

・サポートページURL

https://gihyo.jp/book/2020/978-4-297-10973-8/support

・サンプルデータダウンロードページURL

https://github.com/akako/honkaku_unity

■リストの書き換え表記について

本書の解説内で、すでに作成しているリストの内容を一部書き換える個所が複数存在します。その場合、書き換える行は以下のように赤い文字になっています。

▶書き換え個所の表記例

リスト6.2 ▶ Standard Assetsのエラー修正(SimpleActivatorMenu.cs)

```
using System;
using UnityEngine;
using UnityEngine.UI; この行を追記

namespace UnityStandardAssets.Utility
{
    public class SimpleActivatorMenu : MonoBehaviour
    {
        // An incredibly simple menu which, when given references
        // to gameobjects in the scene
        public Text camSwitchButton; 「GUIText」を「Text」に変更
        public GameObject[] objects;
略
```

CONTENTS

Chapter 1 ゲーム開発を始めよう

Chapter 2 Unityの開発環境を構築しよう

Chapter 3 C#の基本文法を学ぼう

Chapter 4 ゲーム企画の基本を学ぼう

CONTENTS

Chapter 6　キャラクターを作ってみよう

Chapter 7　敵キャラクターを作って動きをつけよう

CONTENTS

Chapter 9 ゲームが楽しくなる効果をつけよう

Chapter 10 ゲームのチューニングを行おう

CONTENTS

Chapter 11 プレイされるゲームにしていこう

Chapter 1

ゲーム開発を始めよう

本書のメインテーマであるUnityは、ゲームの開発エンジンです。1章では、ゲームの歴史を少しだけ振り返ると共にUnityの概要を学びます。近年のゲーム開発シーンにおいて、なぜUnityが登場したのか。その背景を知っておくことでUnityをどう活かすべきかのヒントが得られることでしょう。

1-1 ゲームについて理解しよう

現在ゲームは PC、スマホ、専用機などで誰もが手軽に楽しむことができ、娯楽としてのポジションを確立しています。Unity での開発を学ぶ前にゲームの歴史について少しだけ振り返ってみましょう。

1-1-1　ゲームは数千年前から存在していた

ゲームには、大きく分けて「アナログゲーム」と「デジタルゲーム」があります。

デジタルゲームはコンピュータを使ったゲームの総称です。一方アナログゲームは、デジタルゲーム以外のゲームの総称で、トランプ・将棋・カードゲームなど、コンピュータを使わないゲームは、すべてアナログゲームとなります。

現在確認されている最も古いゲームは、紀元前3500年ごろの古代エジプトで遊ばれていた「セネト」というボードゲームといわれています。ルールははっきりとわかっていませんが、「自分のコマを盤面から早く脱出させた人が勝ち」という、すごろくのようなものだったといわれています。

コラム　ボードゲームはとても楽しい！

筆者はボードゲームが大好きで、いろいろなゲームを購入してプレイしました。ボードゲームはプレイヤー同士で競う対戦型が多く、ほとんどが複数人で遊ぶことを想定して作られています。さまざまなボードゲームがありますが、おおよそ以下のような特徴を持っています。

・一度遊んだだけで基本的なルールを理解できる
・何度か遊ぶと、ふとしたときに「なるほど、こうすればいいんだ！」という発見がある
・運と実力のバランスがちょうどよく、初心者から熟練者まで一緒に楽しめる
・プレイヤーを悩ませるジレンマ的要素が組み込まれている

また、これらの特徴に沿わない複雑なゲームもたくさんあります。たとえば、ゲームをセットアップするだけで1時間以上かかるものもあります。

ボードゲームで得られる知見は開発においても有用で、ゲームをどのように組み立てていくかの参考になります。まだ遊んだことが無い方は、ぜひ一度体験してみてください。

1-1-2 デジタルゲームの登場

アナログゲームは数千年前から存在していましたが、デジタルゲームは1970年ごろに登場しました（以降本書の「ゲーム」はデジタルゲームを指します）。

最初のころはコンピュータの性能が低いため、ゲームでの表現や容量は大幅に制限されていました。必然的にゲームの開発規模も小さく、1本のゲームを個人や数人単位のチームが数ヵ月程度の期間で作っていたようです。

その後コンピュータが急速に進化していくにつれ、性能上の制約は緩和されました。現在では、現実世界と見間違えるほどリアルなグラフィックのゲームがたくさん存在しています。

1-1-3 ゲーム開発のハードルは高かった

コンピュータの性能が低い時代はゲームの開発規模は小さかったものの、開発の難易度は高かったようです。というのも、開発のノウハウやフレームワークが現在ほど公開されておらず、専門書など情報も少なかったためです。

その後コンピュータの性能が向上するとともにゲーム開発業界も発展し、開発会社内では知識やノウハウが蓄積されていきましたが、やはり情報が公にされることは少なかったようです。また、ゲームの内容がリッチになるにしたがって、開発規模はどんどん大きくなっていきました。

一方で、RPGやシューティングなど特定ジャンルのゲームを簡単に開発できるツールも登場しました。専門知識が無くてもゲームが作れる非常にすばらしいものでしたが、機能は限られていたため本格的なゲームの開発には向いていませんでした。

このように個人や小規模な開発チームが本格的なゲーム開発に参入するには、つい最近まで高いハードルがありました。

コラム ゲームの開発コスト

2019年12月現在、開発にもっともコストがかかったゲームは「Grand Theft Auto 5」で、約269億円のコストがかかっているそうです。また一般的なスマホのソーシャルゲームも、1本につき平均約1億円のコストかかっているといわれています。

ゲーム開発は製造業と違って工場の建設や原材料の調達は不要ですが、多くのメンバーが長い期間をかけて作るため、コストも膨らんでいくのです。

1-2 Unityについて理解しよう

ゲームについて理解したところで、ここでは本書が学習する Unity について理解を深めましょう。

1-2-1 Unityとは

Unityは、2005年にMac上で動くゲーム開発プラットフォームとして誕生しました。その理念は「ゲーム開発の民主化」でした。

前述の通り、ゲーム開発には高いハードルがありました。面白そうなゲームのアイデアが浮かんだのに、作り方がわからず諦めてしまう。それはとても残念なことです。

そのような悩みを解決するために、「もっと多くの人が簡単にゲームを開発できるようにしたい」という想いから生まれたのがUnityです。Unityはさまざまな機能を追加しながら進化を続け、現在では趣味のミニゲーム開発から商用の本格的なゲーム開発まで、幅広くカバーできる強力な開発プラットフォームとなりました。

また最近ではゲーム開発だけに留まらず、アニメーションや医療、自動車産業など、ゲーム以外の分野でも活用されています。

図1.1 ▶ Unityホームページ

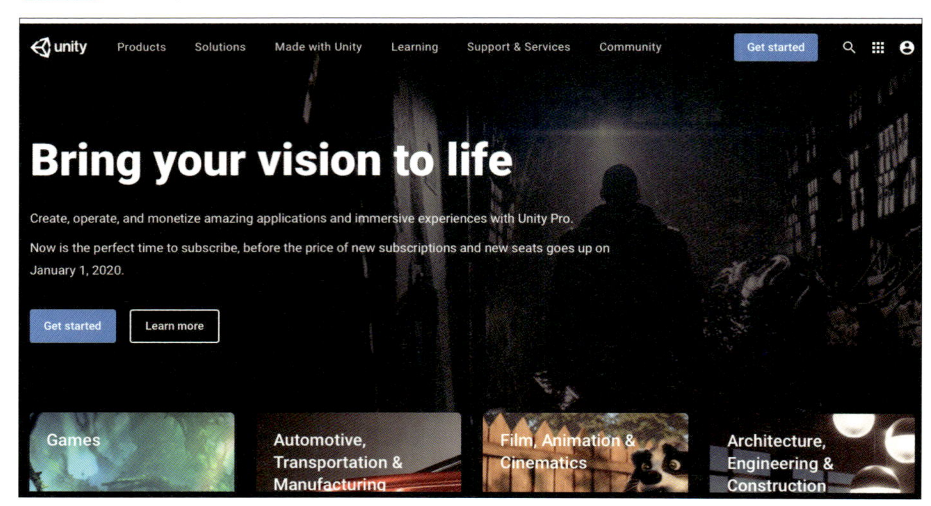

1-2-2 Unityにはどんな機能がある?

Unityには魅力的なゲームを開発するために必要なさまざまな機能が搭載されています。

たとえば、重力の影響などを自動で計算してくれる物理エンジンや、他のユーザが作った部品(Asset)を購入できるストアなどが用意されており、やり方次第ではプログラムを1行も書かずにゲームを作ることも可能です。

また、マルチプラットフォームに対応しており、Unityで作ったゲームを、専用機やPC、スマホなど、さまざまなプラットフォームで遊べるようにすることができます。

1-2-3 Unityは高くて手に入れられない?

Unityにはさまざまな機能が詰まっており、どのようなゲームでも開発できます。となると心配なのが、「Unityを使うにはどのくらいお金がかかるのか」という点ではないでしょうか。

先ほど述べたようにUnityの理念は「ゲーム開発の民主化」です。そして、料金プランもそれに沿ったものとなっています(2-1-2参照)。無料で使えるPersonalプランでもほとんどの機能が利用できますので安心してください。

コラム Unityを使うにあたって心がけておいた方が良いこと

筆者はUnityを使う前からプログラムを書いており、仕組みを考えるのは得意な方です。そのため、さまざまな機能を自分で作ろうとしてしまいがちです。

これはこれでとても楽しいのですが、Unityに関しては、既存の機能やAssetをできるだけ活用することをオススメします。理由は既存の機能やAssetがとても強力で、使わないのはもったい無いからです。

「有りものを使うなんて味気ない、全部自分で作りたい」と思う人もいるかもしれませんが、開発を続けていると必ずオリジナリティを出したい部分が出てきて、自ら勉強してカスタマイズするようになります。最初はこだわり過ぎず、既存の機能やAssetをフル活用してゲームを作っていきましょう。

1-2-4　Unityの弱点

一応、Unityの弱点についても考えてみましょう。

Unityはどのようなゲームでも作れるよう多機能で汎用的な機能を備えていますので、無駄を削ぎ落としたゲームエンジンと比べるとパフォーマンスの面で見劣りすることもあります。

ただし現在ではPCやスマホの性能も上がっており、さらにUnityには「DOTS」というパフォーマンスを劇的に向上させるための仕組みが導入されましたので、よほどリッチなゲームを作るのでなければ心配する必要はありません（DOTSについては11章で少しだけ解説しています）。

また、少し前まではUnityのバージョンアップ直後は安定性に問題があったりもしたのですが、現在はかなり改善されていますので、目立った弱点は無いといって良いかと思います。

コラム　ゲーム配信プラットフォームで世界が広がった

ゲーム配信プラットフォームとは、スマホでアプリやゲームの購入＆ダウンロードができるGoogle PlayやApp Store、PCゲームの購入＆ダウンロードができるSteamなどのことです（10-4参照）。どのプラットフォームも、少しの金額を支払って開発者登録することで、簡単にゲームを販売することができます。

また、PlayStation 4（以下PS4）やNintendo Switch（以下Switch）などのストアでも、インディーズゲームを広く受け入れています。参入のハードルは少し上がりますが、個人で開発したゲームをPS4・Switchで販売している方々も存在します。これらのゲーム配信プラットフォームのお陰で、個人でも大手企業と同じ土俵で戦うことができるようになりました。

また、ゲーム配信プラットフォームは物流コストが不要なため、開発者への支払いが多いのも特徴です。Google Play、App Store、Steamは、いずれも売上げの約70％が開発者に支払われます。ゲームがヒットすれば個人ゲームクリエイターとして生活していくことも可能です。

ゲームがヒットするかどうかは内容とやり方次第です。ちょっとしたゲームでも、プレイヤーの心に刺されば大手メーカーの大作を超えるようなヒットになる可能性がありますので、夢が広がりますね。

Chapter 2

Unityの開発環境を構築しよう

本章ではUnityのインストールを行います。そのあとでUnityを起動して基本的な使い方を学んでいきましょう。Unityの動作環境はmacOSおよびWindowsです。インストール手順はmacOS、Windowsの両方を紹介しますが、以降はmacOS版Unityで説明を進めていき、Windows版Unityについては適宜付記しています。

2-1 macOS に Unity をインストールしよう

ここでは、macOS に Unity Hub および Unity 本体をインストールする手順を説明していきます。

2-1-1　Unity Hubをインストールする

本書ではUnity Hubを利用します。Unity HubはUnity本体ではなく、Unityのバージョンやプロジェクトを管理するためのツールです。

複数のゲームを開発するようになると、ゲームごとにUnityのバージョンが違ってくることがよくあります。すでにゲームをリリースしていると、あとからUnityバージョンを変更するのが難しくなります。Unity Hubを使用すると、複数のUnityバージョンを管理するのが非常に楽になりますので、とても重宝します。

それでは、Unity Hubをダウンロードして、インストールしていきましょう。

まずUnityダウンロードページにアクセスし、「Unity Hubをダウンロード」をクリックします。Webサイトのダウンロード許可を聞かれた場合は、「許可」を選択してください。

・Unityをダウンロード
　https://unity3d.com/jp/get-unity/download

図2.1 ▶ Unity Hubのダウンロード

ブラウザの右上のダウンロード表示をクリックし、「UnityHubSetup.dmg」をダブルクリックします。英語で記述された利用規約が表示されますので、「Agree」ボタンをクリックします。

図2.2 ▶ Unity Hub 利用規約

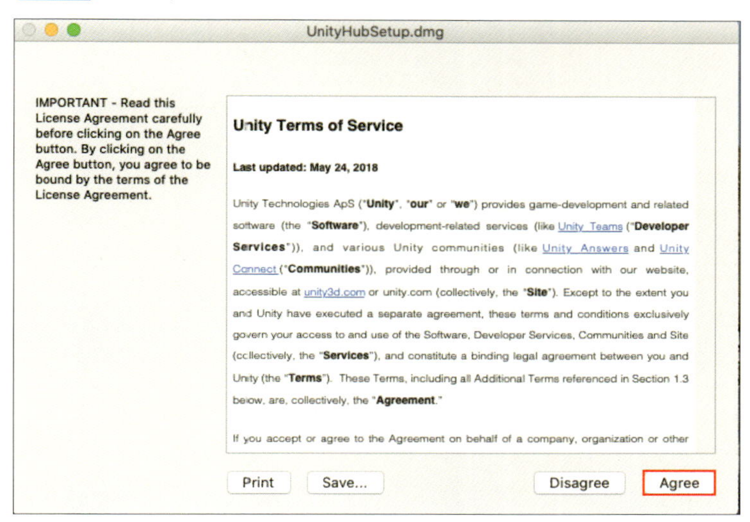

左側のUnity Hubアイコンを右側のApplicationsにドラッグします。Applicationsをダブルクリックし、中に「Unity Hub」があればインストールは完了です。

図2.3 ▶ Unity Hubのインストール

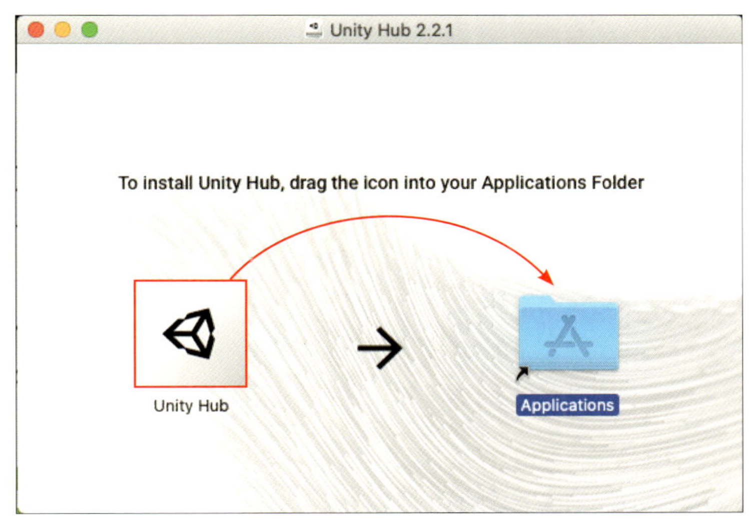

コラム Unity Hubが開けない場合は

Unity Hubアイコンをダブルクリックした際に、一部のmacOSでは「悪質なソフトウェアかどうかをAppleでは確認できないため、このソフトウェアは開けません。」というメッセージが表示されます。

その場合は「システム環境設定」→「セキュリティとプライバシー」をクリックし、「ダウンロードしたアプリケーションの実行許可でUnity Hubについて「そのまま開く」をクリックすると、次から実行できるようになります。

図2.a ▶ macOSでUnity Hubが開けない

2-1-2　Unityのプラン

2019年12月現在、Unityには表2.1に挙げた4つのプランがあります。ご自身の収益や利用形態によって利用可能なプランが変わるため、注意してください。

表2.1 ▶ Unityのプラン

プラン	説明
Unity Personal	無料で利用可能。年間収益制限は10万ドル以下。ゲーム起動時のUnityロゴ（スプラッシュ）は削除できないが、ほとんどの機能は利用できる
Unity Plus	月額4,200円（年間一括払いの場合は月額約3,000円）で利用可能。年間収益制限は20万ドル以下。Unity習得のためのUnity Learn Premiumサービスが利用可能で、Asset StoreでのAssetの購入が20%割引になる
Unity Pro	月額約1万5,000円で利用可能。収益による制限はない。Unity Plusでの特典のほか、一部のAssetが無料で入手できたり、Unity Teams Advancedライセンス（月額9ドル）がバンドルされている
Unity Enterprise	21人以上のチーム向けプラン

コラム Unity Teams Advanced

Unity Teams Advancedは、Unity PersonalやUnity Plusのプランにはバンドルされていませんが、単体では月9ドルで利用可能です。Unity Teams Advancedで利用できるUnity Cloud Buildは非常に強力で、ゲームのビルドをサーバー側で自動実行できるようになります。ビルドはかなりの時間がかかる上に負荷も高いため、実行中はPCで他の作業ができなくなることもよくあります。ビルドが面倒だと感じたら、Unity Cloud Buildの利用をオススメします。

2-1-3　Unityをインストールする

2-1-1でインストールしたUnity Hubを使用して、Unity最新版のインストールを進めていきましょう。

Unityを利用するにはライセンスが必要です(表2.1参照)。このライセンスを設定するにはUnity IDが必要となります。Unity Hubを最初に開いたときに表示される「ライセンスを管理」をクリックします。

図2.4 ▶ Unity Hubの初回起動

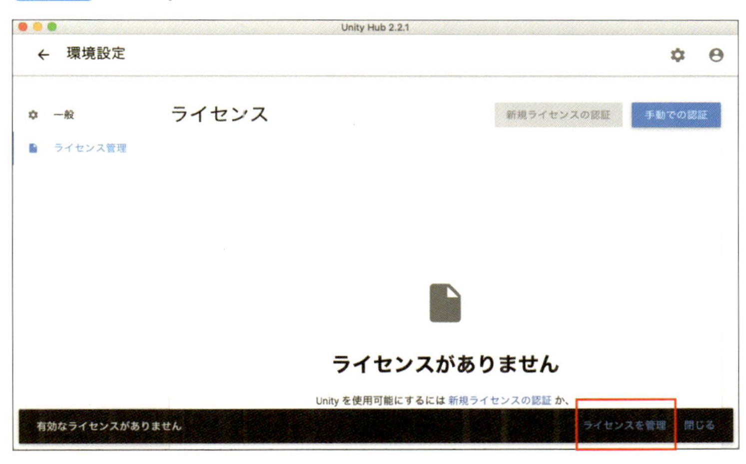

「ログイン」をクリックすると、Unity IDのサインイン画面になりますので、「IDを作成」をクリックします。

図2.5 ▶ Unity IDサインイン画面

Unity IDアカウントを作成画面で表2.2の項目を入力し、「Unity IDアカウントを作成」をクリックします。なお、GoogleアカウントやFacebookアカウントでもサインインは可能です。

表2.2 ▶ Unity IDアカウント作成時の入力項目

項目	説明
メールアドレス	メールアドレスを入力する
パスワード	ログイン用のパスワードを設定する
ユーザーネーム	Unityで使用するユーザー名を入力する
フルネーム	氏名を入力する
Unityの利用規約とプライバシーポリシーに同意します	利用規約とプライバシーポリシーに同意する
このボックスにチェックすることで、Unityからのプロモーション広告を受け取ることに同意します。	Unityからのお知らせを受け取ることに同意する

図2.6 ▶ Unity IDアカウントを作成画面

メールアドレスに確認用メールが送付されます。メール本文内の「Link to confirm email」をクリックするとブラウザが開き、確認完了となります。Unity Hubに戻り、「Continue」ボタンをクリックします。

図2.7 ▶ ID作成の確認メール

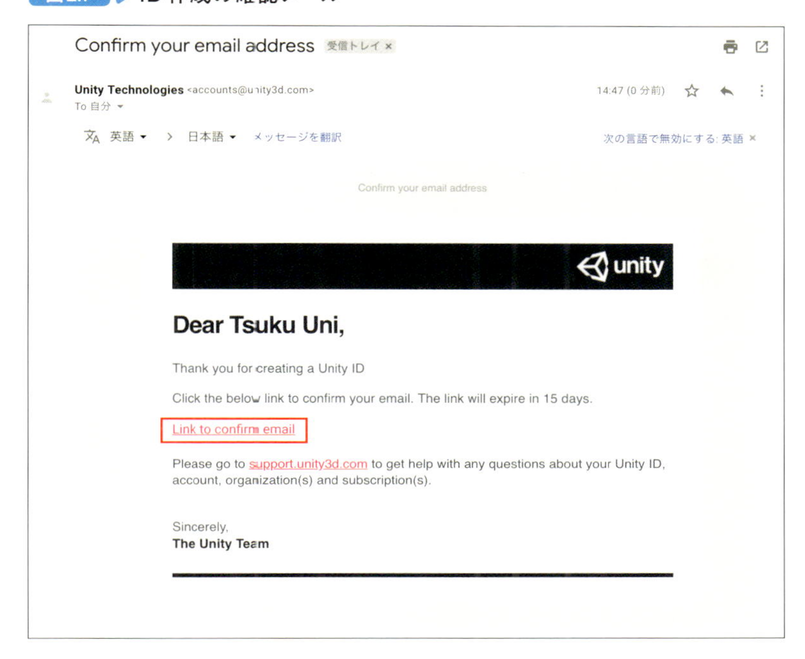

ライセンス認証

先ほど作成したUnity IDでログインを行い、「新規ライセンスの認証」をクリックします。

「Unity Personal」を選択し、「Unityを業務に関連した用途に使用しません。」を選択し、「実行」ボタンをクリックします。

ライセンス認証が終わると、認証されたライセンス情報が表示されます。

図2.8 ▶ 新規ライセンスの認証

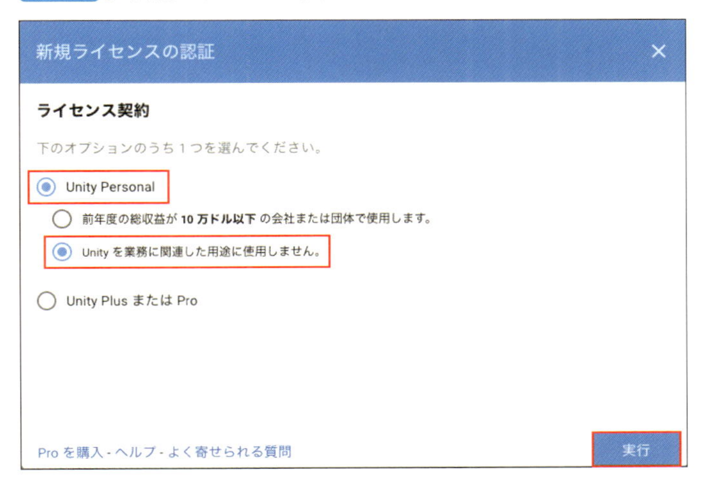

Unityのバージョン選択とインストール

ライセンス認証が完了したら、Unity Hub画面の左にある「インストール」を選択し、Unity本体のインストールを進めていきます。

図2.9 ▶ Unity本体のインストール(その1)

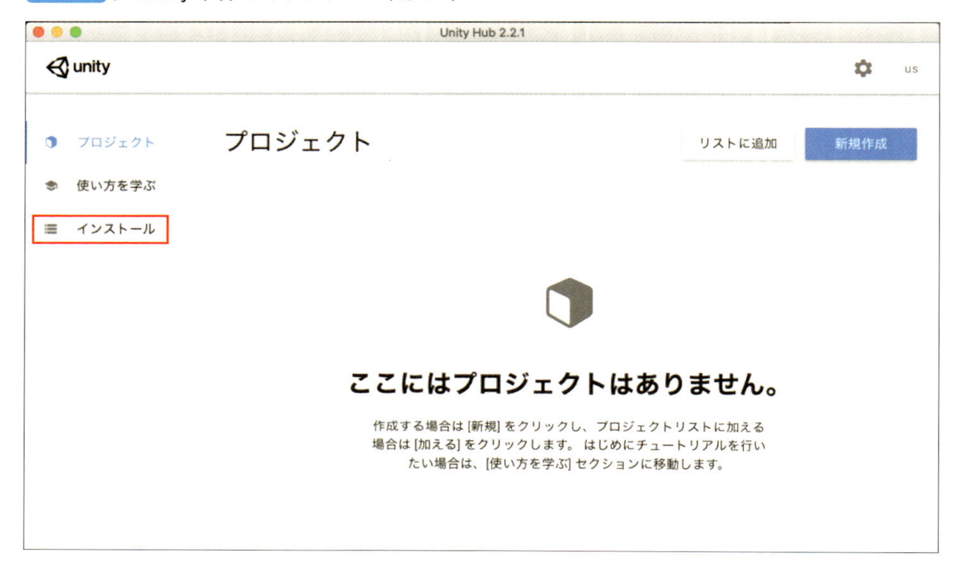

「インストール」をクリックすると、インストール可能なUnityのバージョンが表示されます。一番上に表示されている正式版の最新バージョンを選択し、「次へ」をクリックします。

図2.10 ▶ Unity本体のインストール(その2)

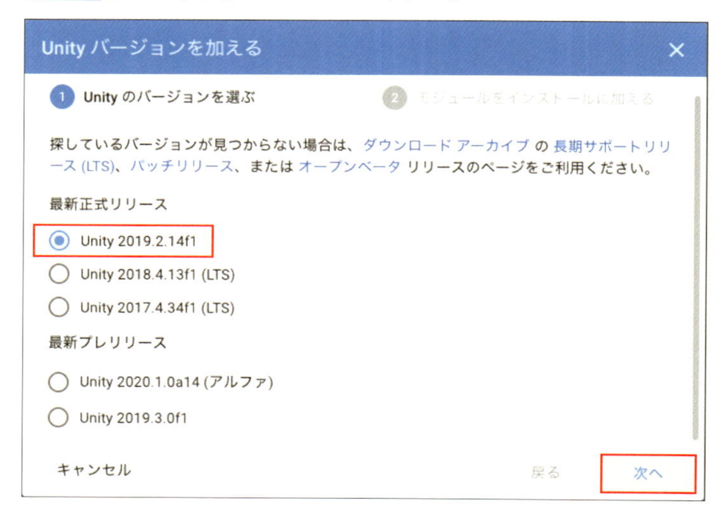

注意

本書はUnity 2019.3.0f1で動作確認を行っています。そのため、左図とは違う操作となりますが、通常はそのときの正式版の最新バージョンを利用してください。

次にインストールするコンポーネントを選択します。本書ではWindowsとmacOS用のPCゲームを開発していきますので、表2.3にあるコンポーネントを選択して「次へ」をクリックします。

表2.3 ▶ PC(macOS) 用ゲームを開発する場合のコンポーネント

コンポーネント	説明
Visual Studio for Mac	スクリプトを書くために使用する IDE（統合開発環境）
Documentation	困ったときに参照できる Unity のドキュメント
Windows Build Support (Mono)	Windows 用のゲームをビルドするためのコンポーネント
Mac Build Support (IL2CPP)	macOS 用のゲームをビルドするためのコンポーネント

図2.11 ▶ Unity本体のインストール(その3)

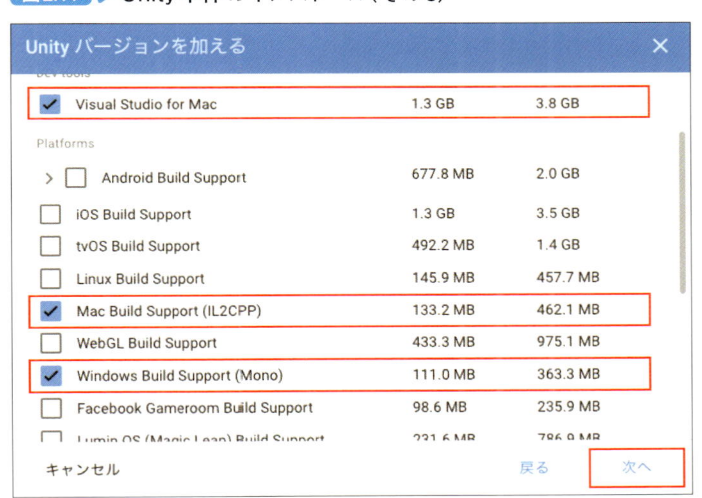

PC以外のプラットフォームでもゲームを開発したい場合は、表2.4のコンポーネントも選択してください。

表2.4 ▶ スマホ・ブラウザ用ゲームを開発する場合のコンポーネント

コンポーネント	説明
Android Build Support	Android 用のゲームをビルドするためのコンポーネント
iOS Build Support	iOS 用のゲームをビルドするためのコンポーネント
WebGL Build Support	Web ブラウザでプレイ可能なゲームをビルドするためのコンポーネント

Language packs（Preview）は、Unityエディタを各言語で表示（ローカライズ）するためのコンポーネントです。まだプレビュー版で、2019年12月現在、Web上で検索して得られる情報もほとんどがLangauge packsを適用していないため、本書ではLanguage packsは選択せずに解説を進めます。

なお、コンポーネントは後から削除できませんが、追加することは可能です。インストールに必要な容量は結構大きいため、コンポーネントが必要かどうかわからない場合は、保留して後回しにしましょう。

次にVisual Studioのライセンス確認が出ますので、「上記の利用規約を理解し、同意します」にチェックを入れ、「実行」をクリックすると、インストールが開始します。

図2.12 ▶ Unity本体のインストール（その4）

図2.13 ▶ Unity本体のインストール（その5）

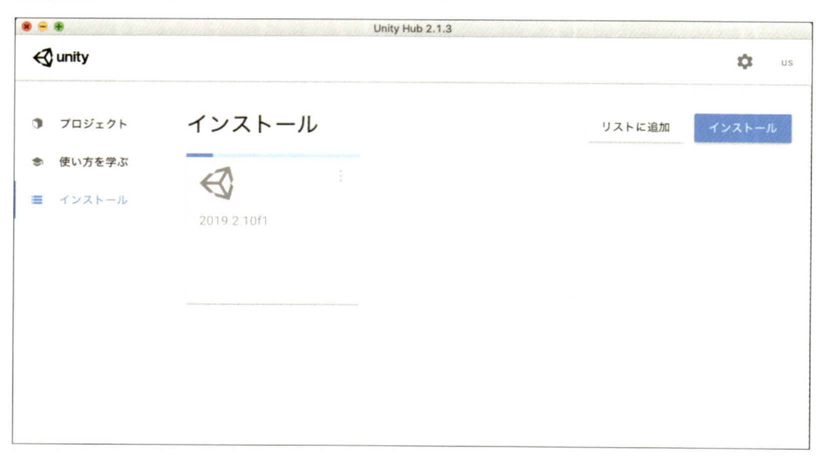

2-2 Windows に Unity をインストールしよう

ここでは、Windows に Unity Hub および Unity 本体をインストールする手順を説明していきます。

2-2-1 Unity Hubをインストールする

macOS版と同様に、以下のURLにアクセスしてUnity Hubのインストーラをダウンロードします。

・Unityをダウンロード
https://unity3d.com/jp/get-unity/download

「Unity Hubをダウンロード」をクリックし、「実行」もしくは「保存」をクリックしてください。「実行」の場合はダウンロードから続いてインストールが開始、「保存」の場合はインストーラをいったんPCに保存します。

図2.14 ▶ Unity Hubのダウンロード

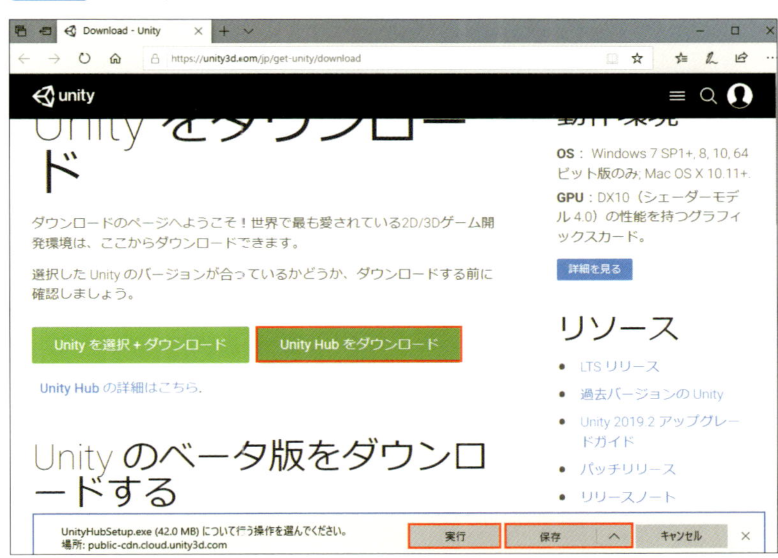

ライセンス契約書を一番下まで確認して「同意する」をクリックします。

図2.15 ▶ ライセンス契約書の確認

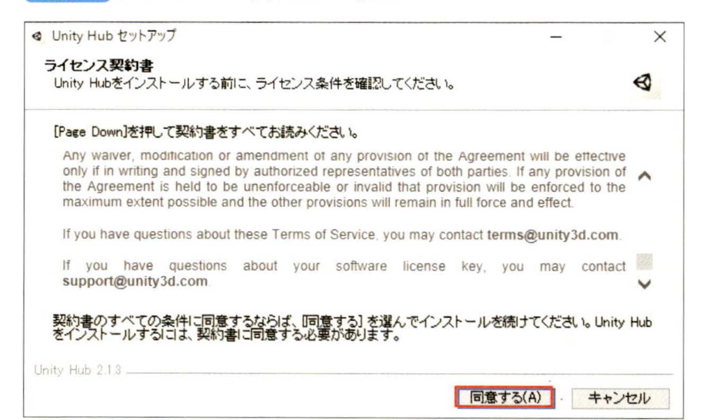

次にインストール先フォルダを指定します。特に問題なければそのまま「インストール」をクリックしてください。

図2.16 ▶ インストール先の確認

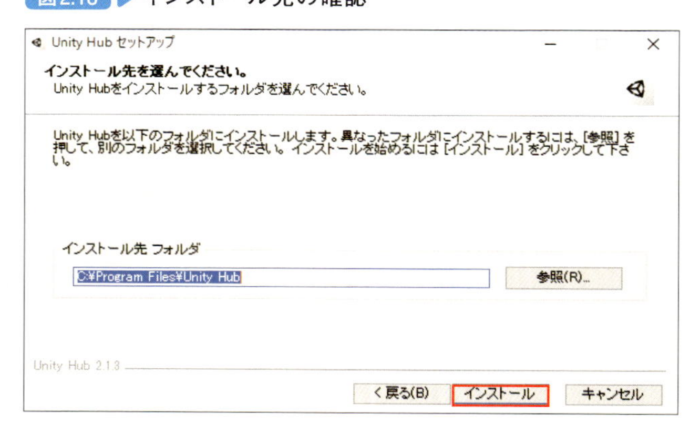

インストールが完了したら、「Unity Hubを実行」にチェックをつけたまま、「完了」をクリックします。

図2.17 ▶ インストールの完了

2-2-2　Unityをインストールする

2-2-1でインストールしたUnity Hubを使用して、Unity最新版のインストールを進めていきましょう。起動したUnity Hub画面の右上にある「インストール」をクリックします。

図2.18 ▶ Unity Hub画面

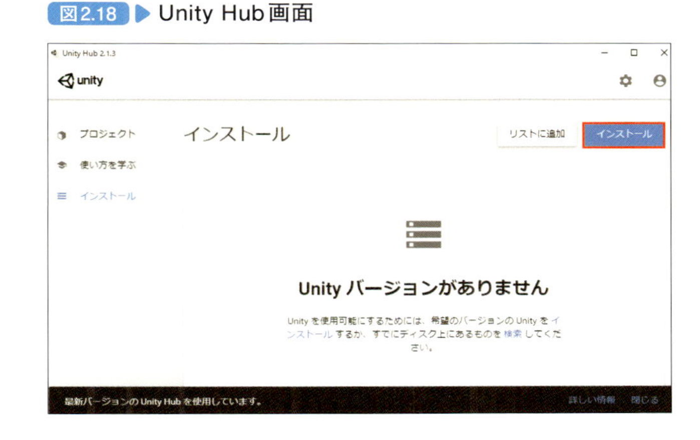

インストール可能なUnityのバージョンが表示されます。一番上に表示されている正式版の最新バージョンを選択し、「次へ」をクリックします。

図2.19 ▶ インストールするバージョンの選択

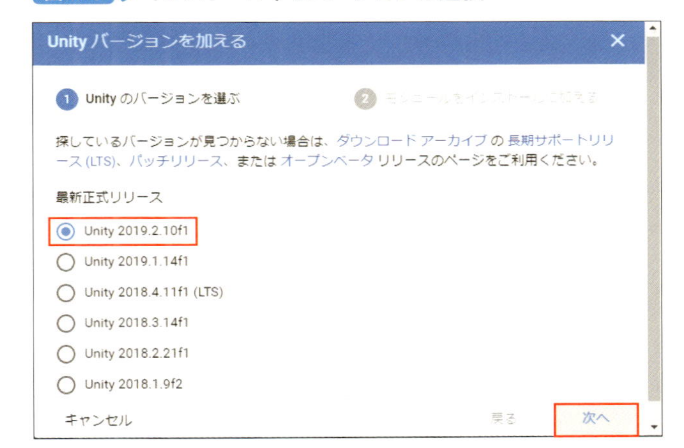

注意

本書はUnity 2019.3.0f1で動作確認を行っています。そのため、右図とは違う操作となりますが、通常はそのときの正式版の最新バージョンを利用してください。

次にインストールするコンポーネントを選択します。本書ではWindowsとmacOS用のPCゲームを開発していきますので、表2.5にあるコンポーネントを選択して、「実行」をクリックします。

表2.5 ▶ PC(macOS・Windows) 用ゲームを開発する場合のコンポーネント

コンポーネント	説明
Documentation	困った時に参照できる Unity のドキュメント
Windows Build Support (Mono)	Windows 用のゲームをビルドするためのコンポーネント
Mac Build Support (IL2CPP)	macOS 用のゲームをビルドするためのコンポーネント

図2.20 ▶ Unity本体のインストール(その1)

Unity バージョンを加える

Linux Build Support	90.6 MB	469.0 MB
Mac Build Support (Mono)	82.7 MB	463.0 MB
Universal Windows Platform Build Support	269.8 MB	2.0 GB
WebGL Build Support	237.0 MB	893.7 MB
Windows Build Support (IL2CPP)	60.3 MB	345.9 MB
Facebook Gameroom Build Support	106.9 MB	344.6 MB
Lumin OS (Magic Leap) Build Support	144.0 MB	806.3 MB
Documentation		
Documentation	337.1 MB	687.6 MB
Language packs (Preview)		

キャンセル　戻る　実行

PC以外のプラットフォームでもゲームを開発したい場合は、表2.6のコンポーネントも選択してください。

表2.6 ▶ スマホ・ブラウザ用ゲームを開発する場合のコンポーネント

コンポーネント	説明
Android Build Support	Android用のゲームをビルドするためのコンポーネント
iOS Build Support	iOS用のゲームをビルドするためのコンポーネント
WebGL Build Support	Webブラウザでプレイ可能なゲームをビルドするためのコンポーネント

Language packs (Preview)は、Unityエディタを各言語で表示(ローカライズ)するためのコンポーネントです。まだプレビュー版で、2019年現在はWeb上で検索して得られる情報もほとんどがLangauge packsを適用していないため、本書ではLanguage packsは選択せずに解説を進めます。

図2.21 ▶ Unity本体のインストール(その2)

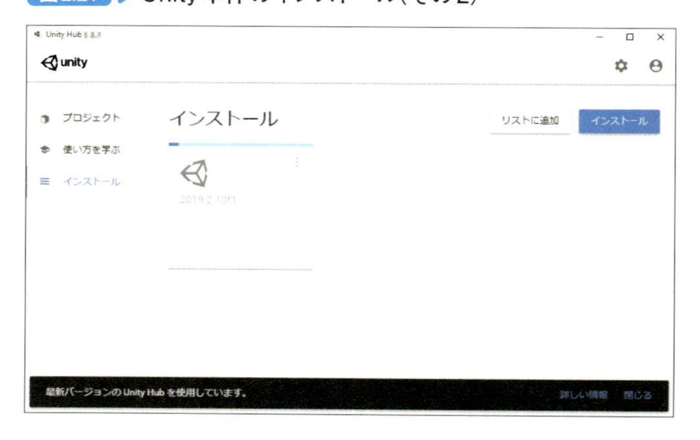

2-3 Unity を動かしてみよう

インストールが完了したところで、皆さんはきっと動かしてみたくてウズウズしているかと思います。ここからは Unity を動かしながら、使い方の基本を学んでいきましょう！

2-3-1　プロジェクトを作成する

プロジェクトとは

Unityでは、ゲームを「プロジェクト」という単位で管理します。プロジェクトは、ゲームのスクリプト、キャラクターの画像、ステージのデータなど、ゲームを必要なファイルや情報で構成されています。

プロジェクトの作成

まずはプロジェクトを作成しましょう。Unity Hubで左上の「プロジェクト」を選択し、「新規作成」をクリックすると、プロジェクトの作成画面が開きます。

テンプレートでは、プロジェクトのテンプレート（雛形）を設定します。今回は「3D」を指定します。なお、テンプレートはプロジェクトの初期設定や初期パッケージが変わる程度で、「3D」を選択しても2Dゲームは作成できます。

プロジェクト名を「Test」に指定し、保存先を指定して「作成」をクリックします。

図2.22 ▶ 新規プロジェクトの作成

2-3-2 シーン、ゲームオブジェクト、コンポーネント、Asset

プロジェクトを作成するとUnityエディタが自動的に開き、SampleSceneというシーンが開かれた状態になります。

プロジェクトは、シーン、ゲームオブジェクト、コンポーネント、Assetで構成されます。

シーン(Scene)とは

シーン(Scene)とは、ゲーム中の「場面」を表します。たとえば、「タイトル画面シーン」「ステージ1シーン」「ステージ2シーン」といった形です。

1つのシーンにゲームのすべての要素を詰め込むことも可能です。ただし、後から変更を加えるのが大変になったり、不要な要素があるせいでゲームプレイ時のパフォーマンスに影響を及ぼすため、シーンは必要に応じて分けるようにしましょう。

ゲームオブジェクト(Game Object)とは

ゲームオブジェクト(Game Object)とは、ゲームを構成する要素で、シーンの中に配置されます。キャラクター、光源(周囲を照らすライト)、背景画像、UIなど、ゲーム中で登場するものは基本的にゲームオブジェクトとして存在しています。

コンポーネント(Component)とは

ゲームオブジェクトには、コンポーネント(Component)という「ゲームオブジェクトのふるまいを制御する部品」をアタッチする(紐付ける)ことが可能です。

ゲームオブジェクト自体は機能をほとんど持っておらず、そのゲームオブジェクトがキャラクターなのか、それとも光源なのかといったことは、どのコンポーネントがアタッチされているかによって変わります。

Asset(アセット)とは

Asset(アセット)とは、Unityプロジェクトで管理しているデータの総称です。キャラクターの3Dモデル、画像ファイル、音声ファイル、スクリプト(コンポーネントとしてゲームオブジェクトにアタッチできるプログラム)などもAssetとして取り込み、管理しています。シーンもAssetのひとつとして保存します。

Assetは「メタデータ」と呼ばれる各Assetの情報と一緒にUnityが管理しているため、WindowsのエクスプローラーやmacOSのFinderから直接Assetの名前を変更・削除すると、データがおかしくなる可能性があります。名前変更・削除はUnityエディタ上から行うようにしましょう。

ちなみに、Assetの追加や差し替えは、エクスプローラーやFinderから行っても問題ありません（Unityに自動で反映されます）。

2-3-3　基本的なビューとウインドウ

Unityエディタにはさまざまなウインドウがあります。初期状態で開かれているものを順に見ていきましょう。

図2.23 ▶ Unityエディタ

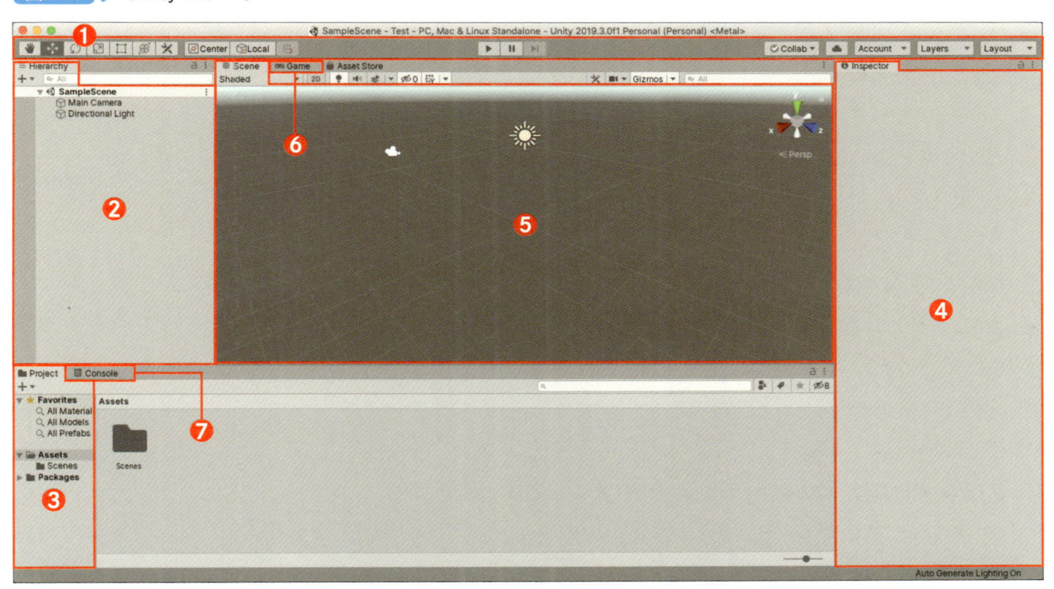

ツールバー

ツールバー（図2.23❶）はエディタ上部に常に表示されます。最もよく使うのは、左側のTransform Tools（Sceneビューでゲームオブジェクトを移動したり回転したりする時に使うツール群）と、中央のPlay/Pause/Step Buttons（ゲームの再生・停止などを行うボタン）です。

他のコントロールに関しては、必要に応じて適宜説明します。

Hierarchy（ヒエラルキー）ウインドウ

Hierarchy（ヒエラルキー）ウインドウ（図2.23❷）には、シーンに配置されているゲームオブジェクトが一覧表示されます。Hierarchyウインドウ上で右クリックすることで、ゲームオブジェクトの作成が可能です。

ドラッグ＆ドロップでゲームオブジェクトの順番を並び替えたり、別のゲームオブジェクトの子オブジェクトとして入れることも可能です。

Project(プロジェクト)ウインドウ

Project(プロジェクト)ウインドウ(図2.23❸)は、プロジェクトで管理しているAssetを表示します。右クリックメニューから各種Assetを作成・インポートすることができます。また、ここに画像ファイルや音声ファイルを直接ドラッグ&ドロップすることでもインポートが可能です。

Inspector(インスペクター)ウインドウ

Inspector(インスペクター)ウインドウ(図2.23❹)では、ゲームオブジェクトまたはAssetを選択したとき、その詳細情報が表示されます。Inspectorウインドウからは各種プロパティの値を編集することができます。また、ゲームオブジェクトはコンポーネントの追加・削除なども可能です。

Scene(シーン)ビュー

Scene(シーン)ビュー(図2.23❺)は、開いているシーンが表示されます。

Game(ゲーム)ビュー

Game(ゲーム)ビュー(図2.23❻)は、ゲーム画面(メインカメラが写している映像)が表示されます。ビュー上で解像度やアスペクト比などを指定することが可能で、さまざまなデバイスに表示した際のゲーム画面の見え方をチェックすることができます。

Console(コンソール)ウィンドウ

Console(コンソール)ウィンドウ(図2.23❼)は、デバッグ用のメッセージやエラーメッセージなどの重要な情報が表示されます。常に見えていた方が便利ですので、ドラッグして配置を変えておくと良いでしょう。

ステータスバーのメニュー

ステータスバーに表示されるメニューに関して、よく使うものに絞って表2.7で簡単に説明しておきます。

表2.7 ▶ ステータスバーの主なメニュー

メニュー	説明
File メニュー	プロジェクトの読み込み・保存や、ビルド設定で使用する
Edit メニュー	プロジェクトの設定で使用する
Assets メニュー	パッケージのインポートで使用する
Window メニュー	各種ウインドウを開く

2-3-4　Sceneビューでの操作方法

Sceneビューでは視点を移動しながら作業するため、操作方法を把握しておきましょう。

視点の移動

スクロール操作（マウスのホイール）で前後に移動します。Option＋Command（Windowsの場合はCtrl＋Alt）を押しながら画面をドラッグすることで、上下左右に視点が移動します。

視点の回転

Option（Windowsの場合はAlt）を押しながら画面をドラッグします。また、Sceneビュー右上にあるシーンギズモをクリックすることで、X/Y/Z軸方向に対してまっすぐ見た視点に変更することができます。

任意のゲームオブジェクトにフォーカスする

Hierarchyウインドウで任意のゲームオブジェクトをダブルクリックすると、対象のゲームオブジェクトがSceneビュー画面中央に表示されます。

ゲームオブジェクトの選択

ハンドツール（）以外を選択した状態で、Sceneビュー上の該当ゲームオブジェクトをクリックするか、またはHierarchyウインドウから選択します。Sceneビュー上でドラッグすることで範囲選択も可能です。

コラム　覚えておきたいショートカット

ショートカットを使うと開発効率がアップします。すべて覚えるのは大変ですので、特に使用頻度の高いものだけでも覚えておきましょう。

表2.a ▶ 特に使用頻度の高いショートカット

ショートカット	説明
W	移動モード
E	回転モード
R	拡大／縮小モード
Command＋C	コピー
Command＋V	貼り付け
Command＋D	複製
Command＋Z	取り消す
Command＋P	ゲームの再生

※Windowsの場合はCommandの代わりにCtrlを使用します。

2-3-5　ゲームオブジェクトを配置する

これまででエディタの概要をざっと把握しました。次にシーンにゲームオブジェクトを配置してみましょう。

SampleSceneのHierarchyウインドウには、Main CameraとDirectional Lightの2つのゲームオブジェクトが配置されています。

Main Cameraはゲーム再生時に画面を映すカメラ、Directional Lightはオブジェクトを照らす光源です。ここにゲームオブジェクトを追加します。

Hierarchyウインドウ上で右クリックし、「3D Object」→「Cube」を選択します。Sceneビューにグレーの立方体が追加されました。

図2.24 ▶ 立方体の作成

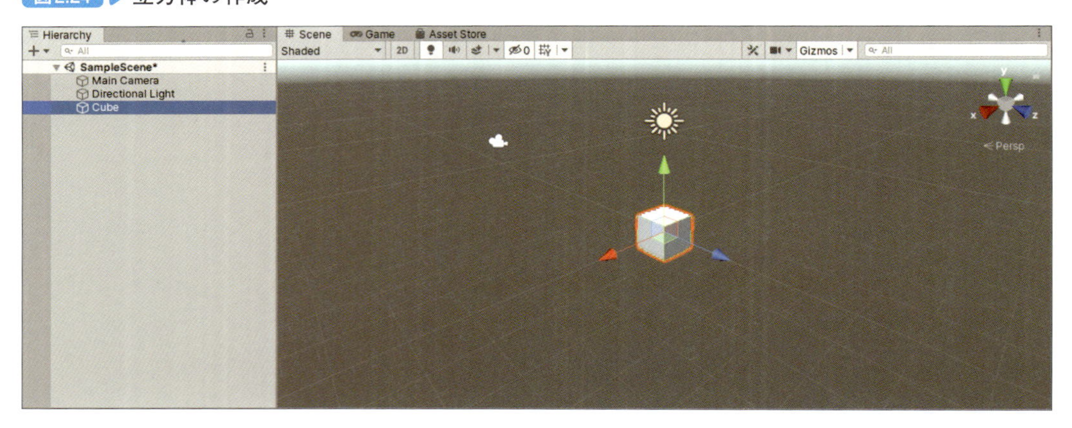

他のオブジェクトも追加してみましょう。Hierarchyウインドウ上で右クリックし、「3D Object」→「Sphere」を選択します。オレンジの丸い輪郭は表示されましたが、先ほどの立方体と重なってしまっているようです。

図2.25 ▶ 球体の作成

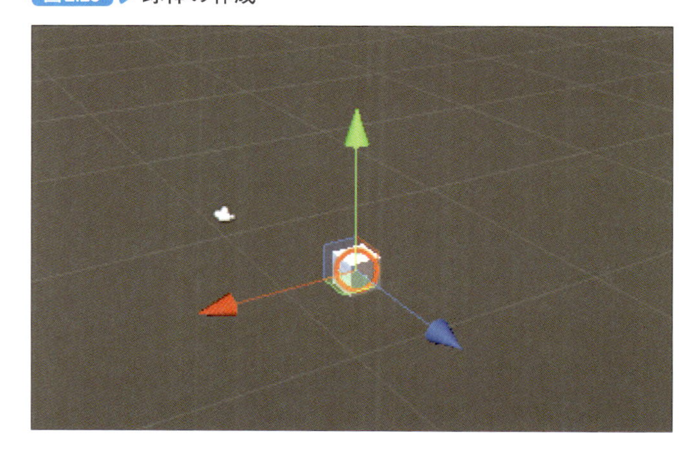

Scene ビューに表示されている3方向の矢印をドラッグして、オブジェクトを移動してみましょう。赤がX軸方向、緑がY軸方向、青がZ軸方向を表します。

図2.26 ▶ 球体を移動してみる

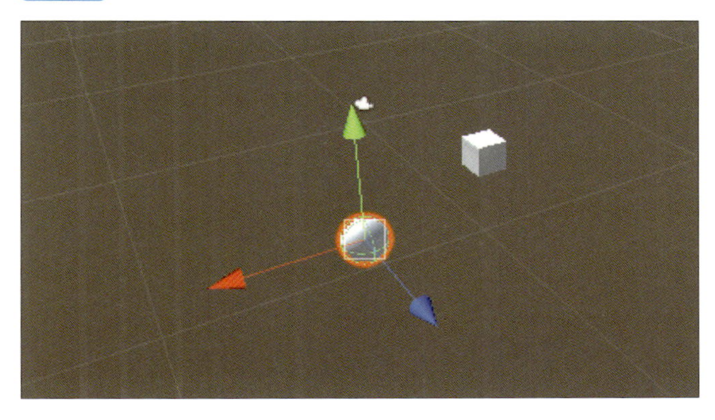

ツールバー左側のTransform Toolsを切り替えることで、回転や伸縮も行えるようになります（Transform Toolsのショートカットキーは[Q]～[T]が割り当てられ、ワンタッチで切り替えられます）。

また、オブジェクトの移動・回転・伸縮はInspectorウインドウからも行えます。Sphereオブジェクトを選択し、InspectorウインドウのTransformコンポーネントで以下のように入力してみましょう。

- Position：Xに「1」、Yに「2」、Zに「3」
- Ratation：Xに「30」、Yに「0」、Zに「0」
- Scale：Xに「3」、Yに「1」、Zに「3」

ぺちゃんこの円盤になりました。

図2.27 ▶ Inspectorウインドウからゲームオブジェクトを操作する

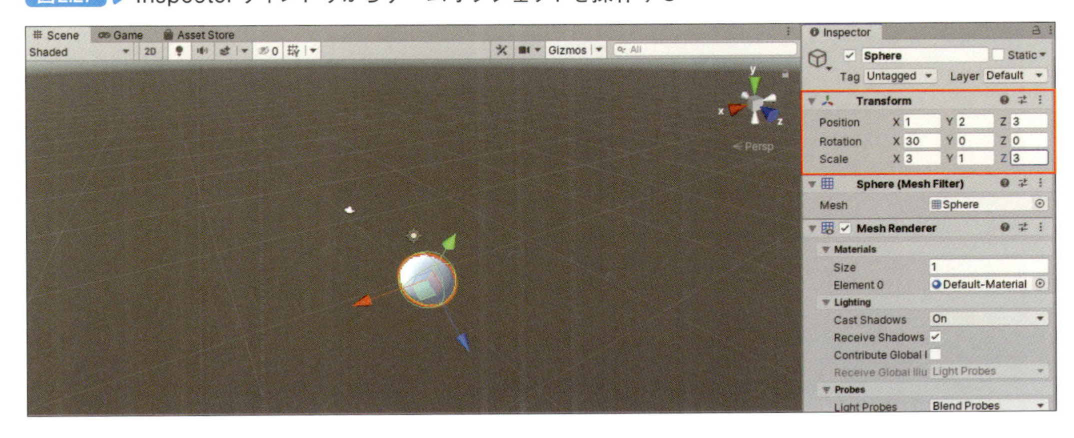

2-3-6 カメラを確認する

初期の状態では、Main Cameraが映した映像がゲーム画面となります。キャラクターの移動に合わせた視点変更などは、カメラを移動することで実現可能です。

Hierarchyウインドウで Main Cameraをダブルクリックしてみましょう。

図2.28 ▶ Main Cameraを確認する

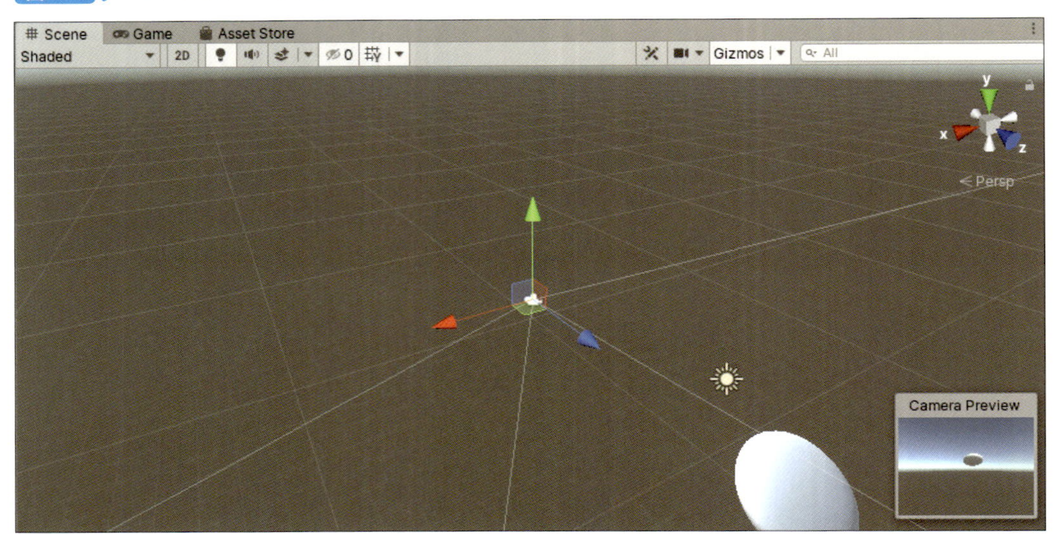

Sceneビューで、カメラから四方に出ている白い線が、カメラが映している範囲を表しています。Sceneビュー右下に表示されているのが、カメラのプレビューです。先ほど追加したオブジェクトが写っています。

2-3-7 ゲームを実行する

Command (Windowsの場合はCtrl) + Pまたはツールバーの再生ボタンを押して、ゲームを再生してみましょう。特に変化はありませんでした。現時点ではゲームオブジェクトをシーン上に配置しただけで、動きをつけていないためです。

ゲームオブジェクトにコンポーネントをアタッチしていくことで、さまざまな動きがつけられます。

2-3-8　物理エンジンで遊んでみる

Unityには物理エンジンが搭載されており、ゲームオブジェクトを物理の法則に則って動かすことが可能です。物理エンジンを利用して、ボールを地面でバウンドさせてみましょう。

Rigidbodyをアタッチする

物理演算を適用したいゲームオブジェクトには、Rigidbodyコンポーネントをアタッチします。アタッチするだけで物理の法則が適用されるようになり、ゲームオブジェクトの重さや摩擦などを設定可能です。

Hierarchyウインドウで Sphereを選択し、Inspectorウインドウで「Add Component」ボタンをクリックし、「Physics」→「Rigidbody」を選択します。

図2.29 ▶ Rigidbodyの追加

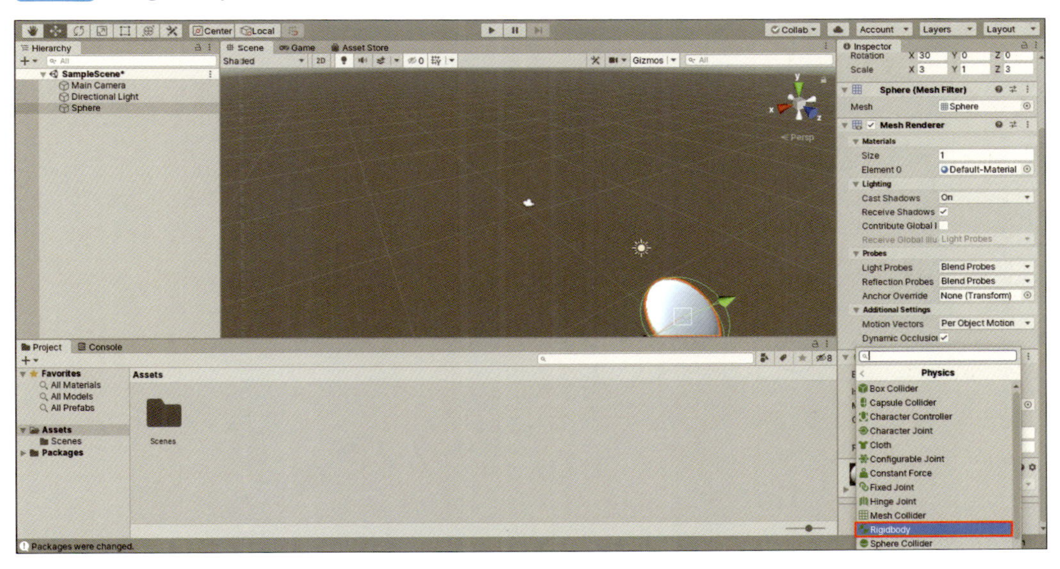

Rigidbodyはよく使う設定ですので、各プロパティの役割を把握しておきましょう（表2.8）。

表2.8 ▶ Rigidbodyの主なプロパティ

プロパティ	説明
Mass	オブジェクトの重さ（単位はKg）
Drag	オブジェクトの空気抵抗。値が大きいと、力を加えてもオブジェクトが移動しづらくなる
Angular Drag	回転に対する空気抵抗
Use Gravity	重力を適用するかどうか指定する
Is Kinematic	建物や壁など固定された物に使用するプロパティ。これにチェックをつけたオブジェクトはスクリプトで移動させない限り動かなくなる
Interpolate・Extrapolate	Unityでは描画処理と物理演算処理が別々に実行されるため、描画と物理演算にズレが生じる場合がある。これらを設定すると、物理演算の補完を行い、この現象を軽減することが可能となる。Interpolateは直前のフレーム、Extrapolateは現在のフレームから次フレームを予測し、補完に使用する。ONにすると描画はスムーズになるが、負荷がかかるため使いすぎに注意
Collisions Detection	物理演算で移動するオブジェクトを高速で動かすと壁などを貫通してしまう場合、Continuousにすると、高速移動させても貫通しなくなる。Continuousは動かないオブジェクトと衝突する場合、Continuous Dynamicは動くオブジェクトと衝突する場合に使用する
Constraints	各座標軸に対して、Freeze Positionは移動、Freeze Rotationでは回転をしないよう制御が可能

平らな床を配置する

床を配置してみましょう。Hierarchyウインドウで右クリックし、「3D Object」→「Plane」を選択します。

Planeは厚さの無い平らな板です。床として使用するにはデフォルト値では小さいので、Inspectorウインドウで以下のように変更します。

・Position：Xに「0」、Yに「0」、Zに「0」
・Scale：Xに「10」、Yに「10」、Zに「10」

図2.30 ▶ Planeの追加

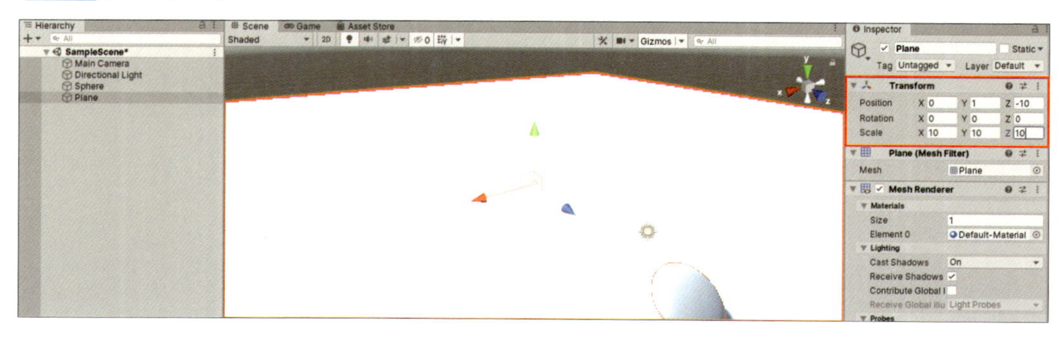

併せて、PlaneにRigidbodyコンポーネントもアタッチしましょう。床は動かさないので、Is Kinematicにチェックを入れておきます。

図2.31 ▶ Planeの設定

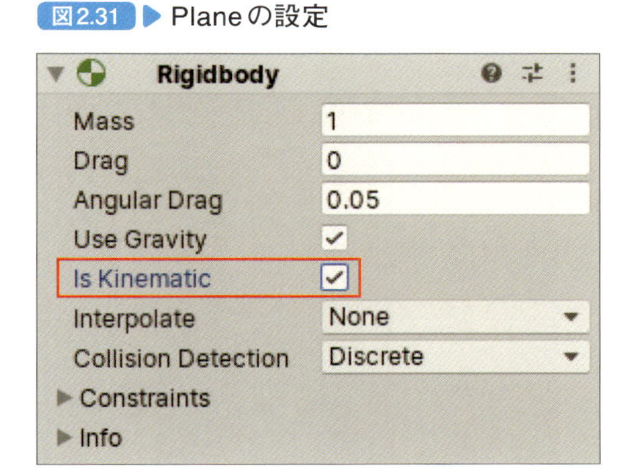

バウンドする球を準備する

床でバウンドする球を準備しましょう。まずはPhysics Materialを作成します。Physics Materialは物理特性マテリアルというもので、物理演算における摩擦や弾性を定義します。

Projectウインドウで、Assets直下にPhysics Materialsフォルダを作成します。Assetsフォルダの上で右クリックして、「Create」→「Folder」を選択します。

次に作成したフォルダ内で「Create」→「Physics Material」を選択して、Physics Materialを作成します。名前は「Bound」とします。

図2.32 ▶ Boundの作成

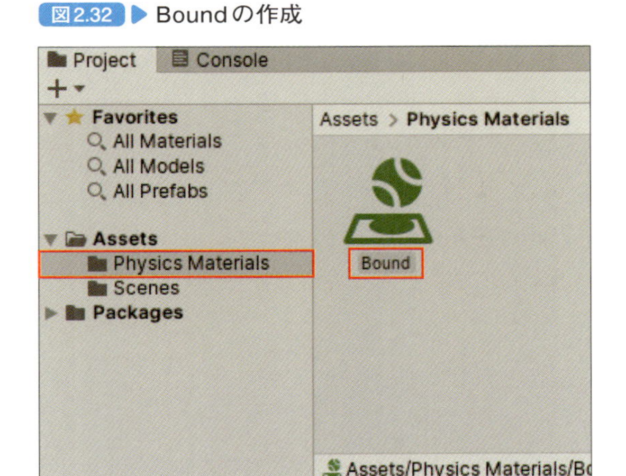

Boundを選択し、Inspectorウインドウで以下のように設定を変更します。

- Bouncinessに「0.7」
- Bounce Combineに「Maximum」

図2.33 ▶ Boundの設定

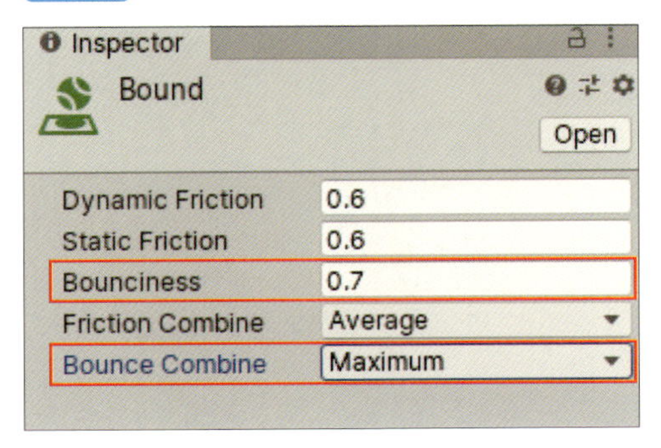

Physics Materialはよく使う設定です。主なプロパティを表2.9に挙げています。

表2.9 ▶ Physics Materialの主なプロパティ

プロパティ	説明
Dynamic Friction	摩擦抵抗の値で、動いている物体に対して適用される。「滑っている物体が、どのくらい滑り続けるか」を設定し、推奨範囲は0～1、値が大きいほど滑りにくくなる
Static Friction	摩擦抵抗の値で、動いていない物体に対して適用される。「止まっている物体を、どのくらいの力で押せば滑り始めるか」を設定し、推奨範囲は0～1、値が大きいほど滑りにくくなる
Bounciness	弾性（弾む力）の値で範囲は0～1。0であればまったく跳ねず、1であれば力の減衰無しで跳ね返る
Friction Combine	実際に適用される摩擦抵抗の計算方法。Avarageであれば接しているオブジェクト同士の摩擦抵抗の平均値を使用する。Minimum・Maximumは、摩擦抵抗の小さい方、または大きい方を使う。Multiplyは摩擦抵抗が乗算される
Bounce Combine	実際に適用される弾性の計算方法。Friction Combineと同様の設定

作成したPhysics MaterialをColliderに設定します。HierarchyウインドウでSphereを選択し、InspectorウインドウのSphere ColliderでAssetsフォルダの下にあるMaterialで、今回作成したBoundを指定してください。その際にTransformでAssetsフォルダの下のScaleのXに「1」、Yに「1」、Zに「1」を入力して、Sphereを円盤から球に戻しておきます。

図2.34 ▶ Physics Materialの紐づけ

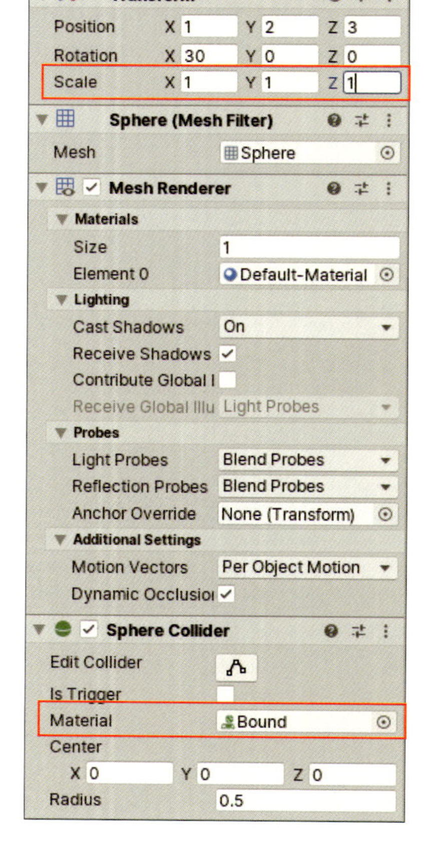

コラム MeshとMesh Colliderの相性

円盤型にしたSphereを球体に戻しましたが、これを円盤のままでゲームを実行すると「円盤であるにもかかわらず当たり判定は球のまま」という問題が発生します。これはCircle Colliderがとてもシンプルな構造で、球の半径しか設定できないのが原因です。

オブジェクトの見た目通りのColliderにするためには、Mesh Colliderを使用します。ただ、これはSphereなどのMeshには適用されないようで、実際にSphereのColliderをMesh Colliderにつけ替えても、Colliderが正しく生成されず衝突判定が発生しなくなります。

このように特定のMeshとMesh Colliderには相性の良くないものがありますので、注意して使いましょう。

床に色や模様を設定する

床に円盤の影が落ちていますが、何もかも真っ白で非常に見づらいですね。オブジェクトにMaterialを指定することで、色や模様をつけることができます。

床にMaterialをつけてみましょう。まずは画像ファイルをAssetとして取り込みます。Projectウインドウで Assetsフォルダの下にTexturesフォルダを作成し、その中にサンプルのplane_texture.png(サンプルデータサイトからダウンロード)をドラッグ&ドロップします。

図2.35 ▶ Textureのインポート

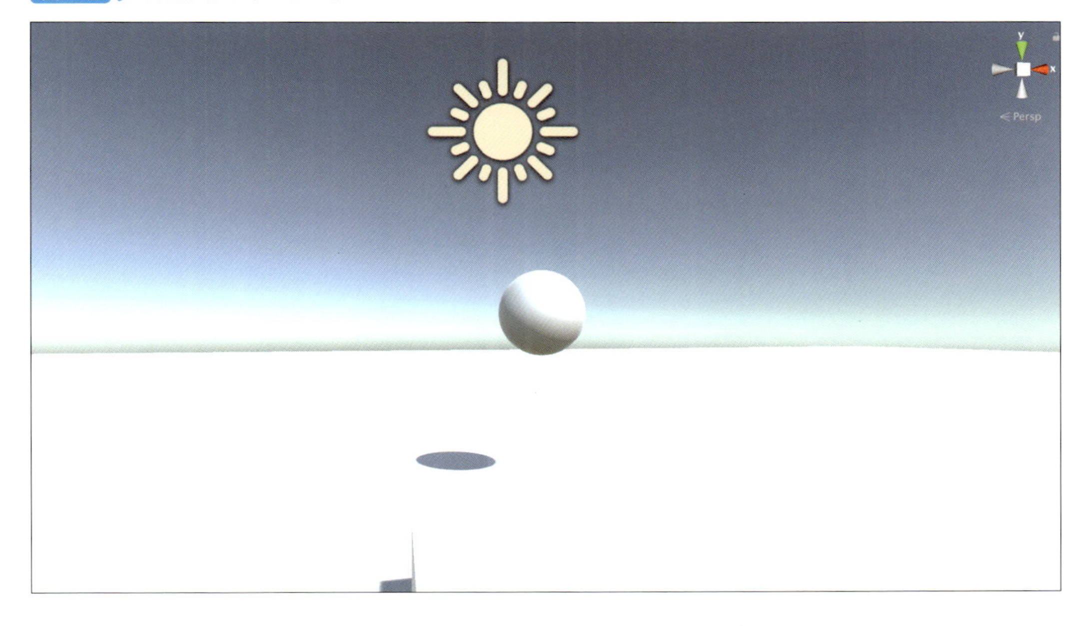

3Dのオブジェクトに画像を貼り付けるには、Materialが必要になります。

Projectウインドウで Assetsフォルダの下にMaterialsフォルダを作成し、そのフォルダを選択して右クリックして「Create」→「Material」を選択し、Materialを作成します。名前は「Field」としておきます。

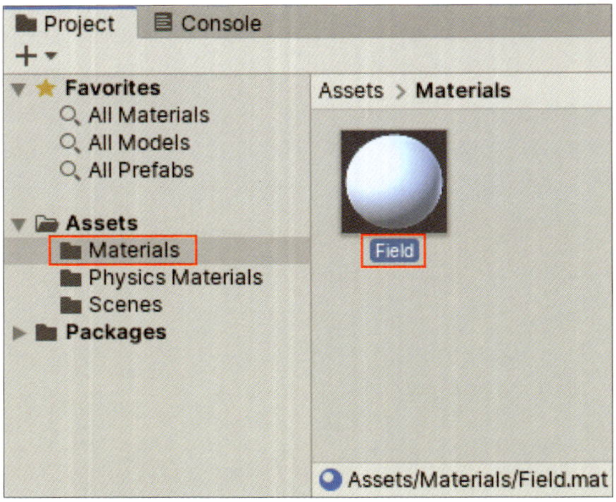

図2.36 ▶ Materialの作成

作成したMaterialを選択し、InspectorウインドウのAlbedoをダブルクリックして、Select Textureウインドウで先ほどインポートしたplate_textureを選択してセットします。

またTilingのXに「100」、Yに「100」を設定します。Albedoは表面色の設定で、Tiling はModelにMaterialのテクスチャをいくつ並べて貼り付けるかの設定です。

図2.37 ▶ Materialの設定

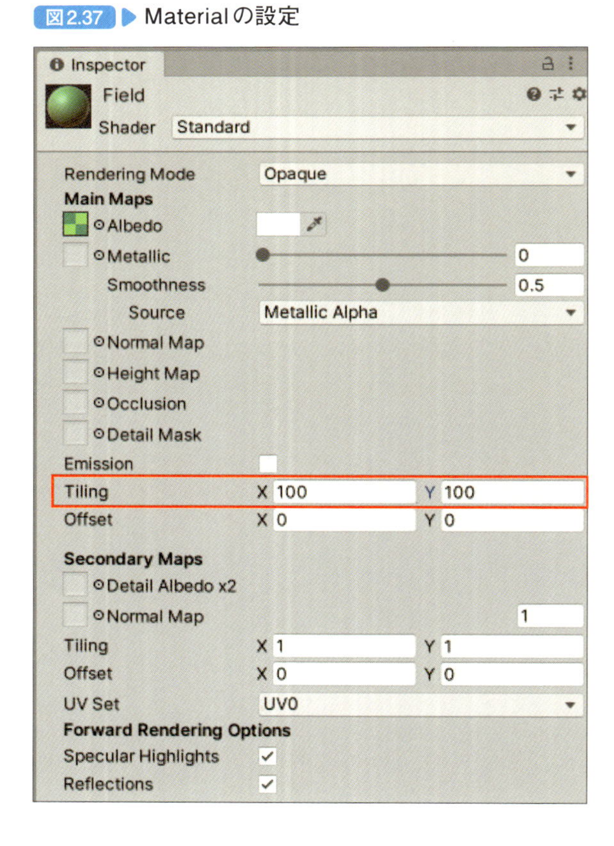

あとはこれをPlareに反映すればOKです。Planeを選択し、Mesh Rendererコンポーネントのマテリアルで、先ほど作成した「Field」を選択すると、床に色がつきました。

図2.38 ▶ Materialの反映

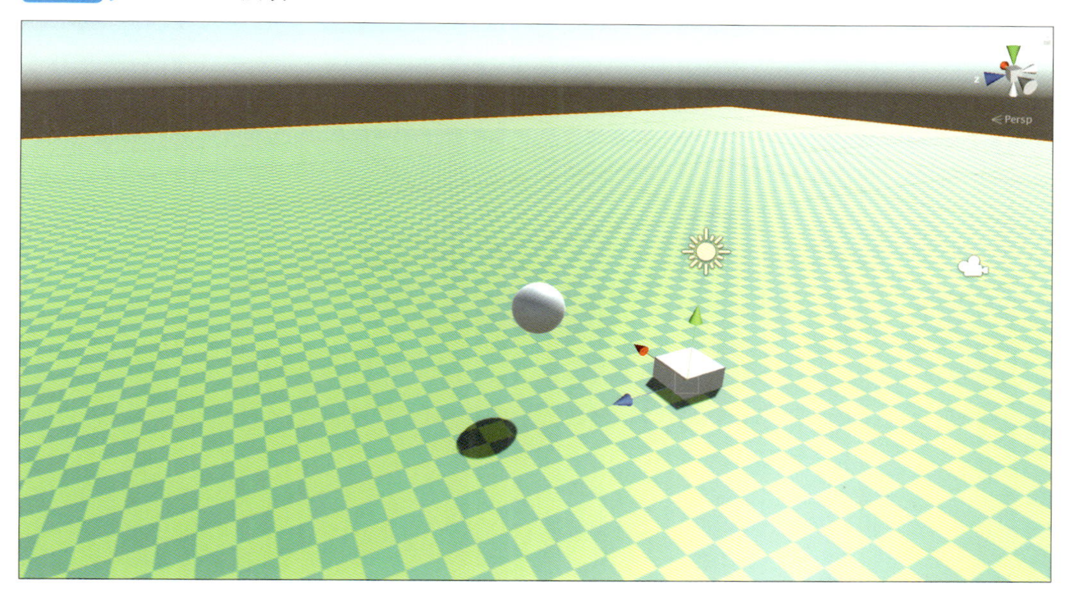

コラム Shaderについて

Materialには Shader を指定可能です。Shaderはオブジェクトを描画するプログラムのことで、初期に選択されている「Standard」以外にもモバイル端末用の負荷を抑えたものなど、たくさんの種類があります。ちなみに、Shaderは自分で作ることも可能です。

本書ではほとんど扱っていませんが、少し触れるようになっておくと表現の幅が広がります。Unityに慣れてきたら、試してみると良いでしょう。

球を動かしてみる

では、ゲームを再生してみましょう。球がバウンドしました。

図2.39 ▶ バウンドする球の様子

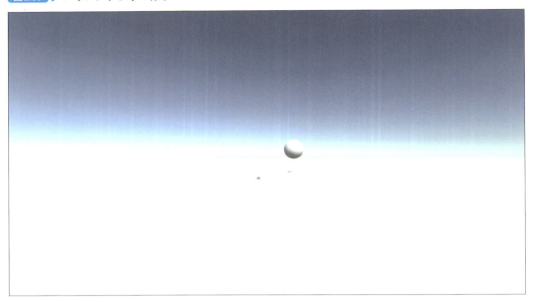

物理エンジンを使うと、現実世界に近い動きが簡単に再現できます。壁、床、ゴール地点を準備すれば、物理エンジンだけでちょっとしたゲームが作れそうですね。

コラム ColliderにはRigidbodyが必要！

「オブジェクトにColliderをアタッチしているのに、当たり判定が実行されない……」これはColliderを使っていると陥りがちな罠の1つです。主な原因は以下の通りです。

- それぞれのオブジェクトが、衝突判定が発生しないレイヤーに配置されていた
- Rigidbodyがアタッチされていない

Colliderを使う場合、衝突する2つのゲームオブジェクトのうち少なくとも片方にRigidbodyをアタッチしないと反応してくれません。

Rigidbodyでの物理演算は負荷が大きいので、できるだけ負荷を抑えたい場合は、片方のゲームオブジェクトにのみRigidbodyをアタッチするのがオススメです。

Chapter

3

C#の基本文法を学ぼう

本章では、Unityのスクリプトを書くために使用する、C#の基本について解説します。スクリプトとはUnityのゲームオブジェクトにアタッチするプログラムのことで、ゲームオブジェクトに対してさまざまな操作を行うことができます。

3-1 Unity でスクリプトを使おう

Unity を利用すれば、スクリプトをほとんど書かなくてもゲームを開発することが可能です。しかし、自分でスクリプトが書くことによってできることは格段に広がります。

3-1-1　スクリプトを作成する

プログラミングは経験が無い人にとっては「難しそう」というイメージがあり、身構えてしまうかもしれません。しかし、基礎を習得しておけば決して難しいものではありません。

それでは、Unityでスクリプトを作成する手順を確認していきましょう。

Projectウインドウのフォルダで右クリックし、「Create」→「Folder」を選択してフォルダを作成します。フォルダ名は「Scripts」とします。フォルダを作成しなくてもスクリプトは動作しますが、開発を進めるとスクリプトはどんどん増えていき、管理が大変になってきます。少しでも管理しやすくするため、適宜フォルダでまとめるようにしましょう（本書サンプルではScriptsフォルダに直接入れていますが、本格的なゲームを開発する際は、シーンや機能ごとにフォルダを分けることをおすすめします）。

図3.1 ▶ フォルダの作成

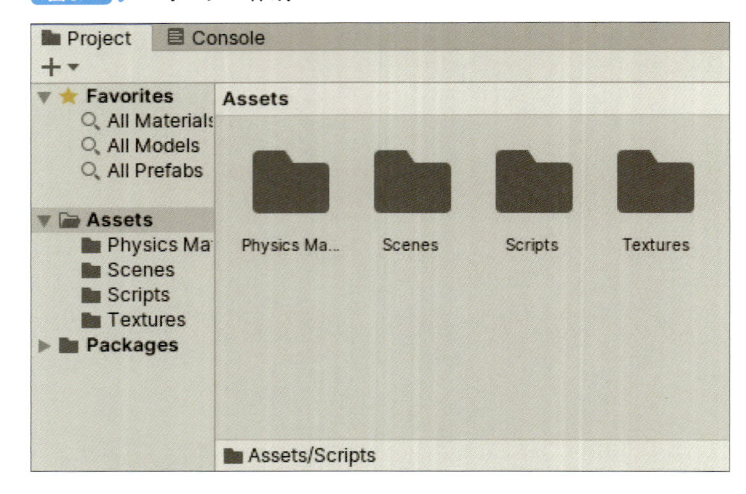

続いてスクリプトを作成します。Scriptsフォルダで右クリックし、「Create」→「C# Script」を選択し、スクリプト名は「Test」とします（リスト3.1）。

図3.2 ▶ スクリプトの作成(Test.cs)

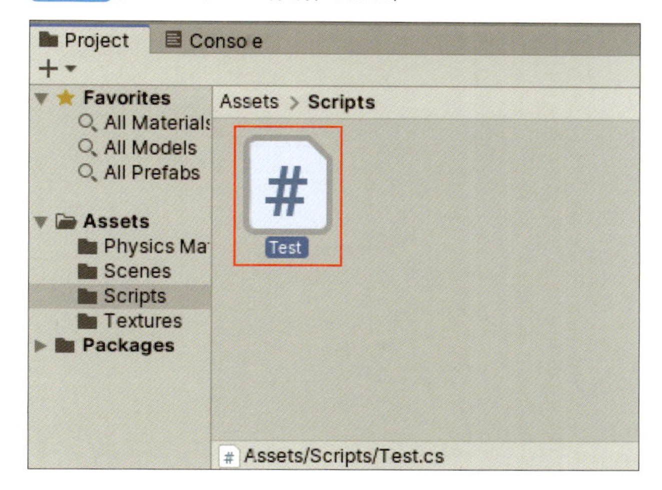

リスト3.1 ▶ Test.cs

```
using System.Collections;
using System.Collections.Generic;
using UnityEngine;

public class Test : MonoBehaviour
{
    // Start is called before the first frame update
    void Start()
    {

    }

    // Update is called once per frame
    void Update()
    {

    }
}
```

3-1-2　スクリプトをアタッチする

作成したスクリプトをゲームオブジェクトにアタッチしてみましょう。ゲームオブジェクトにアタッチすることで、スクリプトが実行されるようになります。

2章で準備したSampleSceneを開き、Sphereを選択します。InspectorウインドウでI「Add Component」ボタンをクリックし、検索BOXに「Test」と入力すると、先ほど作成したスクリプトが出てきます。

図3.3 ▶ スクリプトの検索

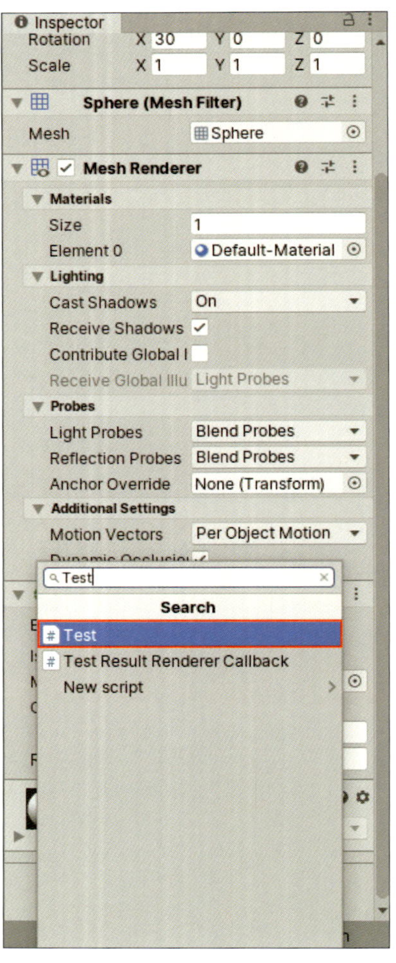

選択すると、スクリプトがゲームオブジェクトのコンポーネントとして追加されます。

図3.4 ▶ スクリプトのアタッチ

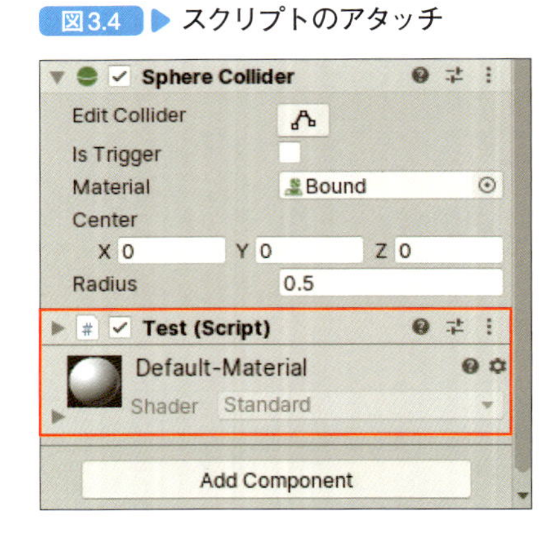

3-1-3　ログを活用する

Unityでスクリプトを作成する際、ログはとても重要です。というのも、スクリプトの記述に問題があったり（いわゆる構文エラー）、スクリプト実行時に問題が起こった場合は、エラーログが赤文字でConsoleウインドウに表示されるためです。

エラーログには、エラーメッセージと発生個所（スタックトレース）が表示されますので、それを元に問題を修正しましょう。読んでもわからないエラーは、エラーメッセージでGoogle検索するとたいていは解決方法が見つかります。

ちなみに、スクリプト中でDebug.Log()を使うことで、任意のタイミングで好きな内容のログを出力できます。試しにTest.csのvoid Start()をリスト3.2のように変更してみましょう。

リスト3.2 ▶ Test.csの変更個所

```
void Start ()
{
    var test = "TEST!!";  「test」という変数に「TEST!!」の文字列を入れる
    Debug.Log(test);  test変数をそのままログ出力してみる。Consoleに「TEST!!」と出力される
    Debug.Log(test.Length);  test変数の長さを出力してみる。Consoleに「6」と出力される

    test = null;  「test」にnull(空っぽのデータ)を入れてみる
    Debug.Log(test.Length);  nullは長さを取得するためのLengthフィールドを持ってないので、
                             NullReferenceExceptionエラーが発生
}
```

ゲームを実行すると、Consoleウィンドウにログが出力されることが確認できます。

図3.5 ▶ ログの確認

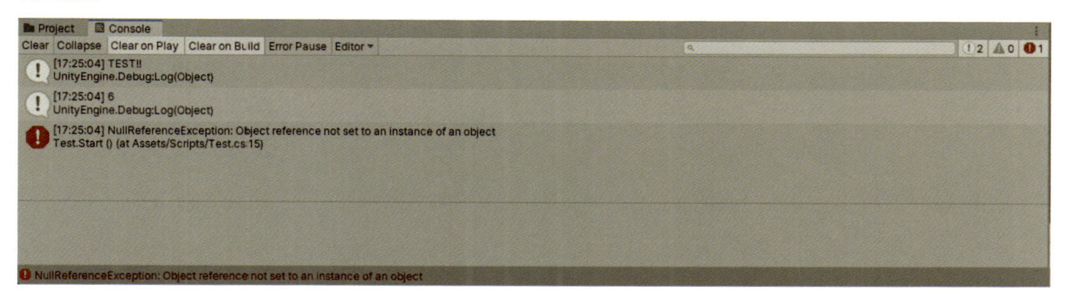

コラム スクリプトのプログラミング言語

以前はUnityでは、JavaScriptやBooなどの言語もサポートしていましたが、現在ではC#に一本化されています。C#はクセが少なく扱いやすい言語で、習得しておけば他のプログラミング言語を学ぶ際にも役立つはずです。

なお、ShaderというUnity上でグラフィック描画処理を行うプログラムではHLSL (High Level Shading Language) という言語を使用しますが、本書では解説しません。

3-2 データの扱い方について学ぼう

スクリプトでは、キャラクター名、レベル、制限時間、獲得したアイテムなど、ゲームの内容に応じてさまざまなデータを扱います。まずはどのようにデータを扱うのか学んでいきましょう。

3-2-1　変数

変数とはデータの入れ物のことです。入れ物ですので、特殊な場合を除いて中身（値）はいつでも変更できます。変数には整数型・小数型など、さまざまな型が準備されており、変数を作る際は「どの型の変数なのか」を宣言します。

C#では、変数には型に一致する値のみ入れることが可能です。たとえば、整数型の変数に入れられるのは整数のみで、文字列を入れようとするとエラーになります。

以下にUnityでよく使う型を紹介します。

bool型

bool型は、true（真）またはfalse（偽）の2種類の値を格納できる、いちばんシンプルな型です。

```
bool value = true;
```

int型

int型は、-2147483648～2147483647の範囲の整数を格納できます。この範囲を超える整数を扱う場合はlong型を使います。

```
int value = 128;
```

float型

float型は、小数を格納できます。C#では、数値の末尾に「f」をつけることでfloat型であることを表します。桁数が多いと誤差が出る（値がほんの少しだけ意図せず変わってしまう）のが特徴で、誤差なく扱える有効桁数は6～9桁程度です。

Unityは座標などの各所にfloat型を使っています。そのため、しばしば誤差が発生して、Inspectorウインドウに表示されている値が変わることがあります。

```
float value = 0.25f; float型は、数値末尾にfをつける
float value2 = 5f; 小数点以下が無くてもOK
```


string型

string型は、キャラクター名やメッセージなど、任意の文字列を格納できます。C#では、文字列を「""」で囲います。

```
string value = "ABCあいう123";
```

配列型

配列型は、同じ型の複数の値を1つの固まりとして扱うための型です。配列に入れたデータ(要素)には「0」から順番に番号(インデックスと呼びます)が振られ、インデックスを使って値にアクセスし、データを読み取ったり変更したりできます。

要素の数を増やしたい場合は、新しい配列を丸ごと作り直して上書きする必要があります。

```
int[] values = new int[] {1, 2, 3}; 1, 2, 3という3つのint型データが入った配列を作成
Debug.Log(values.Length); 配列の要素が何個あるかをカウント。3個入っているので、「3」が出力される
Debug.Log(values[0]); 0番目の要素を取得する。「1」が出力される
values[0] = 100; 0番目の要素を「100」に書き換える
Debug.Log(values[0]); 「100」が出力される
```

List型

List型は、配列型と似ていますが、要素の数を後から増やすことができます。

```
List<int> values = new List<int> {1, 2, 3};
1, 2, 3という3つのint型データが入ったListを作成
Debug.Log(values.Count); Listの要素が何個あるかをカウント。3個入っているので、「3」が出力される
Debug.Log(values[0]); 0番目の要素を取得する。「1」が出力される
values[0] = 100; 0番目の要素を「100」に書き換える
Debug.Log(values[0]); 「100」が出力される
values.Add(999); 要素「999」を末尾に追加する
Debug.Log(values[values.Count - 1]); 「999」が出力される
```

Dictionary型

Dictionary型は辞書型とも呼ばれます。List型と似ていますが、自動で振られるインデックスの代わりに「キー」と「値」をセットにしてデータを保持します。

```
Dictionary<string, int> values = new Dictionary<string, int> {
    {"いち", 1},
    {"に", 2},
    {"さん", 3},
}; いち = 1, に = 2, さん = 3という3つのデータが入ったDictionaryを作成
Debug.Log(values.Count); Dictionaryの要素が何個あるかをカウント。「3」が出力される
values["いち"] = 100; "いち"の要素を「100」に書き換える
Debug.Log(values["いち"]); 「100」が出力される
values.Add("よん", 999); "よん" = 999 の要素を追加
Debug.Log(values["よん"]); 「999」が出力される
```

列挙型(Enum)

列挙型は値の種類を先に宣言しておく型です。

たとえば、ゲームモードに「Easy」「Normal」「Difficult」の3種類があったとします。このような場合は、「GameMode」の列挙型として「Easy」「Normal」「Difficult」の3種類を宣言しておけば、GameMode型の変数にはこれらの値しか入れられなくなります。

```
列挙型「GameMode」の宣言
enum GameMode {
    Easy,
    Normal,
    Difficult
}

GameMode gameMode = GameMode.Easy; GameMode型の変数には、先に宣言しておいたGameMode.Easy、GameMode.Normal、GameMode.Difficultの3種類の値しか入れることができない
```

コラム 各種クラスの型

後述の「クラス」も変数の型として使用することができます。

3-2-2　定数

変数はいつでも値を変更できるのに対し、定数は値を変更できません。定数を使うことで「この値は変更しない」ことを明確にできますので、プログラムの見通しが良くなります。

```
const int Value = 10; constをつけることで定数になる
```


コラム　変数にはvar(型推論)も使える

前述の例ではintやfloatなど明確に変数の型を宣言していますが、varで宣言することもできます。

varで宣言すると、初期値に応じて自動的に型が割り当てられます。

```
var a = 1; int型になる
var b = 1.3f; float型になる
var c = "test"; string型になる
var d = new Vector3(0, 0); Vector型になる

下記のように、初期値が空の場合はvarは使用できない
var e;
var f = null;
```

3-2-3　ベクトル型

ベクトル型(3Dの場合はVector3、2Dの場合はVector2)はUnityではとても良く使う型の1つです。

ベクトルとは、「向き」と、その向きへの「大きさ」を表すものです。Vector3では、3D空間の3軸(X・Y・Z)の値を格納することができます。Vector2では、2D空間の2軸(X・Y)の値を格納することができます。

Unityでは、このベクトルを使って以下のような処理を行います。

・オブジェクトに対し、任意の方向に任意の力を加える
・オブジェクトを配置する座標を指定する

```
    private void Start() {
        var position = new Vector3(0, 1, 2);
```

続く

```
        transform.position = position; ワールド座標(0, 1, 2)にオブジェクトを配置

        Debug.Log(vector.normalized); 方向だけを表す(大きさが1の)ベクトルを取得
        Debug.Log(vector.magnitude); 大きさだけを取得

        ベクトルは演算も可能
        Debug.Log(new Vector3(3, 1, 0) + new Vector3(5, 3, 1));
        Vector3同士での加減算が可能。結果は(8, 4, 1)
        Debug.Log(new Vector3(3, 1, 0) * 2 / 5);
        intやfloatとの加減算が可能。結果は(7.5f, 0.4f, 0)

        ベクトルは、よく使う値が簡単に使えるよう宣言されている
        Debug.Log(Vector3.zero); new Vector(0, 0, 0) と同値
        Debug.Log(Vector3.up); new Vector(0, 1, 0) と同値
        Debug.Log(Vector3.forward); new Vector(0, 0, 1) と同値
    }
```

コラム　マジックナンバーは避けるべし

プログラム中、唐突に出てきて使用される数値をマジックナンバーといいます。プログラムを書いた人はその数値の意味(その数値は何を表していて、どのような役目を果たすのか)を知っていますが、他の人が見てもすぐには意味がわからない場合が多々あります。たとえば、キャラクターの移動スピードを制御する処理を例に挙げてみましょう。

```
rigidbody.velocity = rigidbody.velocity.normalized * 5;
この場合、「5」がマジックナンバー
```

この例の場合、Unityに慣れていれば「5は移動スピードだな」とわかるかもしれませんが、解釈に時間がかかることもあります。

こういったものが増えるとプログラムがどんどんわかりづらくなりますので、以下のように定数で宣言したりコメントをつけておくようにしましょう。

```
const int Speed = 5; キャラクターの移動スピード
略
rigidbody.velocity = rigidbody.velocity.normalized * Speed;
```

これで他の人がプログラムを見ても「5はキャラクターの移動スピードだな！」と確実に理解できるようになります。余談ですが、プログラムを書いてから数ヵ月経つと、書いた人自身が「他の人」と化してしまうことがしばしばあります(少なくとも筆者は、何ヵ月も前に書いたコードはほとんど覚えていません)。もし人に見せる予定が無くても、わかりやすく書くことを意識しておきましょう。

3-3 クラスとメソッドについて学ぼう

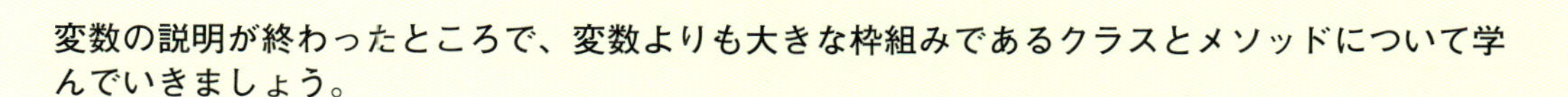

変数の説明が終わったところで、変数よりも大きな枠組みであるクラスとメソッドについて学んでいきましょう。

3-3-1　メソッド

3-2-1で説明した「変数」はデータの入れ物でした。それに対し、「メソッド」とは操作（処理）を定義したものです。スクリプトでは、メソッドを実行することで任意の処理を行い、メソッドからは必要に応じて処理結果の値を返します。

たとえば、ログの節で触れたDebug.Log("abc")のLog()はメソッドです。「ログを出力する」という操作がLog()の中で定義されており、Log("abc")といった形で出力したい値を渡してメソッド実行することで、実際にログが出力されます。

例として、キャラクターのレベル（1～99）を保存するSaveLevel()メソッドを記載してみます。

```
public void SaveLevel(int level) {  メソッドの宣言は「アクセス修飾子 戻り値の型 メソッド名(引数)」
                                    の形になっている。voidは戻り値の無い、実行するだけのメソッド
    if (level < 1 || 99 < level ) {
        レベルが1未満または99よりも大きい場合はエラー
        throw new Exception("レベルは1～99で指定してください");  エラー処理
    }

    PlayerPref.SetInt("level", level);  levelの値をPlayerPrefにセット
    PlayerPref.Save();  セットされた値を保存する
    Debug.Log("レベルを保存しました！");  ログを出力する
}
```

また、メソッドからは実行結果として任意の値を返すことも可能です。試しに、渡された2つの整数を元にしたメッセージを返すメソッドを記載してみます。

```
public String GenerateTestMessage(int value1, int value2) {
    return String.format("{0}と{1}が渡されたよ！", value1, value2);
}
```

続く

```
上記のメソッドは、下記のように呼び出す
var result = GenerateTestMessage(1, 2);
GenerateTestMessage()を実行すると、String型の結果が返ってくる
Debug.Log(result); 「1と2が渡されたよ！」が出力される
```

3-3-2　クラスとインスタンス

クラスとは、複数の変数やメソッドをまとめたものです。Unityのスクリプトは、クラスをゲームオブジェクトにアタッチすることで、ゲームオブジェクトの生成時に自動的にインスタンス(実体)化されます。クラスとインスタンスの関係はちょっとわかりづらいので、例を挙げてみましょう。

車で例えると、クラスは「車の設計図」、インスタンスは「設計図を元に作られた車」です。同じ設計図を元に作られた車は、「アクセルを踏むと走る」「ハンドル操作で曲がる」といった機能は共通です。この機能が「メソッド」にあたります。

ただ、車に入っているガソリンの量、内装、タイヤ、ホイールなどは、車がそれぞれ固有に持っているもので、後から自由に変えられます。これがインスタンスが持つ変数、「インスタンス変数」にあたります(インスタンス変数は、フィールドやメンバ変数とも呼ばれます)。

そして、同じクラスを元に作られたインスタンスはすべて同じ構造をしていますが、それぞれ独立しています。1台の車を赤く塗ったとしても、他の車が勝手に赤くはなりません。

クラスとインスタンスの例は以下の通りです。

```
車クラス
public class Car {
    フィールド(インスタンス変数)
    public string Tire = "良いタイヤ";
    private string _owner;

    コンストラクタ(インスタンス化の際、最初に呼ばれる)
    public Car(string owner) {
        _owner = owner;
        Debug.Log(string.Format("新しい車ができたよ！オーナー:{0}さん", _owner));
    }

    メソッド
    public void Run() {
        Debug.Log("走るよ！");
    }
}
```


続く

```
// 通常は new を使ってクラスをインスタンス化する。ただし、Unityのスクリプトはゲーム実行時に自動でインスタンス化してくれて、コンストラクタも不要
var car = new Car("田中"); // インスタンス化。「新しい車ができたよ！オーナー：田中さん」と出力される
Debug.Log(car.Tire); // フィールドの読み取り。「良いタイヤ」と出力される
car.Run(); // メソッドの実行。「走るよ！」と出力される
```


コラム クラスは役割に応じて分けよう

慣れないうちは1つのクラスに何でもかんでも入れてしまいがちですが、これはNGです。たとえば車の運転席に「押すとパンが焼けます」ボタンや「押すと洗濯が始まります」ボタンがついていると、「何で車にこんなものがついてるの？」となってしまいます。

混乱を避けるため、クラスは用途ごとに分けるようにしましょう。プログラムに慣れてきたら「デザインパターン」で調べてみてください。プログラムをうまく設計するためのレシピが学べます。

フィールドとプロパティについて学ぼう

ここでは、インスタンスが持つフィールドとプロパティについて学んでいきましょう。使い方を理解することで設計がシンプルになり、不具合を防ぎやすくなります。

3-4-1　フィールドとプロパティ

フィールドとは、それぞれのインスタンスが持っている変数のことです。

ゲームの実装を進める中で、そのインスタンスの中でしか使わないフィールドや、入れられる値を制限したいフィールドが出てきます。そういった場合は、予期せぬ問題を防ぐためにもインスタンスの外部から直接フィールドを変更させないようにしたいところです。たとえば、キャラクターのレベルを1～99の範囲にしたい場合、外部から直接レベルの変更を可能にすると範囲外の値を設定してしまうかもしれません。

こういったフィールドは、外部からは見えないようにしてしまって、プロパティを使ってアクセスさせるようにします。

フィールドとプロパティの例は以下の通りです。

```
public class Character {
    ...

    キャラクターのレベルを格納するフィールド。レベルは1～99としたい
    private int _characterLevel;
    publicだと外から見えてしまうので、privateまたはprotectedで宣言

    外部から_characterLevelにアクセスさせるためのプロパティ
    public int CharacterLevel {
        get {
            return _characterLevel;
        }
        set {
            _characterLevel = Mathf.Clamp(value, 1, 99);
            レベルを1～99の範囲に丸めてセットする。範囲外の値が渡されたらエラーを出す形でもOK
        }
    }
}
```

ちなみに、プロパティのgetおよびsetは片方だけ宣言したり、片方だけprivateにしたりすることも可能です。

3-4-2　アクセス修飾子

先ほどの例で、publicやprivateという記述が出てきました。これはアクセス修飾子と呼ばれるもので、そのメソッドやフィールドに対してアクセスできる対象を制限します。これらは「アクセスさせたくないものを隠す」ために使用します。

特によく使う3種類のアクセス修飾子は表3.1の通りです。

表3.1 ▶ アクセス修飾子

アクセス修飾子	説明
public	どこからでもアクセスできる
protected	そのクラスおよび継承（継承については後述します。）したクラスからアクセスできる
private	そのクラスの中からのみアクセスできる。C# では、アクセス修飾子をつけない場合は private と見なされる

コラム　コメントを活用しよう

スクリプトでは、フィールドやメソッドをわかりやすい名前にし、その上でコメントが無いと理解しづらい部分にコメントを残しておきましょう。

コメントを書く際は、「どういう処理をするか」を説明するのではなく、「なぜこんな実装になっているのか」を説明した方が有益です。

1人で開発しているゲームでも、数ヵ月後の自分はほぼ他人です。複雑な部分の処理を完全に記憶しておくことはできないので、コメントで補足しておくととても役に立ちます。

ちなみに、本書では各所でTODOコメント（// TODO 内容...）を活用しています。手を入れる必要がある部分にTODOコメントを記述しておけば、後回しにしても対応すべきところがすぐわかります。

クラスやメソッドに説明を入れたい場合は、Visual Studio上で「///」と入力することでsummaryタグで囲まれたコメントの雛形が表示されます。summaryタグの間に説明を書くことで、そのクラスやメソッドを呼び出す時にも説明を参照できるようになりますので、わかりにくいメソッドは使い方を書いておくと便利です。

図3.a ▶ クラスやメソッドの説明書き

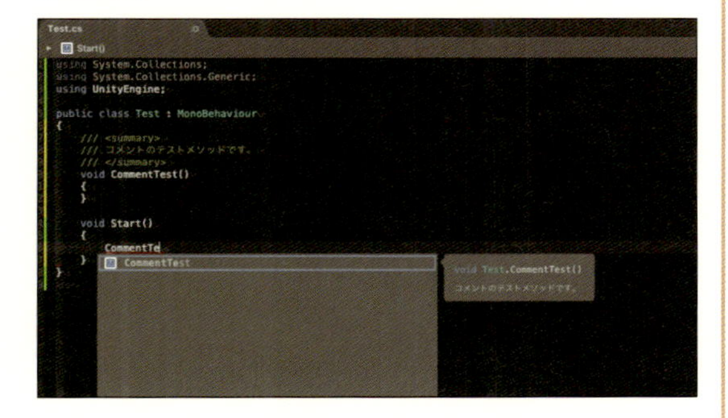

3-4-3 クラスを隠蔽する

C#ではクラスの中にクラスを定義することができます。外側のクラスを「アウタークラス」、クラスの中に作ったクラスを「インナークラス」といいます。

アウタークラスからは、インナークラスをアクセス修飾子に関わらず使用することができます。そのため、インナークラスをprotectedまたはprivateにすれば、そのクラスを外から見えなくすることが可能です。

```
public class Car {
    private Engine _engine;

    public Car() {
        _engine = new Engine();
    }

    インナークラスであるEngineクラスはprivateなので、外部からは隠蔽されている
    private class Engine {
        private Engine() {
            Debug.Log("エンジンを作ったよ！");
        }
    }
}

var car = new Car(); 「エンジンを作ったよ！」と出力される
var engine = new Car.Engine();
Engineクラスは隠蔽されているため、外部から直接呼び出そうとすると構文エラーになる
```

3-5 演算子について学ぼう

演算子とは値の計算を行うためのものです。特によく使うものを記載しておきます。

3-5-1 算術演算子

算術演算子は計算を行うために使用する演算子です（表3.2）。

表3.2 ▶ 算術演算子

算術演算子の種類	説明
加算演算子	足し算の演算子で「+」で記述する。数値の他に文字列なども加算できる。たとえば「1 + 2」は「3」、「"abc" + "def"」は「abcdef」となる。ちなみに、文字列に数値を足そうとした場合は、数値も文字列として扱われる。たとえば、「"1" + 2 + 3」は「123」となる
減算演算子	引き算の演算子で「-」で記述する。「1 - 2」は「-1」となる
乗算演算子	掛け算の演算子で「*」で記述する。「1 * 2」は「2」となる
除算演算子	割り算の演算子で「/」で記述する。「1f / 2」は「0.5f」となる
余剰演算子	対象を割って余りを求める演算子で「%」で記述する。「100 % 3」は33余り1となるので「1」となる

コラム 整数型の割り算に注意！

intなど整数型を割り算するとき、小数以下は切り捨てられます。つまり「1 / 2」の計算結果は「0」となり、しばしば不具合の原因になりますので注意しましょう。

3-5-2 比較演算子

比較演算子は値を比較するための演算子で、比較の結果をbool型で返します。if文(3-6-2参照)の条件としてよく使用します(表3.3)。

表3.3 ▶ 比較演算子

比較演算子の種類	説明
等値演算子	「==」で記述する。たとえば「A == B」の場合、2つの値が等しければtrue、そうでなければfalseを返す
不等値演算子	「!=」で記述する。たとえば「A != B」の場合、2つの値が異なっていればtrue、そうでなければfalseを返す
大なり演算子	「>」で記述する。たとえば「A > B」の場合、AがBよりも大きければtrue、そうでなければfalseを返す
小なり演算子	「<」で記述する。たとえば「A < B」の場合、AがBよりも小さければtrue、そうでなければfalseを返す
以上演算子	「>=」で記述する。たとえば「A >= B」の場合、AがB以上であればtrue、そうでなければfalseを返す
以下演算子	<=で記述する。たとえば「A <= B」の場合、AがB以下であればtrue、そうでなければfalseを返す

3-5-3 論理演算子

論理演算子は論理演算を行う演算子です。比較演算子で得た結果を繋げて使うときに使用します(表3.4)。

表3.4 ▶ 論理演算子

<table>
<tr><th>論理演算子の種類</th><th>説明</th></tr>
<tr><td>AND演算子</td><td>「&&(アンパサンド2個)」で記述する。たとえば「A && B && C」の場合、「AかつBかつC」の条件となる。この場合は、ABCすべてがtrueの場合のみtrue、そうでなければfalseを返す</td></tr>
<tr><td>OR演算子</td><td>「||(パイプ2個)」で記述する。たとえば「A || B || C」の場合、「AまたはBまたはC」の条件となる。この場合は、ABCのいずれかがtrueであればtrue、そうでなければfalseを返す</td></tr>
</table>

3-5-4 代入演算子

代入演算子は定数や変数に値を入れるための演算子です(表3.5)。

表3.5 ▶ 代入演算子

代入演算子の種類	説明
代入演算子	= で記述する。たとえば「A = B」の場合、A に B の値を入れる
加算代入演算子	+= で記述する。たとえば「A += B」の場合、A に A+B の値を入れる
減算代入演算子	-= で記述する。たとえば「A -= B」の場合、A に A-B の値を入れる
乗算代入演算子	*= で記述する。たとえば「A *= B」の場合、A に A*B の値を入れる
除算代入演算子	/= で記述する。たとえば「A /= B」の場合、A に A/B の値を入れる
余剰代入演算子	%= で記述する。たとえば「A %= B」の場合、A に A%B の値を入れる
インクリメント演算子	++ で記述する。たとえば「A++」の場合、A を 1 だけ増やす
デクリメント演算子	-- で記述する。たとえば「A--」の場合、A を 1 だけ減らす

3-5-5 条件演算子

条件演算子は三項演算子とも呼ばれます。if文(3-6-2参照)に似たもので、「条件 ? 真の値 : 偽の値」とすることで、条件に応じて返す値が選択されます。

```
var test = 1; testの値を宣言
var value = test == 1 ? "testは1です" : "testは1じゃないです";
Debug.Log(value); testが1かそれ以外かで出力が変わる
```

3-6 制御構造について学ぼう

「制御構造を覚えればたいていのスクリプトは書ける！」といっても過言ではないほど重要なものですが、種類が少ないので覚えるのは簡単です。ここでは特によく使う5種類の制御構造を紹介します。

3-6-1　制御構造

ゲームでは、「ヒットポイントが0になったらゲームオーバー」といったように、条件に応じて実行内容を変化させる必要があります。

このように、プログラムの途中で分岐やループをさせるための記述を制御構造といいます。

3-6-2　if else

if elseはif文と呼ばれるもので、「もし○○であれば、それ以外の場合は」という条件で処理を分岐させます。

```
var hp = 10;  HPの値を変えるとメッセージが変わる
if (hp < 10) {
     HPが10未満の場合
    Debug.Log("あぶない！HPが無くなりそうだよ！");
} else if (hp < 30) {
     HPが30未満の場合
    Debug.Log("HPが減ってきたよ");
} else {
     それ以外の場合
    Debug.Log("HPはまだたくさんあるよ");
}
```

3-6-3　for

forはfor文と呼ばれるもので、主に処理を任意の回数繰り返すのに使用します。途中で処理を抜けたい場合は「break;」と記述します。

```
下記のfor分では、i = 0から始まり、iが10未満の場合は処理を繰り返す。繰り返しの最後にiを1増やす
for (var i = 0; i < 10; i++) {
    Debug.Log(i); 0～9までが順番に出力される
}

for (var i = 0; i < 10; i++) {
    if (i == 5) break; 5に達したら処理を抜ける
    Debug.Log(i); breakで処理が中断されるので、0～4のみ出力される
}
```

3-6-4　foreach

foreachは配列やListの要素を順番に読み取り、要素の数だけ処理を繰り返します。

```
var values = new int[] {1, 10, 100, 1000};
foreach (var value in values) {
    Debug.Log(value); 1, 10, 100, 1000が順に出力される
}
```

3-6-5　while

whileでは条件がtrueの間、処理を繰り返します。無限ループに陥らないように注意しましょう。

```
var value = 0;
数値が90未満であればループ
while (value < 90) {
    value = Random.Range(0, 100); 0～99のランダムな数値を生成
    Debug.Log(value);
}
```

3-6-6 switch

switchでは渡された値に応じて条件分岐します。値の種類が決まっている列挙型と一緒に使うことが多いです。

```
var value = 1; この値を変えるとログ出力が変わる
switch (value) {
    case 1:
        Debug.Log("おはよう");
        break;
    case 2:
        Debug.Log("こんにちわ");
        break;
    case 3:
        Debug.Log("こんばんわ");
        break;
    default:
        Debug.Log("ウッヒョー！！");
        break;
}
```

クラスの継承について学ぼう

クラスの継承を覚えることで、似たような機能を持つクラスをまとめられるようになります。

3-7-1　クラスの継承

Unityのゲームオブジェクトにアタッチするスクリプトは、「MonoBehaviour」というゲームオブジェクトを制御するための機能を持ったクラスを継承しています。

継承とは、任意のクラス（親クラス）を元にして新しいクラス（子クラス）を作成することです。継承すると、親クラスのフィールドやメソッドが子クラスにも引き継がれます。

たとえば「スポーツカー」「セダン」「軽トラック」の3つのクラスを作る必要があったとします。これらはすべて「車」ですので、「エンジン」や「タイヤ」などのフィールドや、「走る」や「クラクションを鳴らす」などのメソッドは共通です。

この場合、親クラスとなる「車」クラスを作って前述の共通部分を書いておき、「車」クラスを継承させた「スポーツカー」「セダン」「軽トラック」クラスを作るようにすれば、同じ処理を1ヵ所にまとめられます。こうすることでプログラムの無駄が減って見通しが良くなり、後で修正するときも楽になります。

クラスに「abstract」をつけることで、抽象クラスにすることができます。抽象クラスは継承専用のクラスで、そのクラス自体はインスタンス化できないのが特徴です。

逆にクラスを継承させたくない場合は、クラスに「sealed」をつけます。

3-7-2　抽象メソッドとオーバーライド

メソッドにabstractをつけると抽象メソッドになります。抽象メソッドは宣言だけはできますが実装（処理）は書くことができず、必ず子クラス側で実装する必要があります（実装しないとエラーになります）。

また、子クラス側で親クラスのメソッドの処理を上書き（override）することもできます。オーバーライドさせるメソッドには「virtual」をつけます。

```
車クラス(abstractなのでnew Car()するとエラー)
abstract public class Car {
    public virtual void Run() {
    メソッドにvirtualをつけると、子クラス側でオーバーライド(上書き)可能になる
        Debug.Log("走るよ！");
    }

    public void Stop() {
        Debug.Log("止まるよ！");
    }
}

スポーツカークラス
public class SportCar : Car { Carクラスを継承
    public override void Run() { Runメソッドをオーバーライド
        Debug.Log("超早く");
        base.Run(); base.○○の形で、親クラスのメソッドを実行することも可能
    }
}

var sportCar = new SportCar();
sportCar.Run(); 「超早く」「走るよ！」と出力される
sportCar.Stop(); 「止まるよ！」と出力される
```

3-8 Unity のライフサイクルについて学ぼう

Unity のゲームオブジェクトを自由に操るためには、ゲームオブジェクトのライフサイクルを把握しておく必要があります。

3-8-1 Unityのライフサイクル

ゲームオブジェクトの生成から破棄までの一連の流れをライフサイクルといいます。ライフサイクルに沿って決まったメソッドが順に呼び出されますので、いつどんなメソッドが呼び出されるかを覚えておくことでゲームオブジェクトを制御できるようになります。

ゲームオブジェクト用のスクリプトを書く場合、UnityEngine.MonoBehaviour というクラスを継承します。このクラスを継承することで、ゲームオブジェクトのライフサイクルに応じて特定のメソッドが呼び出されるようになります。

3-8-2 void Awake()

void Awake()はゲームオブジェクトが生成される際に、最初に一度だけ呼ばれます。ただし、生成されたゲームオブジェクトが無効(Inspecter左上にあるチェックがOFFになっている)だった場合は、有効になるまで呼ばれません。

3-8-3 void Start()

void Start()はゲームオブジェクトが生成されたあと、ゲームオブジェクトのUpdate()コールが始まる前に一度だけ呼ばれます。Start()メソッドは戻り値の型をvoidとIEnumeratorの2種類のいずれかを宣言できるという少し特殊なメソッドで、IEnumeratorにするとコルーチンとして実行されます(コルーチンの詳細は3-9を参照)。ゲームオブジェクトの初期化処理を行う場合、Start()の中で実行することが多いです。

3-8-4 void Update()

ゲーム実行中、毎フレーム呼ばれます。ゲーム中のキャラクターの動作やUIの更新などさまざまな処理に使いますが、時間のかかる処理（ゲームオブジェクトをたくさん生成するなど）を行うと処理落ちが発生してゲームプレイに支障が出ます。Update()には時間のかかる処理を書かないようにしましょう。

3-8-5　void FixedUpdate()

Updateはフレームごとに呼ばれるのに対し、FixedUpdate()は物理エンジンの演算が行われるタイミングで呼ばれます（デフォルトの状態では、Update()よりも頻繁に呼ばれます）。物理演算に関係する処理はFixedUpdateに記載すると良いでしょう。

3-8-6　void OnDestroy()

ゲームオブジェクトが破棄される際に呼ばれます。敵キャラクターが消えるとき一緒にライフゲージを消したりなど、後片付けによく使用します。

3-8-7　void OnEnabled()

ゲームオブジェクトが有効になる際に呼ばれます。ゲームオブジェクト生成時のAwake()とStart()の間のタイミングで呼ばれますが、Awake()やStart()が1回だけしか呼ばれないのとは異なり、有効→無効→有効とすることで何度でも呼ばれます。なお、無効になる際はOnDisabled()が呼ばれます。

3-8-8　void OnBecameInvisible()

ゲームオブジェクトがカメラの撮影範囲から出た際に呼ばれます。敵キャラクターが画面外に出たら消す処理などでしばしば使用します。なお、カメラの映す範囲に入った際はOnBecameVisible()が呼ばれます。

コラム　スクリプトの実行順

ゲームオブジェクトのライフサイクルは前述の通りですが、1つのゲームオブジェクトに複数のスクリプトをアタッチする場合は、各スクリプトの実行順を決めておきたい場合があります。

スクリプトの実行順は「Edit」→「Project Settings」→「Script Execution Order」から制御することが可能です。

3-9 コルーチンについて学ぼう

コルーチンを覚えることで、時間の流れに応じた処理を簡単に実装できるようになります。

3-9-1　コルーチン

Unityスクリプトのとても重要な処理の1つに、ゲームの制御に適した「コルーチン」という仕組みがあります。

前述のライフサイクルメソッドはゲームオブジェクトの状態に応じて呼び出されるのに対し、コルーチンを使うと「10秒ごとに処理を実行」「敵をすべて倒したら処理を実行」など、ライフサイクルとは関係の無い処理の流れを作ることができます。

なお、コルーチンはゲームオブジェクトによって実行されます。そのため、コルーチンを実行したゲームオブジェクトが非アクティブになると、コルーチンも自動的に停止します。

```
private float startAt;
private IEnumerator testLoop;

private void Start() {
    startAt = Time.realtimeSinceStartup;
    testLoop = TestLoop(); IEumerator型のオブジェクトを保持しておけば、StopCoroutine(testLoop);でコルーチンを止めることも可能になる
    StartCoroutine(testLoop); IEnumerator型のオブジェクトをコルーチンとして実行
}

private IEumerator TestLoop() {
    while (true) { コルーチンはStartCoroutine()したゲームオブジェクトが非アクティブになると勝手に止まるので、無限ループさせるのもアリ
        var lifeTime = Time.realtimeSinceStartup - startAt;
        Debug.Log("オブジェクトの生存時間(秒): " + lifeTime);

        if (lifeTime >= 30) {
            ゲーム開始から30秒経過したらコルーチンを止める
            Debug.Log("TestLoopを停止します");
            yield break;
        }
```

続く

```
        yield return new WaitForSeconds(1f); 1秒待つ
    }
}
```

コラム Unityと連携するIDE

Unity 2018.1以降にバンドルされているIDE（統合開発環境）はVisual Studioです。Visual Studioは非常に優秀なIDEですので、C#でのゲーム開発を進めるにあたって困ることは少ないでしょう。

ただ、Unityと連携できるIDEは他にもあり、それぞれ特徴を持っていますので簡単に紹介します。

・Visual Studio Code
Microsoftの動作が軽快なエディタです。機能的にはVisual Studioの方が充実していますが、開発にも十分に使用できますので、Visual Studioの動作が重いようであればこちらを使ってもよいでしょう。

・Rider
さまざまなIDEを開発しているJetBrains社のUnity C#用IDEです。使うにはライセンスの購入が必要ですが、動作が軽快なのに加えて、コードを自動で綺麗に整形してくれるなど、Visual Studioを超えるほどの強力な機能を備えています。たくさんのスクリプトを書くのであればイチオシのIDEです。

・MonoDevelop
Unity 2017以前のバージョンに同梱されていたIDEです。古いUnityプロジェクトを扱う時以外では、あまり使う機会は無いでしょう。

Chapter
4

ゲーム企画の基本を学ぼう

ゲーム開発にはたくさんの人が陥りがちな罠があります。本章では罠を回避しつつ、開発をスムーズに進めるための企画について学んでいきます。

ゲーム開発の罠を知っておこう

ゲーム開発にはたくさんの罠があります。罠の存在とその回避方法を把握して、スムーズに開発を進められるようにしましょう。

4-1-1　ゲーム開発における罠とは

ゲーム開発を進めていると、罠にはまってしまって先に進めなくなることがよくあります。以下にありがちな罠の一例を挙げています。

・開発を進めていくうち、次に何をすれば良いかわからなくなった
・とりあえず作ってみたが、実際に遊んでみたらあまり面白くなかった
・アイデアが広がりすぎて収集がつかなくなった
・実装の難易度が高く、詰まってしまった
・開発期間が長くなり、モチベーションが落ちてきた
・仕事や勉強が忙しくなり、開発する時間がとれなくなった
・新しいゲームを買ってしまった

これ見てドキッとした方も居るのではないでしょうか(筆者自身、これを書きながらドキドキしています)。身近にあるさまざまな要素がゲーム開発の罠となり得るのです。

4-1-2　罠にはまるとどうなるか

罠にはまって開発が進まなくなると、新しいゲームが作りたくなってくるはずです。開発に詰まった状態でいるよりも新しいアイデアを考える方が楽しいですし、そのアイデアを形にするのはもっと楽しいので、それ自体は自然な流れといえるでしょう。

そこで踏みとどまってゲームの完成に注力できれば良いのですが、誘惑に負けて新しいゲームを作り始めてしまうとどうなるでしょうか。残念ながら、それまで作っていたゲームは完成しないままお蔵入りになってしまうのです。

4-1-3　お蔵入りさせず、どんどん世に出していく

ゲームがお蔵入りになっても手を動かした分の知識と経験は得られます。そのため、お蔵入りを繰り返しているうちに完成に至る確率は少しずつ上がっていくはずです。

ただ、ゲームをリリースしないと、ユーザーからのフィードバックを得ることはできません。自分の作品に対するユーザーの反応を知ることは、ゲーム開発を続ける上でとても重要です。

ゲームが多少中途半端な状態でリリースしたとしても、作品を世に出せば必ずフィードバックを得られますので、どうすればもっと楽しんでもらえるか、どうすればもっとたくさんの人に遊んでもらえるかを真剣に考えるきっかけになります。時には「無反応」というフィードバックになるかもしれませんが、覚悟して受け入れましょう。

より良いゲームを作るためには、クオリティにこだわりすぎてお蔵入りを繰り返すよりも、ある程度のクオリティに達したらリリースしたいところです。ユーザーからのフィードバックを真摯に受け止めながら試行錯誤していく方が、開発スキル向上の近道となります。

4-1-4　どうやってお蔵入りを回避する?

では、お蔵入りを避けてゲームをリリースしていくにはどうすれば良いでしょうか。

前述の罠を常に意識し、回避しながら開発を進められるのがベストですが、どうしても避けられない罠もあります(面白いゲームは常にリリースされ続けていますからね！)。

重要なのは回避可能な罠だけでも確実に回避し、もし罠にハマってしまっても元の開発に戻りやすくすることです。

そのためには、開発を始める前に企画書を準備するのがオススメです。企画書は開発を進める上でのとても頼れる地図になりますので、開発で迷子になることが減り、罠にハマってしまっても開発を再開しやすくなります。

4-2から、企画書を作るためにゲームのイメージを固める練習をしていきましょう。要所要所でサンプルゲームを例に挙げますので、参考にしてみてください。

4-2 ゲームの方向性を決めよう

企画書を作る前段階として、ゲームの方向性を決めていきます。自分が作るゲームがどのようなものか、まずは自分自身の頭の中ではっきりとイメージすることが目的です。

4-2-1　ゲームの概要を思い浮かべてメモする

さて、皆さんが作りたいゲームはどんなものでしょうか。まずはざっくりと「どのようなジャンル」で「何が特徴」なのかを考えてみると良いでしょう。以下にいくつか例を挙げてみます。

・スライドパズルでダンジョン探索！「パズルRPG」
・指一本で遊べるヒマつぶし！「階段駆け下りアクション」
・レトロな見た目で激しい弾幕！「ドット絵2Dシューティング」
・辺りを見回して謎を解け！「VR謎解きゲーム」
・リズムに乗ってスピードアップ！「リズム＋レースゲーム」

ゲームイメージをメモする

どのようなゲームを作りたいのか、思い浮かべたものをメモしてみましょう。絵心が無くてもかまいません。落書きレベルで良いので、棒人間や○△□などの簡単な図形を使ってイメージしているゲーム画面を絵にしてみましょう。

本書サンプルゲームの場合

本書のサンプルゲームでは、ゲームジャンルを「お手軽3Dサバイバルアクション」としました。ゲームのウリは「作りながらUnityの基本機能が一通り学べること」にします。

概要はこんな感じです。

3Dアクションにサバイバル要素をドッキング！
　武器を振ると時間が進むシステム搭載、サクサク遊べるお手軽3Dサバイバルアクション！材料を手に入れるには武器を振らないといけない。でも、武器を振ると時間が経ってしまう。時間が経つにつれ、敵の攻撃も激しくなってきます。効率良くさまざまな材料を手に入れて、アイテムを作りながら生き延びましょう。」

4-2-2　ゲームを作る理由を考える

　次に、みなさんがそのゲームを作ろうと思った理由を考えてみましょう。たとえば、以下のような理由が考えられると思います。

・好きなゲームがあり、それに似たゲームを作りたかったから
・最近遊んだゲームに不満があって、もっと良いものが作れると思ったから
・何となく思いついて、すぐ作れそうだったから
・新しく技術を学んで、それを使ったゲームを作りたかったから
・ヒットしそうな面白いアイデアだと思ったから
・絵や物語を書いているうちに、ゲーム化したくなったから
・既存のゲームに飽きて、これまでにないゲームを作りたかったから

作る理由に応じて開発方針を決める

　これらの理由はゲームを開発するための動機づけ、かつ開発を進めていくための道標となります。開発中に何らかの選択肢が発生したとき「自分はなぜゲームを作っているのか」が明確だと、それに沿った選択がしやすくなるからです。
　たとえば、ゲームを作っている最中、ゲームに深みを出す新要素のアイデアが浮かんできたとします。メリットは「ゲームに深みが増して、やりこみ度がアップする」こと、デメリットは「覚えることが増えて、ゲームが少し複雑になる」ことです。普通に考えると、面白くなるのであれば要素を実装した方が良さそうに思えます。
　しかし、もしゲームを作る目的が「子供たちに遊んでもらいたい」だった場合はどうでしょうか。対象年齢にもよりますが、小さな子供たちに遊んでもらいたいのであれば、わかりやすさを重視した方が良さそうです。となると「あえて要素を追加しない」という選択の方が正解に思えます。

サンプルゲームの場合

本書のサンプルゲームの場合、以下の理由でサバイバルアクションを選択しました。

・アクションゲームであれば、いろいろなUnityの基本機能を盛り込めそうだから
・サバイバル要素を入れることで、データ管理やUIなどの仕組みを説明しやすそうだから
・筆者がサバイバルアクションゲームを好きだから

最後は個人的な理由ですが、「好き」や「興味がある」はゲーム作りにあたっての強力な動機づけです。これらの気持ちが芽生えたときにゲーム開発の第一歩が始まるのです。

コラム 楽しさの追求

たとえば、2Dのアクションゲームで以下の2種類のゲームがあったとします。

・プレイヤーの思った通りにキャラクターがきびきびと動く
・キャラクターが止まるのに少し時間がかかるなど独特の操作感がある

それぞれ相反する要素を持っていますが、果たしてどちらが良いといえるでしょうか。
前者のゲームは思った通りに動作するので、おそらくプレイヤーのストレスは少ないでしょう。では後者のゲームは間違った実装かというと、必ずしもそうではありません。独特の操作感であっても「プレイヤーが楽しいと感じる」のであれば、それは正解といえます。
ゲームを作る上でプレイヤーに楽しいと感じてもらう方法は無数に存在し、その実現方法はさまざまです。どうすべきか悩んだときは、「どうすればプレイヤーに楽しんでもらえるか」を考えると答えが見えてくるかもしれません。

ゲームのルールを考えよう

ゲームには必ずルールが存在します。このルールを決める際の基本的な心構えを説明します。

4-3-1　スポーツにもゲームにもルールが必要

対戦型のスポーツには基本的に厳密なルールがあります。たとえば、サッカーの場合はシュートしてゴールにボールが入れば得点となります。また野球の場合はランナーがホームに帰ることで得点となります。

一方、サッカーではキーパー以外がボールを触ると反則になります。野球は三振すると1アウトです。このようなルールがあるからこそスポーツは成り立つのです。

対戦型のスポーツはルールが明確に決まっており、かつルールが一般にも浸透しているため、ゲーム化しやすいものであるといえます（ただし、ゲーム化しやすいのと実装しやすいのは話が別です）。

ゲームにおいても、アクションやパズルなどゲームのジャンルが明確な場合は、ルールが思い浮かべやすくなります。また一般に浸透しているゲームジャンルであれば、チュートリアルさえ不要な場合もあるでしょう。

たとえば、2Dの横スクロールアクションであれば「ゴールに到達すればクリア」「敵に当たったり穴に落ちるとゲームオーバー」などです。またパズルゲームであれば「制限時間内に完成させればクリア」「一定回数以上間違えたり制限時間が過ぎてしまうとゲームオーバー」などです。これらのゲームを遊んだ経験がある方であればルールが想像しやすく、ゲームに入っていきやすくなります。

4-3-2　直感的なルールを作る

一方、誰も見たことのない革新的なゲームを作る場合はどうでしょうか。ユーザーにとってなじみがないため、あらかじめイメージしてもらうことはできません。そのためまずゲームのルールを理解してもらう必要が出てきます。そのとき肝心なことはユーザーが誰であっても、直感的に理解してもらえるようなルールにすることです。ルールが直感的に理解してもらえないと、ユーザーのストレスになってしまい、結局遊んでもらえなくなってしまうためです。

また、直感的でなく、すでに存在しているルールと違ってイメージしにくい場合は、丁寧なチュートリアルやヘルプを用意しなければなりません。特にスマホ用ゲームの場合はライバルとなるゲームが非常に多く存在しますので、「ルールがよくわからない」と判断された時点でユーザーは離れてしまいます。

ゲームをおもしろくすることももちろん大事ですが、それより前に、直感的でわかりやすいルールにすることがとても重要です。

4-3-3 サンプルゲームの場合

本書で作っていくサンプルゲームでは、以下のようなルールを設定しています。これらはとてもシンプルですが、ぱっと見で理解できるはずです。

- クリアの条件：できるだけ長く生き残ること（クリア条件は設定せず、生き残った時間をスコアにして競う）
- ゲームオーバーの条件：ライフが無くなるか、満腹ゲージがゼロになる

コラム ゲームの目的と目標を分けて考える

ゲームを頑張って作っても、単調だったりすぐにマンネリ化すると、プレイヤーは飽きてしまいます。たくさんのゲームが日々リリースされていますので、一度飽きてしまったユーザーはほぼ戻ってこないと思って良いでしょう。

飽きやマンネリ化を少しでも避けるため、「プレイヤーの最終目的」と「最終目的への道しるべとなる小さな目標」を分けて考え、実装することをお勧めします。

ゲームクリアに繋がる「さらわれたお姫様を助け出す」や「魔王を倒して世界に平和を取り戻す」などは、ゲームの「目的」です。この目的が単体で存在するだけでは、ユーザーが途中で飽きてしまいます。そこでたとえばRPGの場合は、ところどころに「ダンジョンを攻略する」「ボスを倒す」「次の街を目指す」といった目標を散りばめ、「小さな目標を順番に達成していき、魔王を倒すという最終目的を達成した」という流れを作ると、プレイヤーの離脱を抑えることができます。

また1回1分程度でプレイできるシンプルなゲームであっても、「一定のスコア獲得で新要素開放」「コインを集めて要素を開放する」「アチーブメント（達成条件に応じて獲得できる証し）をたくさん用意する」など、継続してゲームしてもらえるような仕組みを組み込んでおくと良いでしょう。

ゲームの公開方法を決めよう

どのようなゲームをつくるかイメージが見えてきたら、次に公開するプラットフォームを考えてみましょう。

4-4-1　プラットフォームへの影響

プラットフォームとゲームの相性を考える

プラットフォームとは、PCやスマホ、ゲーム専用機など、ゲームが動作する環境のことです。プラットフォームはゲーム内容に大きな影響を及ぼすため、早い段階でどのプラットフォームにするかを決めておきましょう。

たとえば、ゲームの操作方法を考えてみましょう。PC向けの場合は「マウス＋キーボード」、スマホの場合は「画面タッチ」、ゲーム専用機の場合は「コントローラ」が一般的な操作方法です。

作りたいゲームと操作方法の相性がよいかどうかあらかじめ確認しておいてください。ゲーム専用機で人気のアクションゲームをスマホに移植したとき、「操作性が悪い」とユーザーから酷評されることがしばしばあります。これはコントローラであれば違和感がない操作であっても、スマホのタッチ操作で同じことを行うのが難しかったり、慣れるのが大変だったりするためです。このようにプラットフォームが変わると操作方法も変わってしまうため、ゲームの面白さが損なわれるのはよくあることです。

プラットフォームによっては、ゲームの処理やエフェクトの調整が必要な部分も出てきます。たとえば、PS4とNintendo Switchはどちらもゲーム専用機ですが、処理性能がかなり異なるため、同じゲームであってもPS4用よりNintendo Switch用の方が負荷を抑える必要があります。

また、PCやスマホの場合も、製品によって処理性能に大きな違いがあるため、3Dゲームが最高画質でストレス無く動作する製品もあれば、画質を落としてもまともに動かせない製品もあります。ゲーム開発においては、どの程度のスペックまでカバーするか決めるのは非常に悩ましい問題です。

まずは主要プラットフォームを決めて、それに合った形で操作方法やエフェクトを調整していきましょう。

4-4-2　Unityの対応プラットフォーム

Unityはマルチプラットフォームに対応

Unityはマルチプラットフォームに対応したゲームエンジンです。2019年12月現在、27種類のプラットフォーム用のゲームを作ることができ、これがUnityが人気のゲーム開発エンジンとなった大きな理由の1つです。

Unityが対応している主なプラットフォームは以下の通りです。

・Android
・iOS
・Windows
・macOS
・PS4
・Nintendo Switch

これらのプラットフォーム以外にもVR系のプラットフォームなどに対応しています。

プラットフォームの変更

Unityは実装の大部分をプラットフォームを問わず使い回せるため、プラットフォームの変更は比較的容易です。Unityで作ったゲームはPC・スマホ・ゲーム専用機と、複数のプラットフォームで展開されているゲームもたくさんあります。

操作方法やUI、パフォーマンス調整などを行う必要がありますが、基本的にはUnityエディタ上でプラットフォームを切り替えてビルドするだけで、プラットフォームの変更が可能です。

ゲームによっては、プラットフォームごとに使用するプログラミング言語を変えなければならないこともありますので、それを考えるとUnityでは手軽にプラットフォームを切り替えることができ、これがUnityが広く普及した大きな理由の1つです。

サンプルゲームの場合

本書のサンプルゲームの場合、プラットフォームはPCとスマホ両方を想定しています。ただし、通常はPC用またはスマホ用とプラットフォームを決めてから開発を始めた方が良いでしょう。なお、本書の解説は基本的にPC用で進めています。

4-5 企画書を作ろう

ここまででゲームのイメージはかなり固まってきたかと思います。次は頭の中のイメージを書き出して企画書を作ってみましょう。

4-5-1　ゲームの企画書

企画書というと身構えてしまうかもしれませんが、ちょっとしたゲームを作るくらいであれば手書きでざっくり書くだけでもOKです。イメージを絵にできるとベストですが、難しければ箇条書きにしていくだけでもかまいません。それだけでも、資料が手元にあるのと無いのとでは開発効率が大きく変わってきます。

コラム　企画書はゲーム開発前のデバッグ

企画書はゲーム開発前にデバッグを行えるという点でも重宝します。イメージを書き起こしていく途中、「あれ？ここ変だぞ？」と要素が矛盾していることに気づくこともしばしばあるわけです。

矛盾を開発前に知ることができれば、作ってから「やっぱりやり直し」となることを少しでも減らせます。

4-5-2　企画書作りのポイント

企画書を作るにあたって重要なのは、以下の点がわかるように書くことです。

・どのようなゲームを作ろうとしているのか
・ゲームの特徴（ウリ）はどこなのか

これらが明確になっていれば、後述のプロトタイピングがとても進めやすくなります。

参考として、以前筆者が書いた企画書を何枚か集めた写真を載せました。1つのゲームにつき1枚の用紙にまとめ、ゲーム画面のイメージ＋各種ゲーム要素を大雑把に記載しています。

自分用として雑に書いたため、他の人に見られるのは少し気が引けますが、こういった紙が1枚あるだけで、作ろうとしているゲームがイメージしやすくなるはずです。

図4.1 ▶ 手書きの企画書サンプル

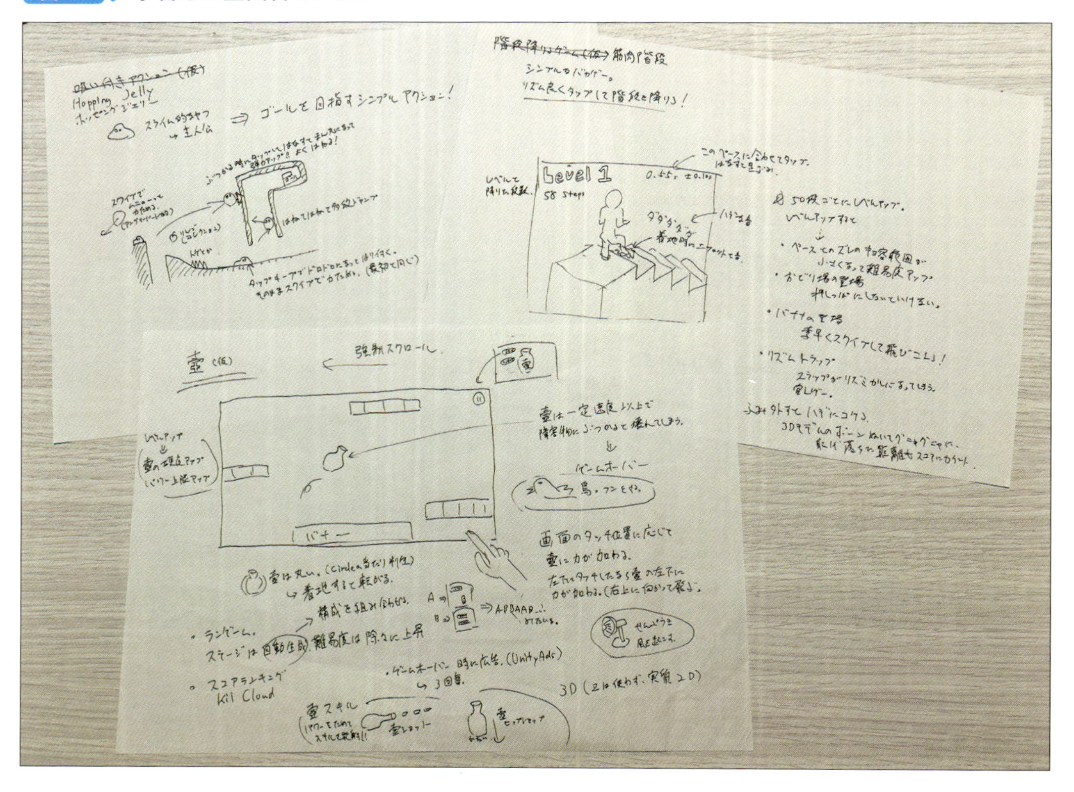

　また、シンプルなゲームであれば企画書1枚だけでも開発は進められますが、画面遷移図やシステムの仕様書などがあると、さらに開発を進めやすくなりますので、必要に応じて書き足していくと良いでしょう。

ゲームの開発手順を確認しよう

企画書を作ることで、開発の道しるべはできました。開発前にあらかじめ手順をイメージしておくことで、さらに作業がスムーズに進められるようになります。

4-6-1　ゲームのコア要素を考えてみる

開発手順を考えるにあたって、開発するゲームの中で何が一番大事かを考えてみましょう。たとえば、以下の要素で構成されるゲームがあったとします。

・キャラクター育成機能
・アイテム強化機能
・横スクロールアクション

この場合、一番大事なのは「横スクロールアクション」の要素です。アクション部分はプレイヤーがいちばん触れることが多い要素でゲームのコア部分となります。これがつまらないと他の要素を作り込んでもゲームの人気は伸びづらいでしょう。

このようにゲームの要素の中で何が一番要素に優先順位をつけ、どこに注力すべきかを明確にしておくと作業が進めやすくなります。

4-6-2　プロトタイピング

注力すべき要素が明確になったら、その要素から開発をスタートします。その他の要素はいったん置いておき、ざっくりゲームを遊べる状態にしてみましょう。このプロセスをプロトタイピングと呼びます。

プロトタイピングにはさまざまなメリットがあります。たとえば、ゲームを実際に遊べるようになると改善のアイデアがたくさん湧いてきますし、人に遊んでもらって意見を聴くこともできるようになります。また、ゲームに致命的な欠陥がある場合（遊んでみたら全然面白くなかったり、ルールが破綻しているなど）も早い段階で発見できます。

4-6-3 完璧を求めないようにする

頑張って作るゲームですので、できるだけ良いものに仕上げたいものです。その一方で完璧を求め過ぎないことも重要です。完璧を求めるとゲームが完成する確率が驚くほど下がりますので、これからのことを心の隅に留めておくことをオススメします。

アイデアの取捨選択

ゲームを作っているとさまざまなアイデアが沸いてきます。思いついたすべての機能を盛り込めば、ものすごく面白いゲームができ上がるかもしれません。

ただ、開発中に思いついた要素を盛り込んでいくと、それに比例して開発期間も長くなります。ゲーム開発に割ける時間は限られていますので、考えたアイデアをすべて実装するのは困難でしょう。

また面白さの定義は人によって異なります。自分では面白いと思って、膨大な時間をかけて実装してもユーザーには不評ということもよくあります。

まずはゲームのコア部分を組み立て、アイデアは面白さや実装難度を元に優先順位をつけて盛り込んでいきましょう。ゲーム開発は、ひたすら取捨選択を繰り返すことでもあるのです。

コンテンツは後から追加でOK

インターネットが普及していなかったころは、ゲームを完璧に仕上げてからリリースする必要がありました。ゲームカセットやCD-ROMなどの形で一度リリースしてしまうと、後からゲームを修正することができなかったためです。

ただ、現在ではインターネット経由でのゲーム配信サービスが主力になり、リリース後でも簡単にゲームを修正できるようになりました。特にスマホ向けアプリは、まだ機能が少ない段階でリリースしてプレイヤーの反応を見ながら機能を拡充していくことが多いです。

極端な話ですが、仮に5分で終わってしまうようなゲームでも遊べる状態になってバグが一通りとれたら世に出してしまっても良いと思います。開発本数が少ないうちは特にです。プレイヤーの反応が良ければその後アップデートを繰り返していき、それに従ってボリュームも増えていきます。ソシャゲなどはまさにその形で、アップデートを繰り返すことでコンテンツがどんどん追加されています。

Chapter 5

ゲームの舞台を作ってみよう

Unityでは、3Dの世界を舞台にしたゲームを簡単に開発できます。Unityでこれを実現するには、「Standard Assets」「Terrain」「Skybox」を活用します。本章で学習して冒険の舞台となる世界を作り上げていきましょう。

5-1 プロジェクトを作成しよう

ここでは、本書サンプルゲームのプロジェクトを作成し、そのあとでゲームの舞台となる地形を追加していきます。

5-1-1 プロジェクトの作成

Unityではゲームをプロジェクト単位で管理します。まずは本書で作成するゲーム用のプロジェクトを作成しましょう。

Unity Hubで「新規作成」ボタンをクリックし、テンプレートを「3D」、プロジェクト名を「IkinokoBattle」としてプロジェクトを作成します。

図5.1 ▶ プロジェクトの新規作成

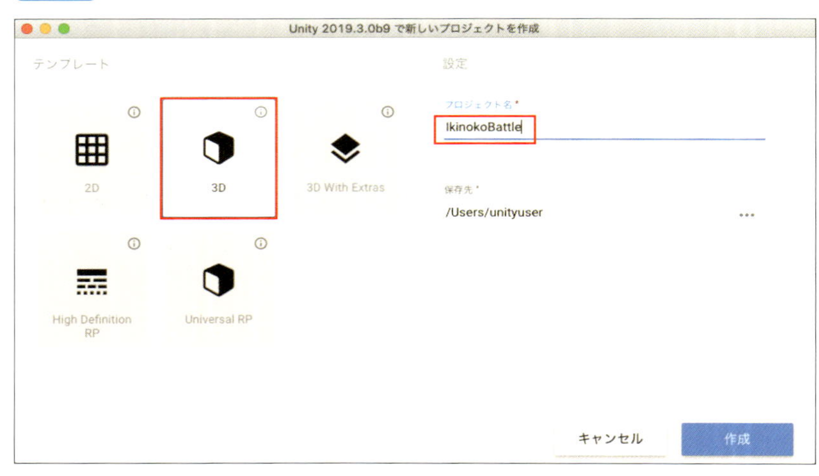

プロジェクトを作成するとSampleSceneが開きますので、シーンの名前を「MainScene」に変更してから作業を進めましょう。

5-1-2 Asset Storeとは

3D世界の基礎となる地形は、Terrain(テレイン)を使って作成します。Terrainは3D地形データの作成ツールで、山や谷などの起伏・木々の生い茂る森などをさまざまなブラシを使ってお絵かき感覚で作ることが可能です。

初期状態のプロジェクトにはTerrain用の素材が含まれていません。そこでUnityが持つ強力な機能の1つである「Asset Store」を使ってゲームの素材を準備しましょう。

Asset Storeとは、Unityで使えるAssetを購入・ダウンロードすることができるオンラインストアです。Asset Storeでは画像・音楽・3Dモデルなどの部品からUnityのエディタ拡張機能・ゲームのプロジェクト丸ごとに至るまで、さまざまなAssetが配布・販売されています。

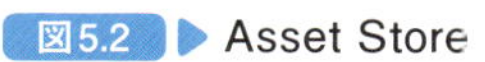
図5.2 ▶ Asset Store

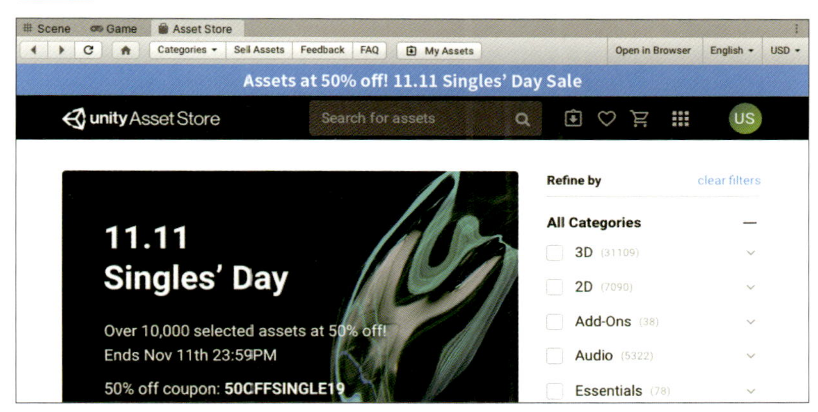

また開発者登録をすることで、自分が作ったAssetを販売することもできます。

これはUnityを使う上でとても大きなメリットとなっています。というのも、Asset Storeを上手に活用すれば短期間で高クオリティなゲームを作ることが可能になるからです。

素材を自分で作るのもとても楽しいことですが、目的が「ゲームを作って世に出すこと」であれば、Asset Storeから素材を調達して開発時間を節約するようにしましょう。

5-1-3 Standard Assetsのインポート

Standard Assetsのダウンロード

Asset Storeから、Unityの公式AssetであるStandard Assetsをダウンロードしてみましょう。

Asset Storeを開くには、「Window」→「Asset Store」を選択するか、ショートカットキーのCommand + 9を実行します。Asset Storeはよく使う機能ですので、ショートカットを覚えておくと良いでしょう。

図5.3 ▶ Asset Storeを開く

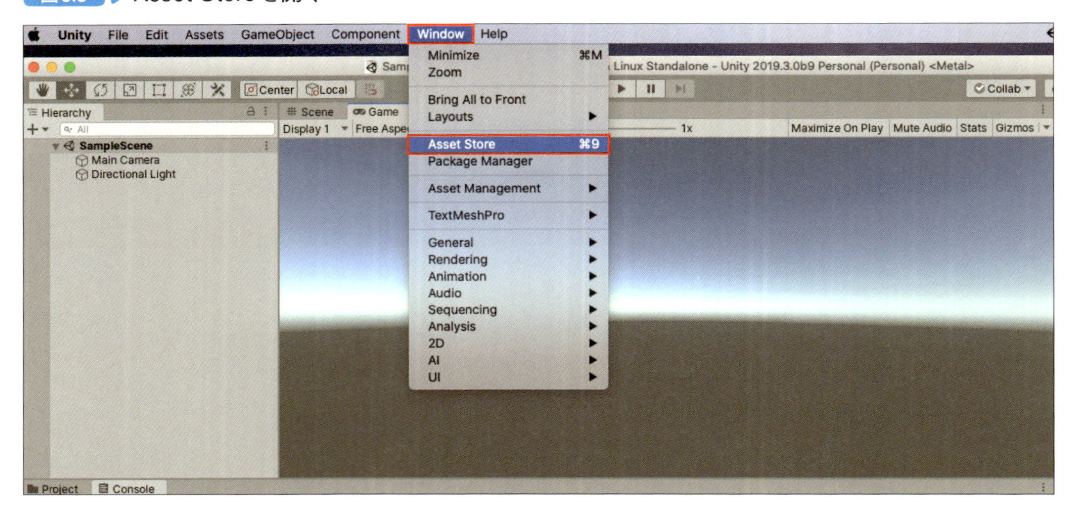

Asset Storeウインドウが開いたら、上部の検索BOXに「standard assets」と入力してみましょう。

ちなみにAsset StoreはWebサイトとして一般公開されていますのでブラウザで開くことも可能です。執筆時点ではUnity エディタ上でAsset Storeを開くとAssetの紹介動画が再生できないなどの不都合がありますので、ウインドウショッピング感覚で使えそうなAssetを探す場合は、ブラウザで開くとよいでしょう。

なお、名前での検索以外にカテゴリで絞り込むことも可能です。Asset Storeには世界中の開発者がいろいろなAssetをアップしています。これらを見ているだけでも楽しめますので、時間があるときに確認してみてください。

図5.4 ▶ Standard Assetsの検索

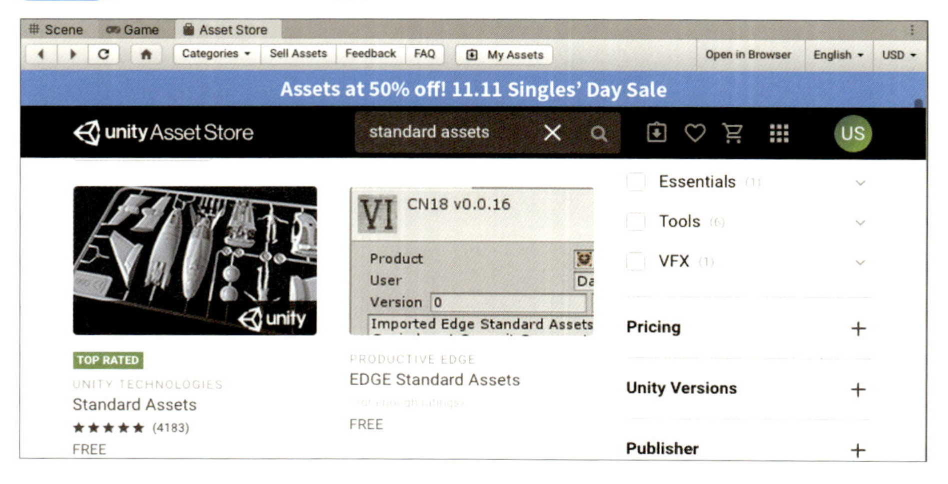

検索結果にあるStandard Assetsをクリックすると、詳細画面が開きます。画面右側にある「Download」ボタンをクリックすると、利用規約(Terms of Service)が表示されます。一番下までスクロールして「Accept」ボタンをクリックすると、ダウンロードが開始します。

図5.5 ▶ Standard Assetsのダウンロード中画面

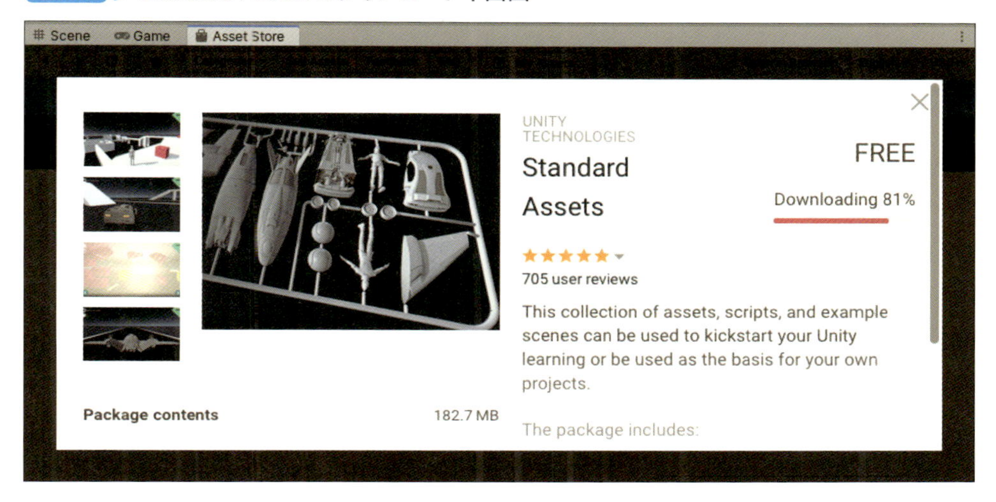

Standard Assetsのインポート

ダウンロードが完了するとボタンの表示が「Import」に変化しますので、これをクリックします。

図5.6 ▶ ダウンロード完了後画面

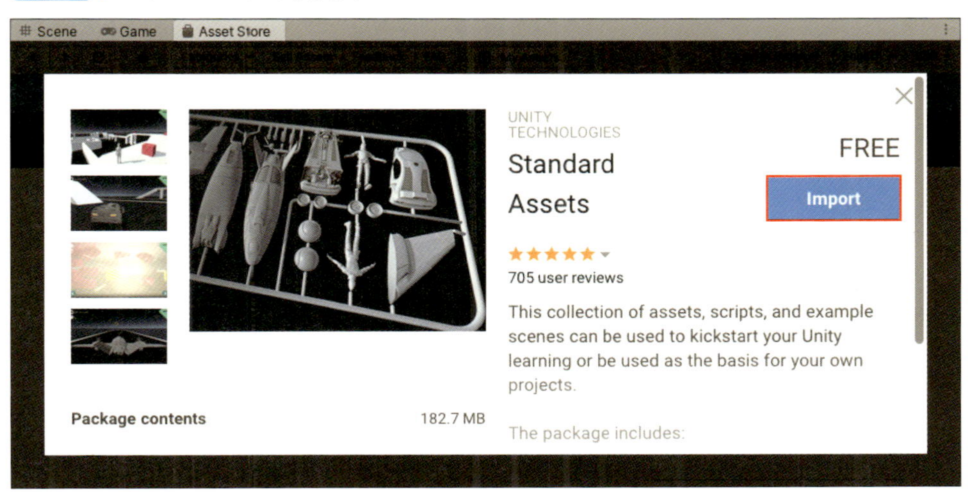

　インポート対象ファイルの選択パネルが表示されます。初期状態で必要なファイルはすべて選択されていますので、そのまま右下の「Import」ボタンをクリックするとインポートが始まります。

図5.7 ▶ Standard Assetsのインポート

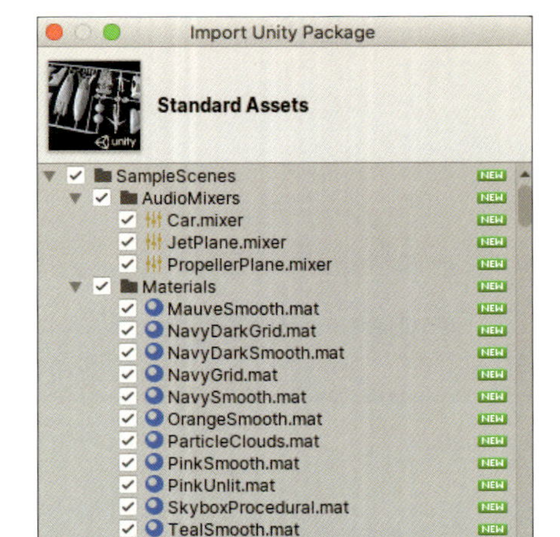

Standard Assetsのエラーを修正する

　Standard Assetsには、本書の検証バージョンであるUnity 2019.3で使用できなくなった処理が一部含まれているため、エラーが発生します。そのエラーが出ないように修正を行いましょう。

　エディタで[Shift]+[Command]（Windowsの場合は[Ctrl]）+[C]を押してConsoleウインドウを開き、赤い❗マークのついた2つのエラーを探します。

図5.8 ▶ Standard Assetsのエラー

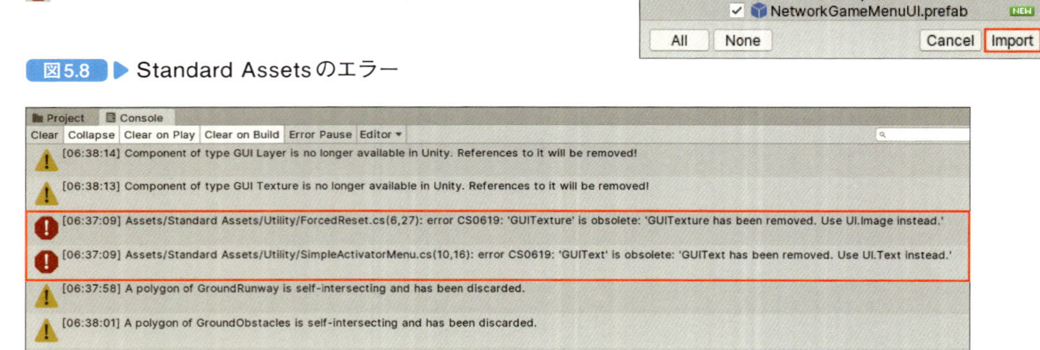

　それぞれのエラーをダブルクリックするとエラーの発生しているスクリプトが開きますので、リスト5.1、リスト5.2のように修正します。

リスト5.1 ▶ Standard Assetsのエラー修正(ForcedReset.cs)

```
using System;
using UnityEngine;
using UnityEngine.SceneManagement;
using UnityStandardAssets.CrossPlatformInput;
using UnityEngine.UI;  この行を追記

[RequireComponent(typeof (Image))]  「GUITexture」を「Image」に変更
```

続く

```
public class ForcedReset : MonoBehaviour
{
    private void Update()
略
```

リスト5.2 ▶ Standard Assetsのエラー修正(SimpleActivatorMenu.cs)

```
using System;
using UnityEngine;
using UnityEngine.UI;  この行を追記

namespace UnityStandardAssets.Utility
{
    public class SimpleActivatorMenu : MonoBehaviour
    {
        // An incredibly simple menu which, when given references
        // to gameobjects in the scene
        public Text camSwitchButton;  「GUIText」を「Text」に変更
        public GameObject[] objects;
略
```

スクリプトの保存後にエディタに戻ると、すぐに変更が反映されエラーが出力されなくなります。

コラム Assetのライセンス

Asset Storeでは、Assetの大半がAsset Storeの共通ライセンスの下で販売されています。そのAsset自体を取り出せないようにすれば、「改変OK」かつ「商用・非商用問わず利用可能」ですので、ビルドしたゲームを配布するには非常に扱いやすいライセンスとなっています。

利用規約・ライセンスの原文は以下のURLで公開されていますので、目を通しておきましょう。

・Asset Store Terms of Service and EULA
https://unity3d.com/jp/legal/as_terms

基本はこのライセンスに沿って利用できますが、Assetによっては独自ライセンスのものがあります。よくあるケースとして、エディタ拡張のAssetは開発者の人数分購入しなければならない旨が記載されていることが多いです。

また、エディタ拡張以外のAssetでもまれに独自ライセンスが設定されている場合がありますので注意が必要です。独自ライセンスの場合は、Assetの説明ページにその旨が記載されていますので、必ず目を通してから使うようにしましょう。

5-2 地形を追加しよう

プロジェクトを作成したあとは、舞台となる地形を追加していきましょう。

5-2-1 Terrainの作成

Standard Assetのインポートが終わったら、Terrain(テレイン)を作成しましょう。

Hierarchyウインドウで右クリックし、「3D Object」→「Terrain」を選択します。

図5.9 ▶ Terrainの作成

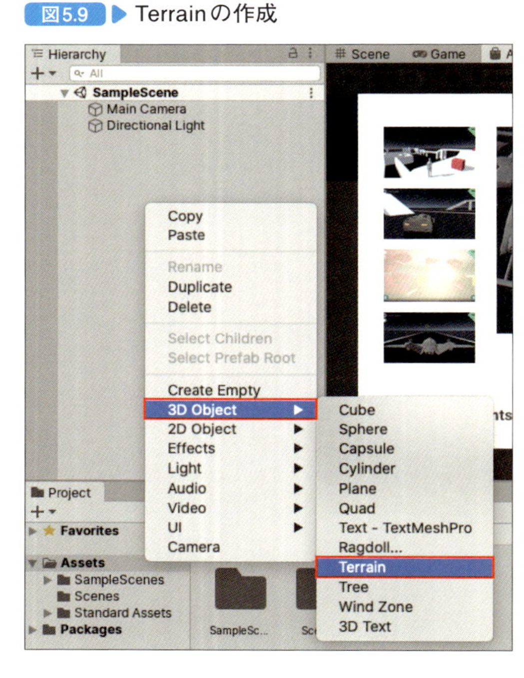

Sceneビューに真っ白な板が作成されました。Terrainのデフォルトサイズは1km四方とかなり大きいので、全体像を見たいときは、HierarchyウインドウのTerrainをダブルクリックします。

図5.10 ▶ Terrainの全体像

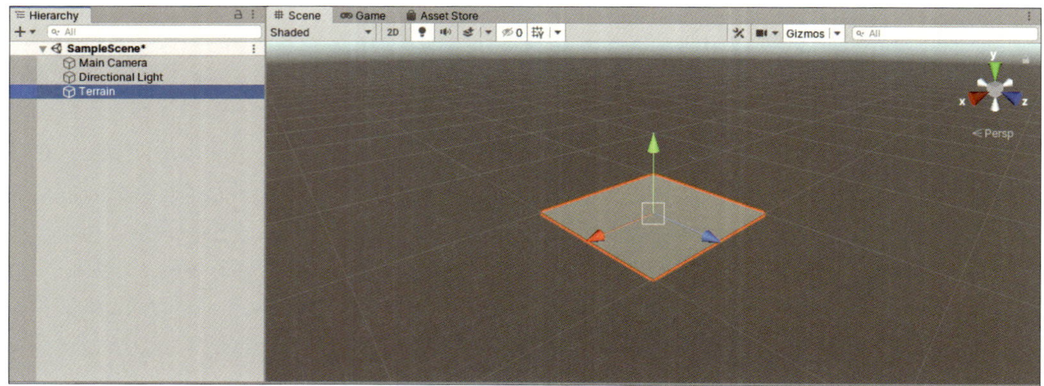

5-2-2　Terrainの初期設定

初期状態のTerrainでは地形の解像度が高い（＝細かく地形が設定できる）ため、そのまま使用するとゲーム実行時の負荷が高くなります。ハイスペックなPCであれば問題ありませんが、できるだけ負荷を抑えておいた方が良いでしょう。地形の解像度や詳細の描画距離など、Terrainの設定を変更することによって負荷を低くすることができます。

解像度を下げて負荷を抑える

解像度などを下げて負荷を抑えるには、HierarchyウインドウでTerrainを選択し、InspectorウインドウでTerrainコンポーネントの一番右の ✱ (Terrain Settings) をクリックし、表5.1のように設定を変更します。

表5.1 ▶ Terrain Settingsの設定項目

設定項目	説明
Pixel Error	マッピング精度の設定。この値が大きいと精度が低くなる。精度を低くすると、遠くの地形が雑に描画されるようになる。ここでは大きめの「100」に設定する
Detail Density	Terrainに配置される草などの密度に影響する。低いと草がまばらに表示され、高いとギッチリ詰まって表示される。ここでは「0.1」に設定する
Heightmap Resolution	ハイトマップの解像度。Terrainでどれだけ細かく地形を変更できるかの設定。ここでは「257 × 257」に設定する

図5.11 ▶ Terrainの負荷を下げる初期設定

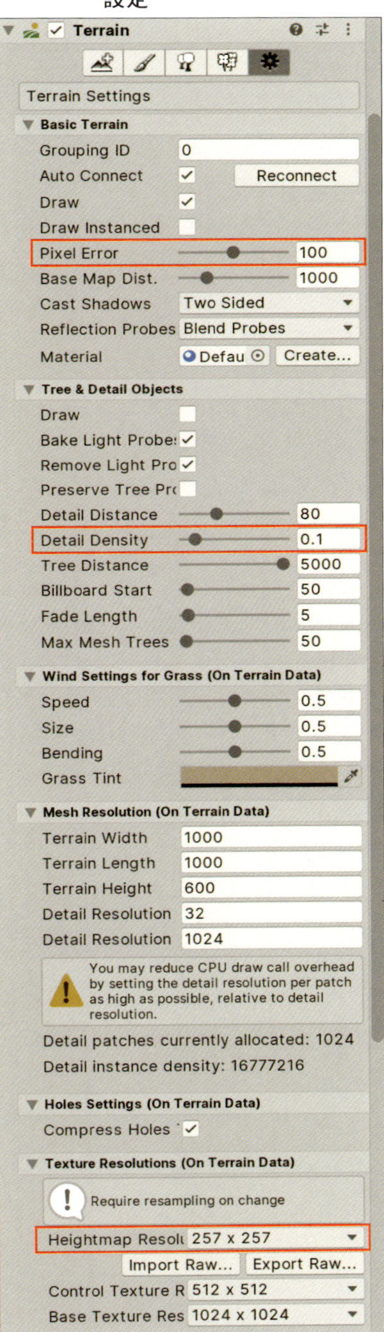

地面を上げておく

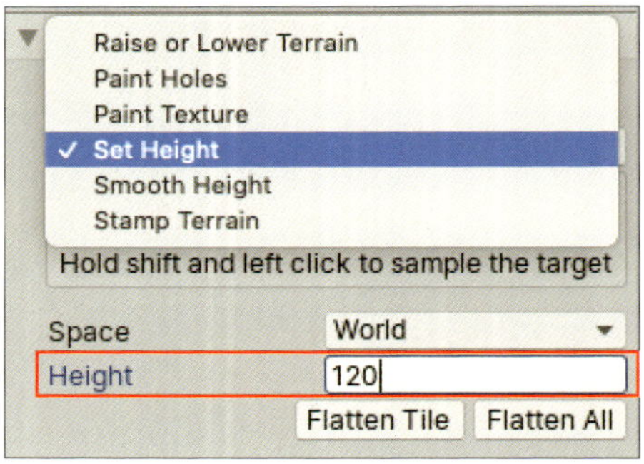

Terrainは、初期状態だと地形全体の高さは「0」になっています。地形の高さは0以下にできないため、このままだと穴を掘る（地面を下げる）ことができません。自由に上げ下げできた方がイメージ通りの地形を作りやすくなりますので、あらかじめ地面を上げておきましょう。

図5.12 ▶ Terrainの高さを揃える

Raise or Lower Terrain
Paint Holes
Paint Texture
✓ Set Height
Smooth Height
Stamp Terrain
Hold shift and left click to sample the target
Space World
Height 120
Flatten Tile Flatten All

InspectorウインドウのTerrainコンポーネントの左から2番目の(Paint Terrain)をクリックします。プルダウンで「Set Height」を選択し、Heightの入力欄に「120」と入れ、Flatten Allボタンをクリックします。これでTerrain全体が120mの高さになり、最大120mまで掘り下げられるようになりました。

ただし、このままではUnityのワールド座標「Y:0」とTerrainの地面が120mズレているため、後々ややこしくなります。TranformコンポーネントのPositionのYを「-120」に変更し、Terrainの地面を「Y:0」と一致させておきます。

5-2-3　地面を上げ下げする

次に地面に起伏をつけてみましょう。InspectorウインドウのTerrainコンポーネントの左から2番目の(Paint Terrain)をクリックし、プルダウンで「Raise or Lower Terrain」を選択します。

これは地形を上げ下げする際に使用するツールです。地形の上げ下げは、一般的なペイントツールのように好きな形・大きさのブラシを使って行います。Brushesから好きな形のブラシを選択し、Brush Sizeでブラシのサイズを選択しましょう。Opacityは、ブラシで塗った時の起伏の変化度を調整します（100に近いほど地形が大きく変化します）。

図5.13 ▶ 地面を上げ下げする

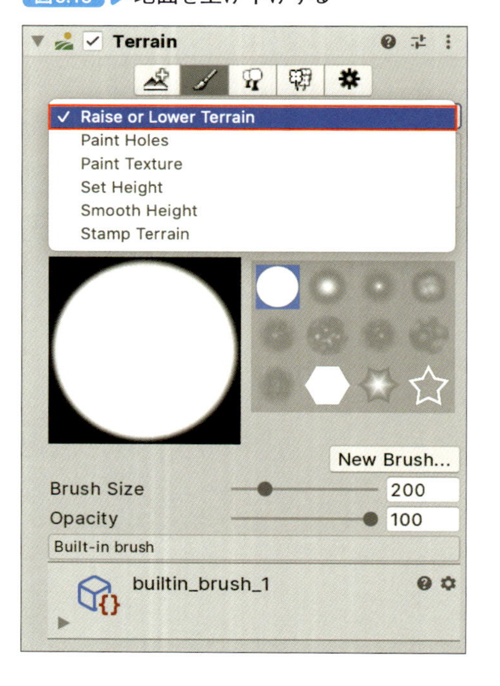

ブラシの準備ができたら起伏をつけていきます。Sceneビューの Terrain上で盛り上げたい部分を左クリックすると、地形が盛り上がります。掘り下げたいときは、Shift+左クリックでOKです。

ドラッグすると連続して上げ下げが可能になります。Terrainの中央付近は後からプレイヤーキャラなどを配置するので平地のまま残して、あとは好きなように地形を作ってみましょう。

図5.14 ▶ 起伏をつけてみる

5-2-4　地面の高さを合わせる

Unityでは他にも高さの調整に使える機能が用意されています。Inspectorウインドウの Terrainコンポーネントの左から2番目の (Paint Terrain) の中のプルダウンで「Set Height」を選択します。地形全体の高さを揃える際に使用したものと同じです。

このツールは、He ghtに基準となる高さを指定して使用します。盆地や台地を作る際にも必須のツールとなります。

図5.15 ▶ Paint Heightツールで斜面の一部を平坦にした図

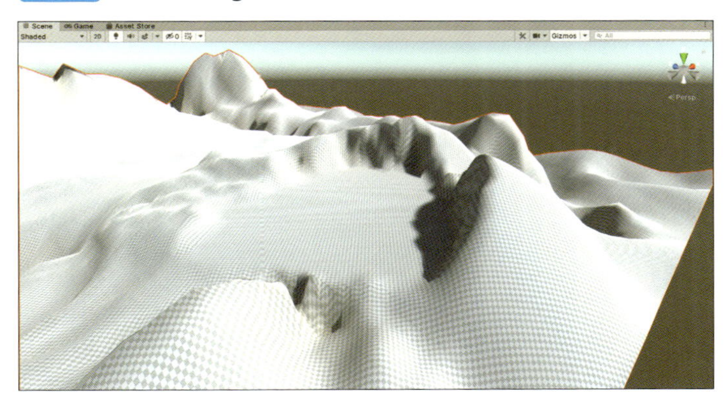

5-2-5　地面の高さを平均化する

Inspectorウインドウのコンポーネントの左から2番目の(Paint Terrain)の中のプルダウンにある「Smooth Height」を選択すると、地面の高さを平均化することができます。地形がなだらかになるため、仕上げの際に使用すると良いでしょう。

図5.16 ▶ Smooth Heightツール使用前と使用後

・使用前

・使用後

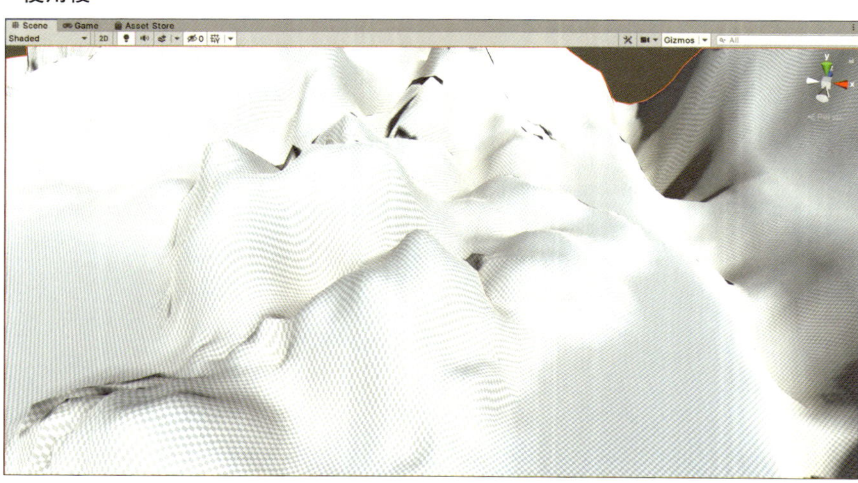

5-2-6　地面をペイントする

ここまででTerrainを使って山や谷を作成できました。しかし、地面が真っ白なままだと見た目が寂しく感じます。そこでテクスチャを使って地面を塗ってみましょう。

InspectorウインドウのTerrainコンポーネント左から2番目の（Paint Terrain）の中のプルダウンにある「Paint Texture」を選択します。

図5.17 ▶ Terrainコンポーネント

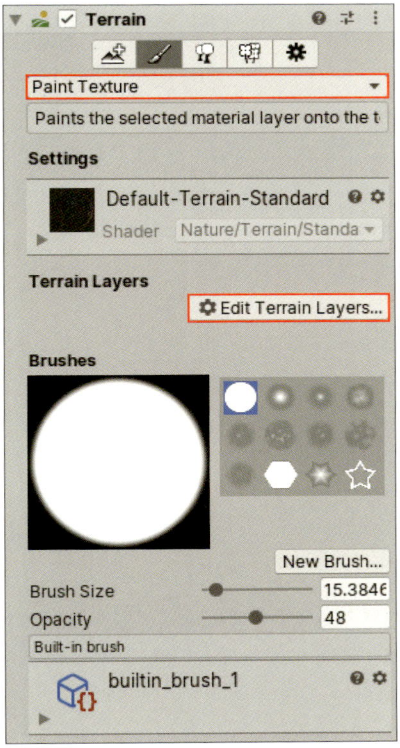

初期状態ではテクスチャが1つも登録されていませんので、追加しましょう。「Edit Terrain Layers」ボタンをクリックし、「Create Layer...」を選択すると、Select Texture2Dウインドウが開きます。

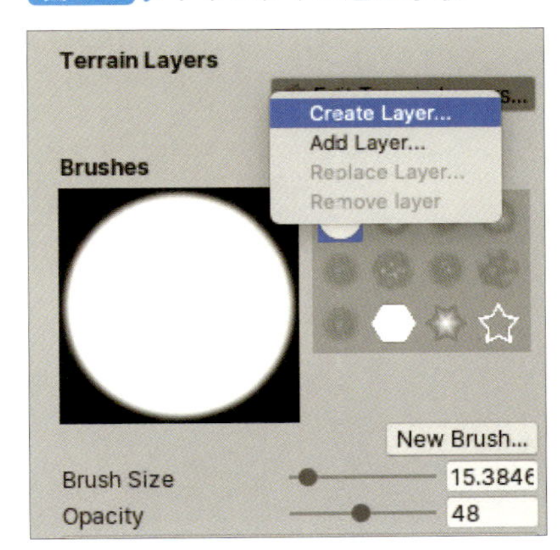

図5.18 ▶ テクスチャの追加手順

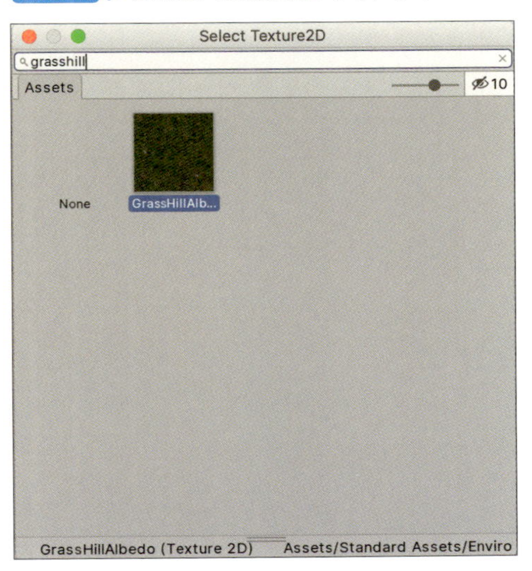

図5.19 ▶ Select Texture2Dウインドウ

ウインドウ上部の検索BOXに「grasshill」と入力し、表示された「GrassHillAlbero」のテクスチャを選択します。これでTerrainにテクスチャが反映されました。

緑一色に見えますが、Terrainに近づくと模様も表示されます。

図5.20 ▶ テクスチャが反映された

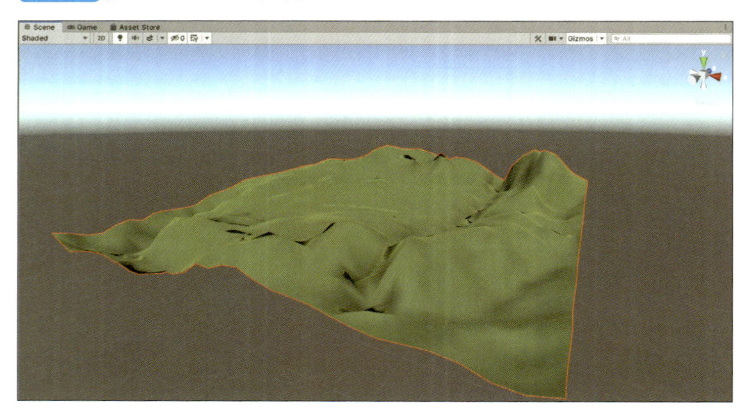

「CliffAlbedoSpecular」「GrassRockyAlbedo」「MudRockyAlbedoSpecular」「SandAlbedo」も同様の手順でテクスチャを追加しましょう。

Terrainペイント用のテクスチャにはNormal Mapを設定することも可能です。Normal Mapとは法線マッピング用のテクスチャのことで、これを使うとオブジェクト表面の細かな凹凸など詳細な見た目を表現できます。Standard Assetsには、「MudRockyAlbedoSpecular」用のNormal Mapが含まれていますので、設定してみましょう。

先ほど追加した「MudRockyAlbedoSpecular」のテクスチャ（いちばん黒っぽいもの）をInspecrot上で選択すると、Insepector下部にNormal Mapなどの設定項目が表示されます。Normal Mapの右側にある「Select」をクリックし、「MudRockyNormals」のテクスチャを指定しましょう。

図5.21 ▶ Normal Mapの設定

これでペイントの準備が整いました。

登録したテクスチャから好きなものを選んで、Terrainに色付けしてみましょう。ちなみに「MudRockyAlbedoSpecular」のテクスチャはNormal Mapを付けましたので、ズームすると他のテクスチャよりも凹凸のあるリアルな見た目になっています。こちらも試してみてください。

図5.22 ▶ ペイント後のTerrain

木や草を配置しよう

5-2では舞台となる地面を作成しました。この地面の上に木や草を配置して、より舞台っぽくしていきましょう。

5-3-1　木を植える

Terrainでは木を植えることもできます。Terrainコンポーネントの左から3番目の(Paint Trees)を選択します。

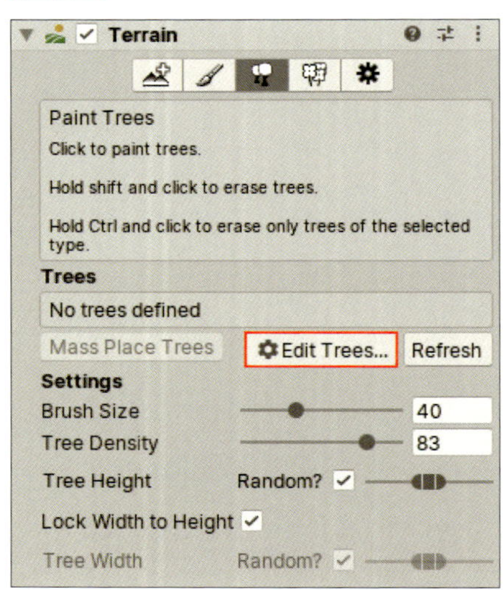

図5.23 ▶ Paint Trees

「Edit Trees...」ボタンをクリックして「Add Tree」を選択します。Add Treeダイアログが開きますので、ここに木のPrefab（設計図）を指定します。

Tree Prefabの⦿をクリックして検索BOXに「broadleaf」と入力し、「Broadleaf_Desktop」を選択したあと、Add Treeダイアログ右下の「Add」ボタンをクリックします。これでInspectorのTreesに「Broadleaf_Desktop」が追加され、Terrainに配置できるようになりました。

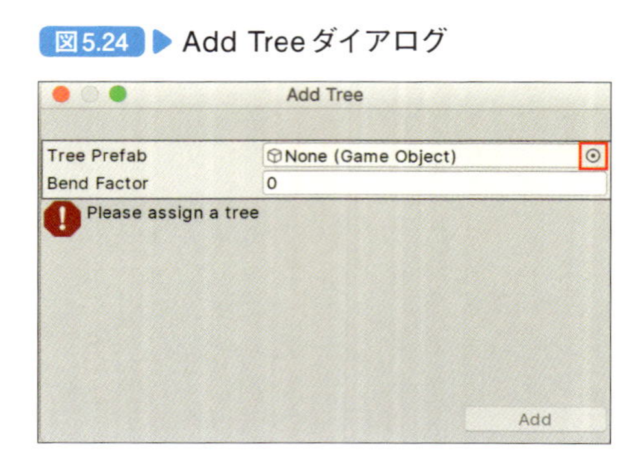

図5.24 ▶ Add Treeダイアログ

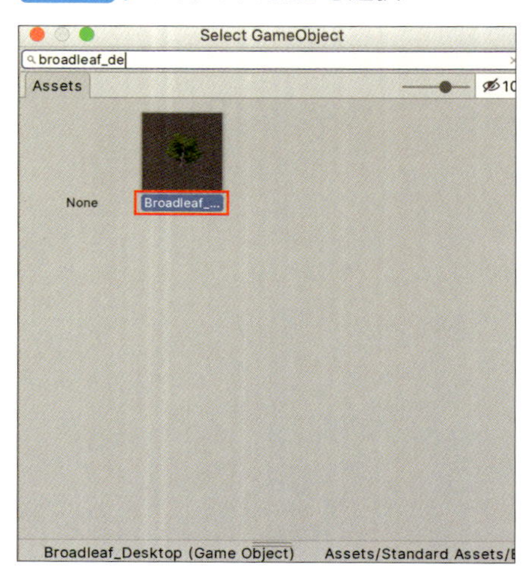

図5.25 ▶ TreeのPrefabを選択

Standard Assetsには、「Conifer_Desktop」や「Palm_Desktop」など他の種類の木も含まれていますので、同じ手順で設定しておきましょう。

なお、Inspectorに表示されているTreeのSettingsでは、Tree Density（木の配置密度）、Tree Height（高さ）、Tree Width（幅）などの設定が可能です。これらの設定は、Terrain上に木を配置するときに反映されます。

図5.26 ▶ 木の追加が完了

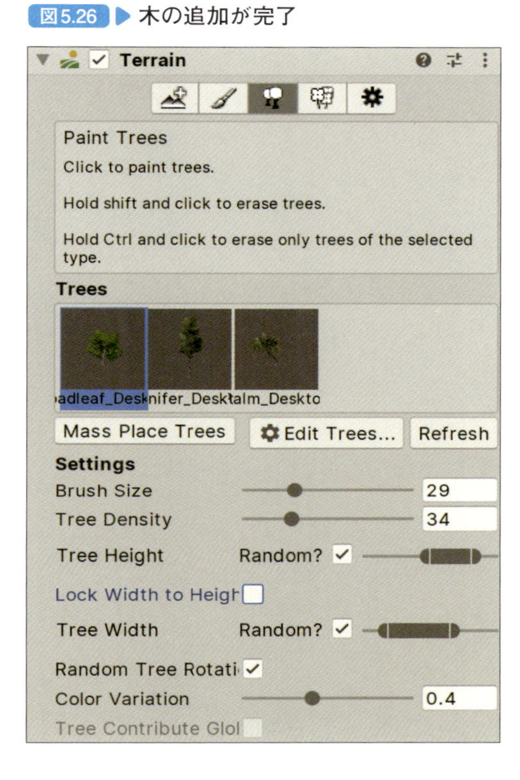

設定が完了したらSceneビューで木を配置してみましょう。ドラッグすると一気に大量に配置されますので、適量にしたい場合はクリックで少しずつ配置します。

図5.27 ▶ 木が配置された

5-3-2　草を生やす

次にTerrainに草を生やしてみましょう。Terrainコンポーネントの右から2番目の (Paint Details) を選択します。

図5.28 ▶ Paint Details

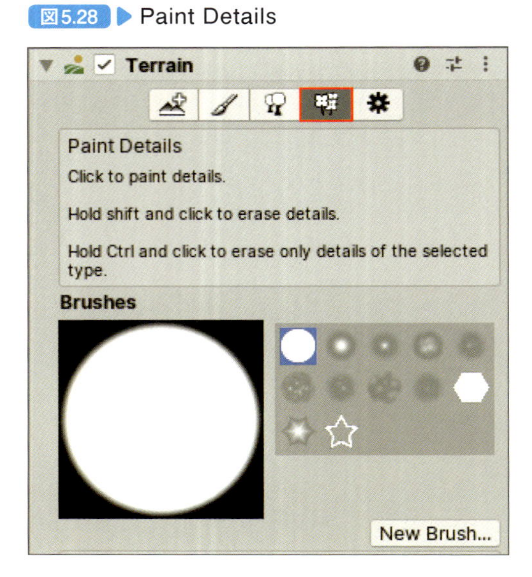

「Edit Details...」ボタンをクリックし、「Add Grass Texture」を選択すると、Add Grass Textureダイアログが開きます。ここのDetail Textureに草のテクスチャを指定します。

図5.29 ▶ Add Grass Textureダイアログ

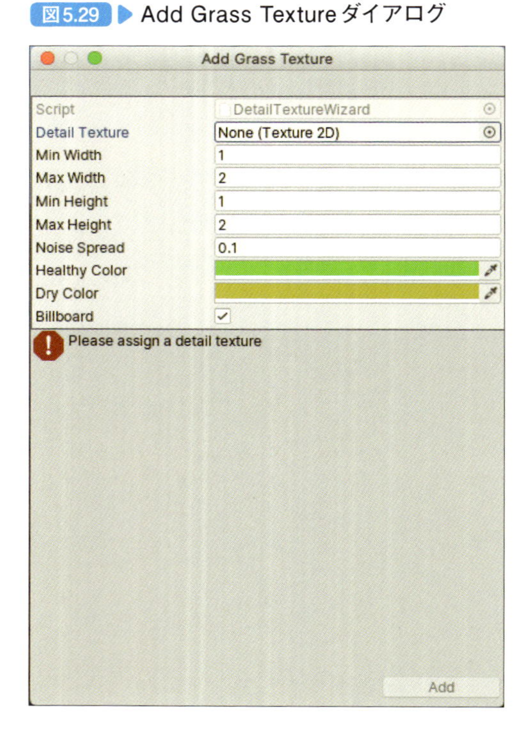

Detail Textureの⦿をクリックして検索BOXに「grass」と入力し、「GrassFrond01AlbedoAlpha」を選択します。

あとは「Add」ボタンをクリックすれば登録完了です。

図5.30 ▶ TerrainのDetails設定

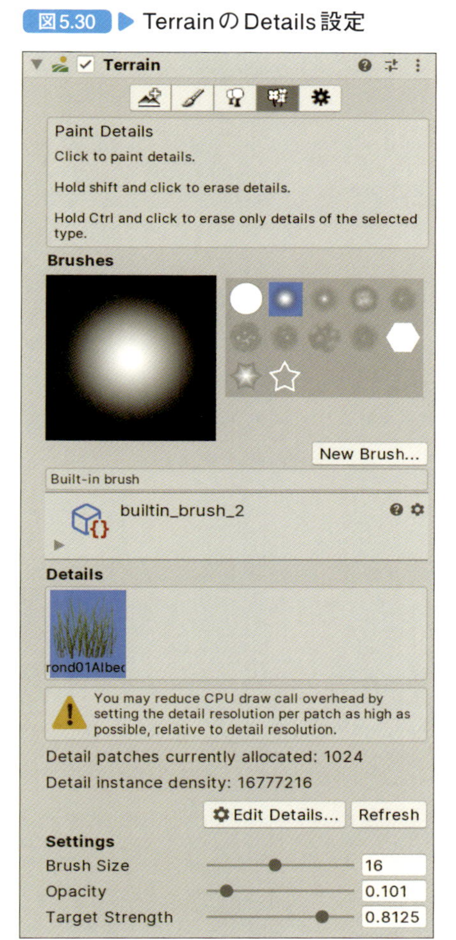

図5.31 ▶ 草のテクスチャを選択

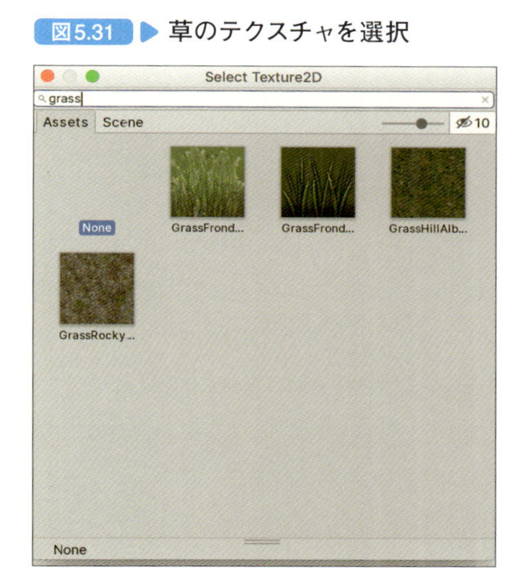

Detail Textureに追加できたら、5-3-1の木と同様の手順でSceneビューでドラッグして草を生やしてみましょう。草はカメラが遠いと描画されませんので、カメラを地面に近づけてみてください。

図5.32 ▶ 草を配置する

ちなみに、草はかなり描画の負荷が高いため、初期状態では描画距離が短く設定されています。描画距離はTerrainコンポーネントのTerrain Settings ⚙ のTree & Detail ObjectsにあるDetail Distanceで調整可能です。

ただし、パフォーマンスに大きく影響しますので注意して設定してください。

図5.33 ▶ 草の描画距離設定

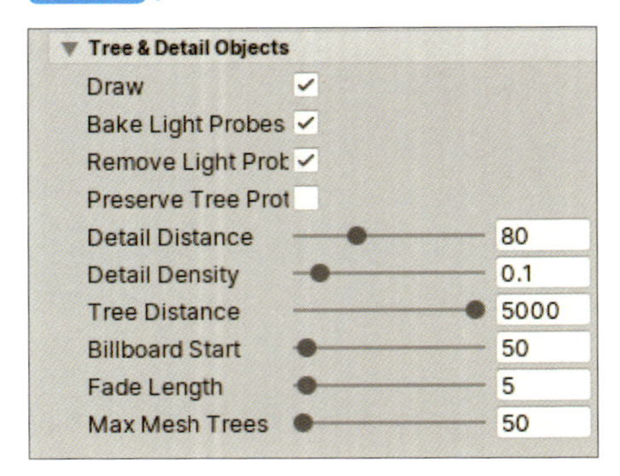

5-3-3 Terrainの平面サイズと配置

Terrainは、配置された座標を原点としてプラス方向に地形データが配置されます（つまり、配置された座標は地形データの角になります）。以降の作業を進めやすくするため、Terrain平面の中心点を原点座標（X: 0, Z: 0）に合わせておきましょう。

Terrainの平面サイズは、Terrain Settings ⚙ のMesh Resolution(On Terrain Data)にあるTerrain WidthとTerrain Lengthで設定されていて、デフォルトではどちらの値も「1000」となっています。

ということは、X軸とZ軸方向に-500ずつ移動すれば、Terrainの中心座標と原点座標を重ねることができます。TerrainコンポーネントのTransformでPositon Xを「-500」、Zを「-500」に変更しておきましょう。

図5.34 ▶ Terrainを原点に配置する

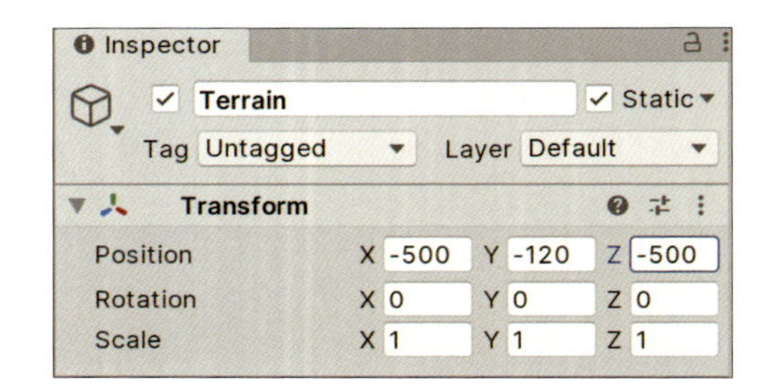

水や風の演出を追加しよう

ここまでで地面を作成し、木や草を配置しました。次に地面に水や風などの演出を追加してみましょう。

5-4-1　水を配置する

3Dゲームで海や川などを液体として扱おうとすると、技術的なハードルがとても高くなります。一般的な3Dゲームでは、液体の代わりに水面の動き・反射・光の屈折などによって水に似せた擬似的な水面を配置していきます。

Standard Assetsには数種類の水面のPrefabが含まれています。今回はその中から見た目の良いものを使ってみることにしましょう。

Projectウインドウのアセッツフォルダの下にある「Standard Assets」－「Environment」－「Water」－「Water」のPrefabsフォルダにあるWaterProDaytimeをSceneビューにドラッグ＆ドロップし、水面のゲームオブジェクトを配置します。

図5.35 ▶ 水面の配置

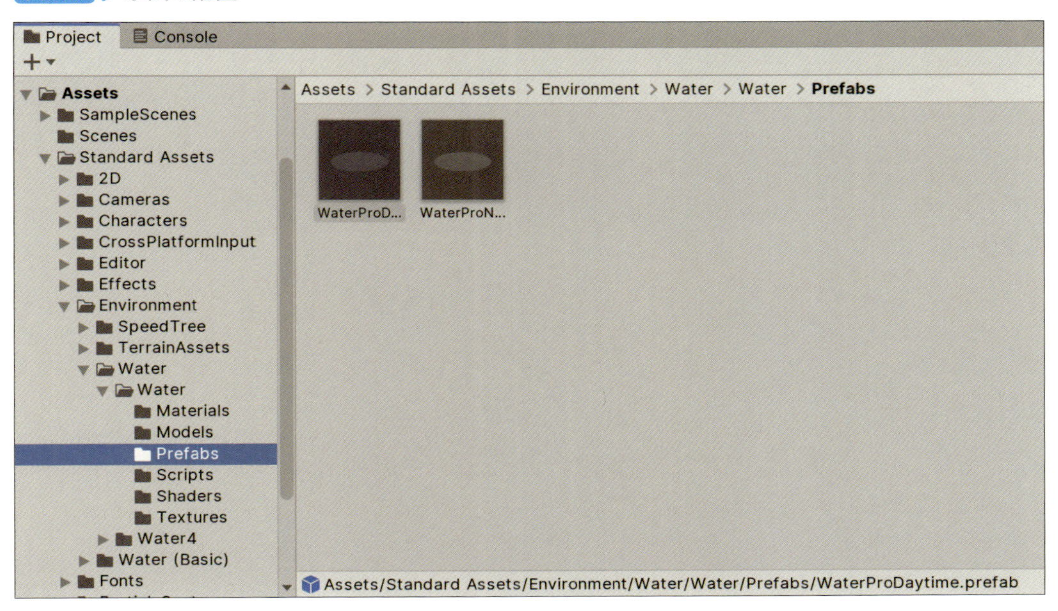

このままだと水面が小さいため、思い切って大きくします。HierarchyウインドウからWaterProDaytimeを選択し、TransformコンポーネントのPositionでXを「0」、Yを「-1」、Zを「0」に変更し、ScaleでXを「1000」、Yを「1」、Zを「1000」に変更します。

図5.36 ▶ 水面のサイズ調整

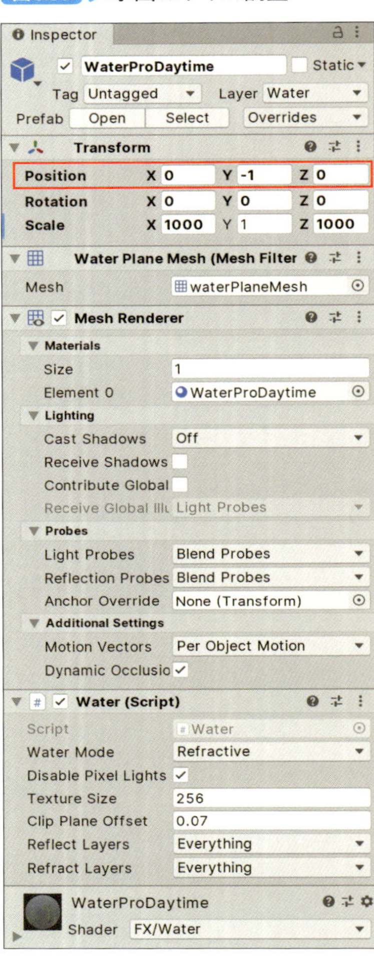

これで水面の配置は完了です。カメラを水面に寄せてみると、とても美しく描画されている様子が確認できます。

ちなみに、山の上に存在する湖など、場所によって水位を変えたい場合は、その都度水面を配置していきます。

図5.37 ▶ 水面のズーム

5-4-2 風を吹かせる

風が吹いて木や草が揺らいでいるとリアリティが増します。Wind Zoneを追加すると、Terrainの木や草が風で揺れているように表現することが可能です。

Hierarchyウインドウで右クリックし、「3D Object」→「Wind Zone」を選択すると、Sceneビューに Wind Zoneが追加されます。

再生ボタンをクリックすると、木や草が風で揺れている様子が確認できます。

図5.38 ▶ 木と草が揺らぐ様子

Wind Zoneのプロパティは表5.2の通りです。

表5.2 ▶ Wind Zoneの主なプロパティ

プロパティ	説明
Mode	シーン全体に影響を及ぼすDirectionalと、範囲内だけに影響を及ぼすSphericalの2種類がある
Main	風の強さを設定する
Turbulence	乱気流を設定する。風にランダム性を与えることができる
Pulse Magnitude	Wind Zoneの風は、周期的に強さが変化するが、その変化の強さを設定する
Pulse Frequency	風が変化する頻度を設定する

Wind Zoneの初期設定では、強風が吹き荒れているかのような揺れ具合です。InspectorウインドウのWind ZoneコンポーネントでMainを「0.15」、Turbulenceを「0.3」に変更して少し揺れる程度にしておきましょう。

図5.39 ▶ Wind Zoneの設定変更

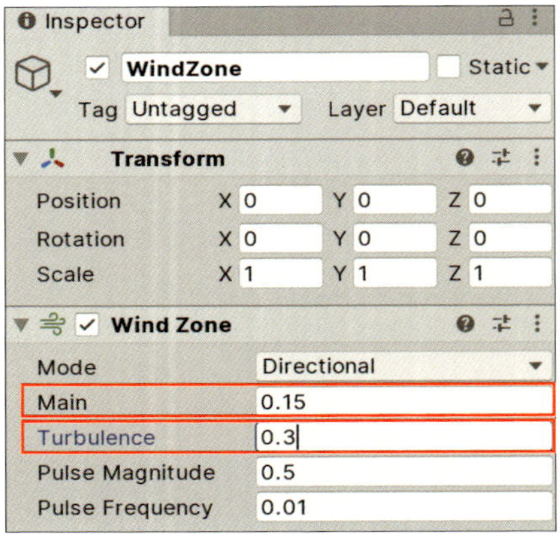

5-4-3　Terrainの弱点

Terrainはちょっとした操作で世界が作れる便利な機能ですが、注意しないといけない弱点もあります。

処理が重い

Terrainは描画の負荷が高く、何も意識せず普通に使うとパフォーマンスに大きな影響を及ぼします。

基本的な調整は5-2-2に記載しましたが、他にも「Terrain 重い」などをキーワードに検索すると、パフォーマンス改善のための有用な情報がたくさん出てきます。それでも厳しい場合は、Terrainを使わずにゲームを作ることも検討してみましょう。

横穴が掘れない

Terrainはハイトマップ(各座標の高さを持つデータ)で構成されています。そのため縦穴は掘れても横穴を掘ることはできません。トンネルや洞窟のような地形はTerrainだけでは実現不可能です。横穴を配置したい場合は、3Dモデルを別途準備して手作業で配置する必要があります。

その他に、Terrainを拡張して横穴を掘れるようにした「Relief Terrain Pack」などのAssetを利用する方法もあります。多少のコストはかかりますが、自分で作成するよりははるかに楽ですので、導入を検討しても良いでしょう。

木や草に変更を加えづらい

Terrainに配置した木や草は、通常のゲームオブジェクトとは異なります。切れる木や刈れる草を配置したい場合は、通常のゲームオブジェクトとして配置するのが良いでしょう。

Terrainの木をスクリプトから消すことも可能ですが、細かな制御ができないためお勧めしません。

5-5 空を追加しよう

Terrainですてきな世界を作りましたが、見上げるとのっぺりとした水色の空が広がっているだけです。ここでは太陽や雲などがある空にしてみましょう。

5-5-1　Skyboxとは

Skyboxとはunityで空を描画する仕組みで、初期状態の水色の空もSkyboxで描画されています。この設定を変更することで、すてきな空にできます。

Skyboxには専用のMaterialがセットされており、これを変更することによって空の見た目を変更できます。Asset StoreにSkybox用Assetが多く用意されていますので、それらを使ってみましょう。

5-5-2　Skybox用Assetのインポート

まずはSkybox用Assetをダウンロードします。Skybox用Assetはさまざまなものがありますが、本書では無料のWispy Skyboxを使用します。Command＋9でAsset Storeウインドウを開き、「Wispy Skybox」で検索し、Wispy Skyboxをダウンロードします。

図5.40 ▶ Wispy Skyboxのダウンロード

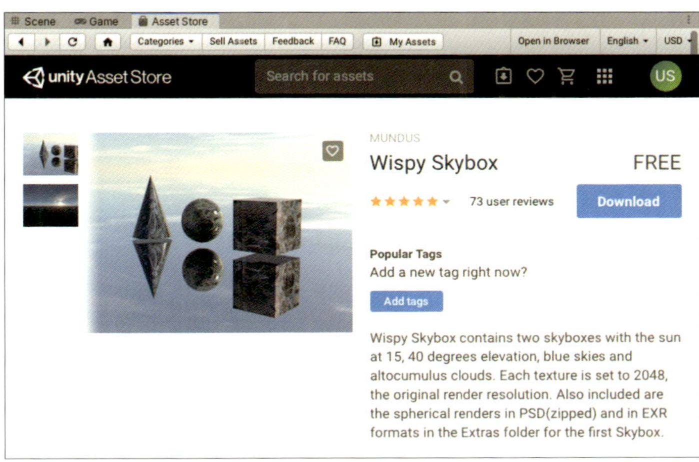

ダウンロードが完了したら、プロジェクトにインポートしましょう。Standard Assets（5-1-3参照）の場合と同様に、チェックをすべてつけて「Inmport」ボタンをクリックします。

図5.41 ▶ Wispy Skyboxのインポート

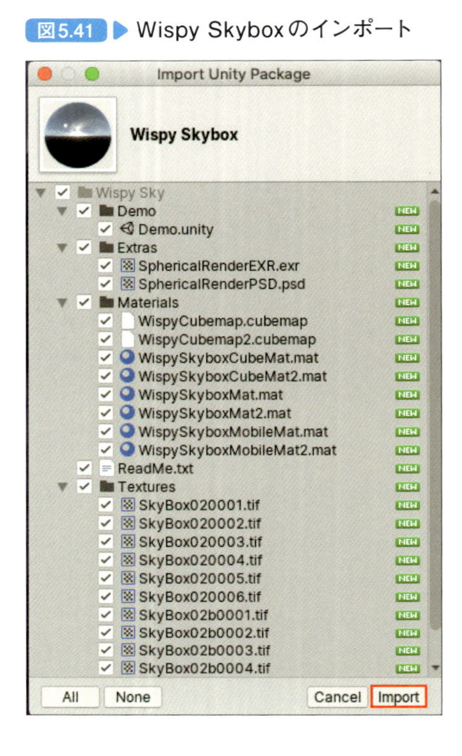

5-5-3　SkyBoxの基本設定

Main Cameraの設定

ダウンロードしたWispy Skyboxを使ってみましょう。Skyboxを描画するかどうかは、Cameraコンポーネントの設定によって決まります。Hierarchyウインドウで Main Cameraを選択し、InspectorウインドウのCameraコンポーネントでClear Flagsが「Skybox」になっているかを確認しましょう。これはカメラの何も映っていないところにSkyboxを描画する設定です。

もし他の値に設定されている場合は「Skybox」に変更してください。

図5.42 ▶ Main Cameraの設定

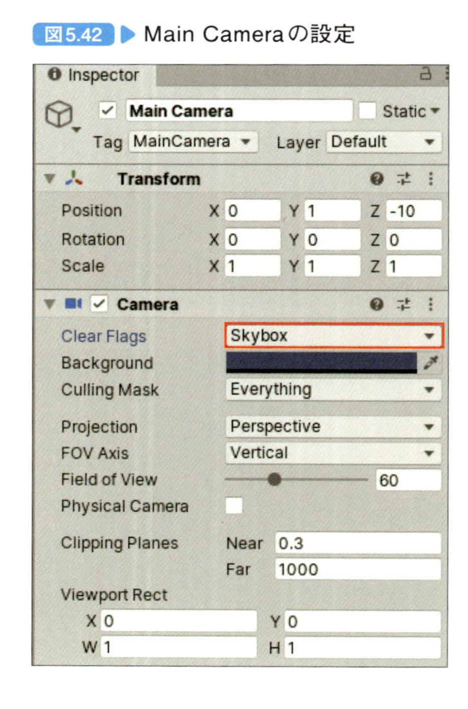

CameraのClear Flagsはよく使用しますので、表5.3に値を説明しています。

表5.3 ▶ CameraのClear Flags

値	説明
Skybox	背景（ゲームオブジェクトがない領域）に Skybox を描画する
Solid Color	背景を単色で塗りつぶす
Depth Only	シーン内に複数のカメラがある場合に使用する。カメラが映した映像は Camera コンポーネントの Depth 値が小さいカメラから順に描画されていく（複数のカメラで撮ったものを順に重ねていく）。Depth Only では描画の際に背景をクリアしないため、背景には前のカメラで映したものが表示された状態になる
Don't Clear	背景を一切クリアしない。前フレームの映像も残った状態になるため、キャラクターが移動した場合は残像が残ったようになる

Materialの設定

続いて、Skybox Materialを変更します。「Window」→「Rendering」→「Lighting Settings」を選択し、Sceneタブを選択します。

Skybox Materialの⦿をクリックして、検索BOXに「wispy」と入力し、「WispySkyboxMat」を選択します。

図5.43 ▶ SkyboxのMaterialを選択

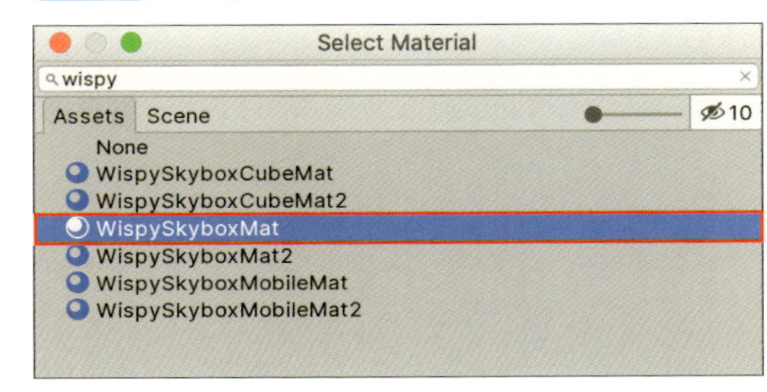

図5.44 ▶ SkyBox Materialの変更

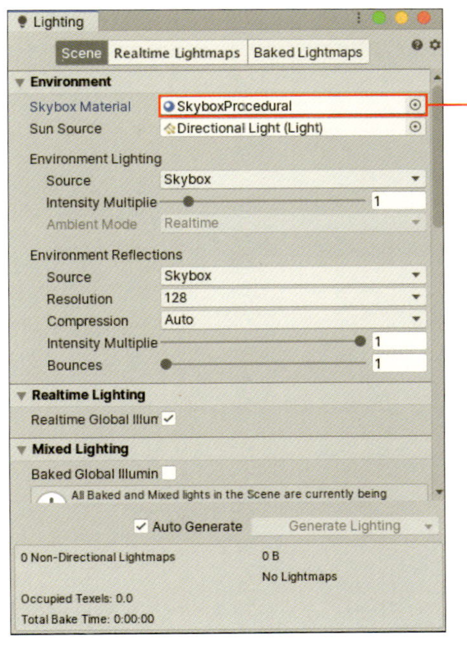

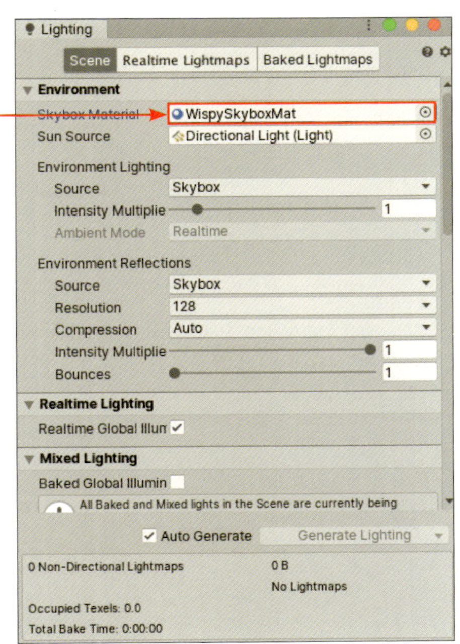

Sceneビューで空を見上げると、空が更新されてリアルな雲が浮いていることが確認できます。

図5.45 ▶ Skyboxが反映された

5-5-4　Skyboxで昼夜を表現する

5-5-3で使用したSkyboxはテクスチャを描画しているだけで、時間の経過を表現することはできません。Unityには時間経過を表現するためのSkybox用Shaderが用意されていますので、それを使ってみましょう。

Materialの作成

昼夜を表現するSkyboxのMaterialの作成はとても簡単です。まずはMaterialを入れておくためのフォルダを作成します。

ProjectウインドウでAssetsフォルダを選択右クリックし、「Create」→「Folder」でフォルダを作成します。名前は「IkinokoBattle」にしておきます。

作成したIkinokoBattleフォルダを選択し、その中に同様の手順でMaterialsフォルダを作ります。開発に必要なファイルはどんどん増えてきますので、その都度整理することをオススメします。

図5.46 ▶ フォルダの作成

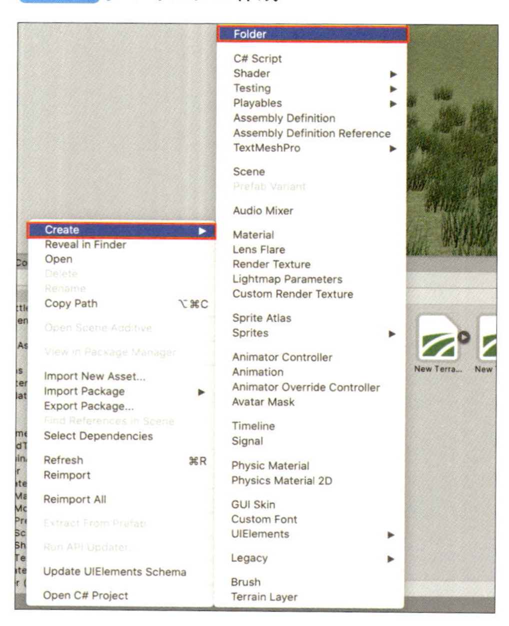

Materialsフォルダを選択したら、右クリックして「Create」→「Material」でMateralを作成します。名前は「MySkyboxProcedural」にしておきます。

作成したMaterialを選択してからInspectorを開き、Shaderのプルダウンで「Skybox」→「Procedural」を選択します。

図5.47 ▶ MaterialsのShaderを変更

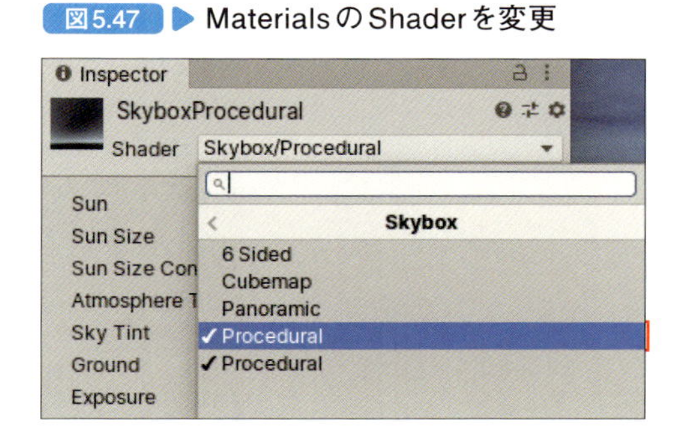

Shaderは画面を描画する処理のことで、Skybox/Proceduralは昼夜を表現するSkybox専用のShaderです。これでMaterialの準備は完了です。

Skyboxに反映する

次に「Window」→「Rendering」→「Lighting Settings」を選択し、Sceneタブを開きます。Skybox Materialに作成したMySkyboxProceduralを指定して完了です。

図5.48 ▶ Lighting Settingsを開く

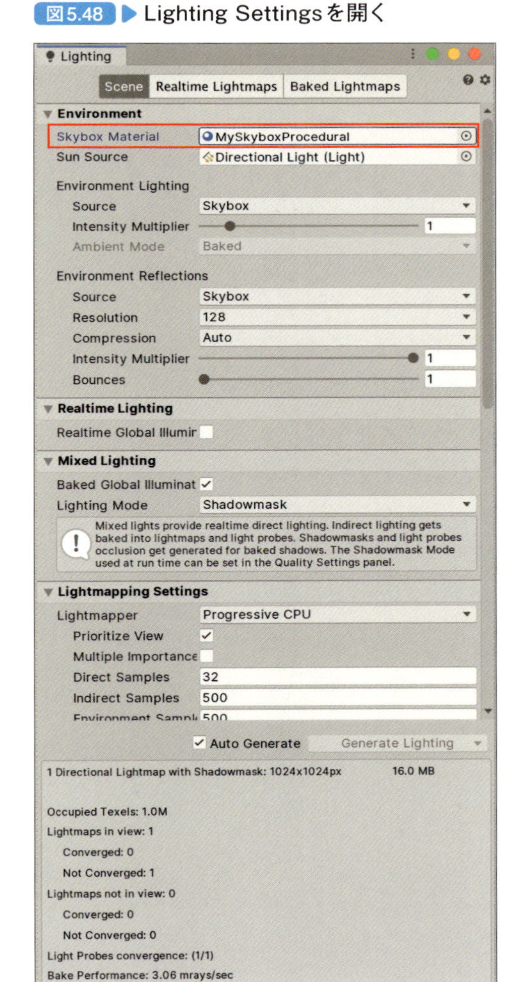

グラデーションの鮮やかな空になりました。Sceneビューで見上げてみると、太陽もあります。

図5.49 ▶ Skyboxが反映された

大気と太陽の色を変える

大気と太陽の色や大きさの変更を試してみましょう。

先ほど作成したMySkyboxProceduralを選択し、Inspectorで設定を変更します。Sun Tintは太陽の色、Sun Strengthは太陽の強さ（大きさ）、Atmosphere Tintは大気（空）の色、Groundは地面（地平線より下）の色です。

Sun Tint、Atmosphere Tint、Groundに好きな色を設定してみましょう。

色が変わると雰囲気も変わりますね。

図5.50 ▶ 大気と太陽の設定

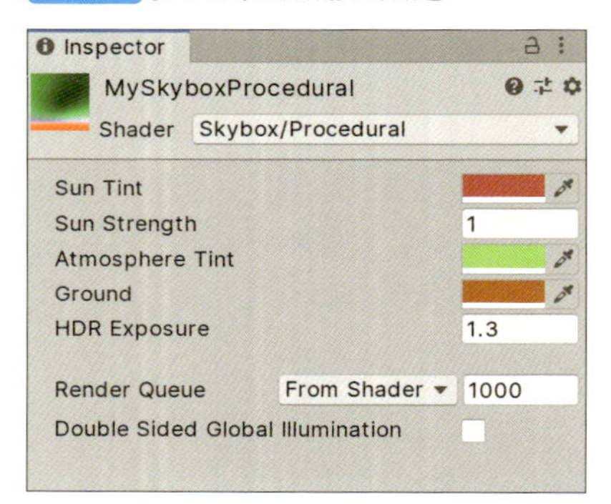

図5.51 ▶ 大気と太陽の色が変わった

5-5-5　Lightで昼夜を表現する

現実世界で昼夜が移り替わるのは、太陽が出たり沈んだりするためです。Unityでは、シーンに配置されているDirectional Lightの向きを変えるとSkyboxProceduralの太陽の位置が変わります。

Lightの Type変更・新規作成

Lightはゲームオブジェクトを照らす光源のことです。シーン作成時のデフォルトは「Directional Light」です。

LightのTypeはいくつかあり、InspectorウインドウのLightコンポーネントのTypeで変更することが可能です。

図5.52 ▶ LightのType変更

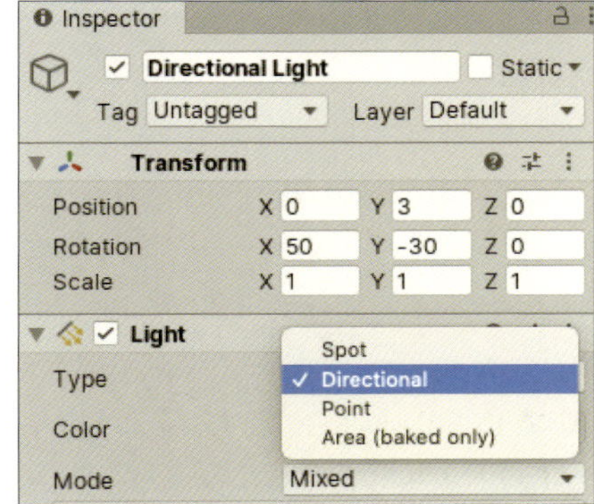

また、Hierarchyウインドウで右クリックして「Light」を選択すると、Typeを指定してLightを新規作成することが可能です。

図5.53 ▶ Lightの新規作成

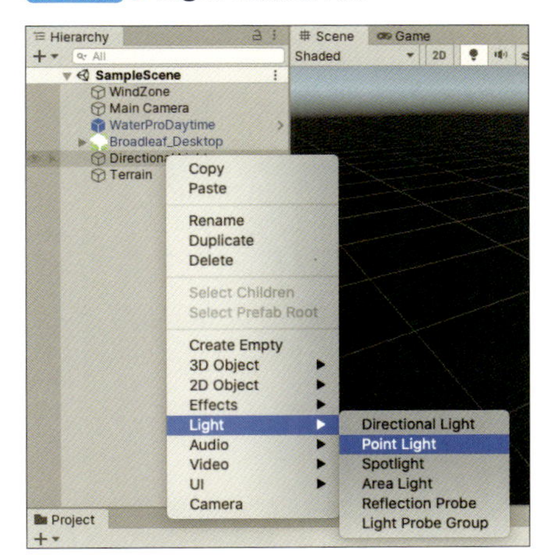

主なLightのTypeは表5.4の通りです。

表5.4 ▶ 主なLightのType

種類	説明
Directional Light	一方向から直線的に照射される光で、地球上で受ける太陽光のイメージに近いもの
Spot	照らす距離と角度を指定できるスポットライト
Point	一定距離を照らす点光源です。裸電球のようなイメージ
Area(baked only)	SpotやPointが点から光を出すのに対し、Areaは面から光を出します。照らされるオブジェクトはさまざまな方向から光を受けるため、影がぼやける

太陽の方向

SkyboxProceduralの太陽は、シーンに配置されているDirectional Lightの向きに依存しています。具体的には、Directional Lightの向きの反対側（光源側）に太陽が配置されます。ちなみに、同じシーンに2つ以上のDirectional Lightを配置しても、太陽は1つしか配置されません。

太陽を移動させてみる

Directional Lightに簡単なスクリプトをアタッチして、太陽を移動させてみましょう。変化をわかりやすくするため、ゲーム内の1日（＝太陽が一周する時間）を30秒としています。

太陽の1回転は360度です。「360度÷30秒 ＝ 12」ということで、1秒間に12度回転させるようにしましょう。Directional LightはZ軸のプラス方向に向かって光が指しますので、回転はY軸を中心に反時計回りとします。

Projectウインドウで IkinokoBattleフォルダの中にScriptsフォルダを作成します。作成したScriptsフォルダを選択して右クリックします。「Create」→「C# Script」を選択し、RoundLight.csというスクリプトを作成します。

作成したRoundLight.csをダブルクリックしてスクリプトを開きます。リスト5.3のように、Update()メソッドの中に時間経過でゲームオブジェクトが回転する処理を記述します。

リスト5.3 ▶ ゲームオブジェクトを回転させるスクリプト(RoundLight.cs)

```
using UnityEngine;

public class RoundLight : MonoBehaviour
{
    private void Update()
    {
        Y軸に対して、1秒間に-12度回転させる
        transform.Rotate(new Vector3(0, -12) * Time.deltaTime);
    }
}
```

スクリプトで継承するMonoBehaviourは、ゲームオブジェクトの座標・回転・スケールを制御できるtransformフィールドを持っています。tranform.Rotate()は、Vector3を指定し、X・Y・Z各軸に対してゲームオブジェクトを回転させるメソッドですので、これを使って物体を回転させます。

ただ、Update()メソッドは毎フレーム呼ばれるメソッドで、通常は1秒間に数十回ほど実行されるため注意が必要です。今回の場合、tranform.Rotate()に対して単純にnew Vector3(0, 12)を渡すだけだと、1フレームあたり12度という超高速回転になってしまいます。

そのため、前のフレームからの経過時間（秒）を取得する Time.deltaTime を掛けることで、1秒間に12度回転するようにしています。Time.deltaTime はオブジェクトを移動・回転する際によく使用しますので、覚えておきましょう。

スクリプトが完成したら、Hierarchy ウインドウで Directional Light を選択し、Inspector ウインドウの「Add Component」ボタンをクリックして「RoundLight」で検索します。これで RoundLight.cs スクリプトをアタッチします（スクリプトを Inspector ウインドウにドラッグ＆ドロップしても OK です）。

図5.54 ▶ スクリプトのアタッチ

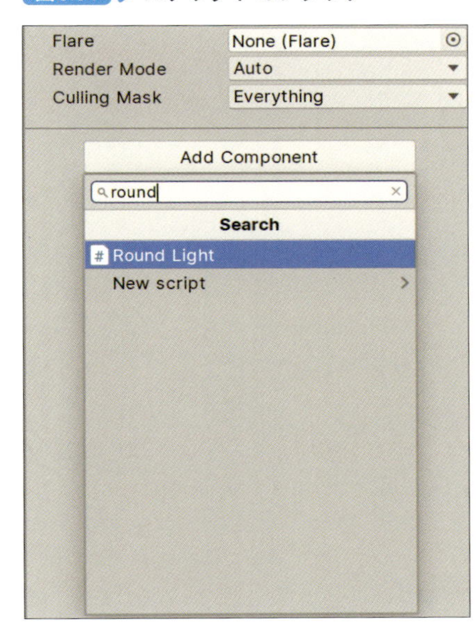

次に日の出の方向がよく見えるように、カメラの位置と向きを調整しておきましょう。Hierarchy ウインドウで Main Camera を選択して、Transform コンポーネントの Position で X を「0」、Y を「30」、Z を「0」に変更し、Rotation で X を「-20」、Y を「-140」、Z を「0」に変更します。

図5.55 ▶ カメラの調整

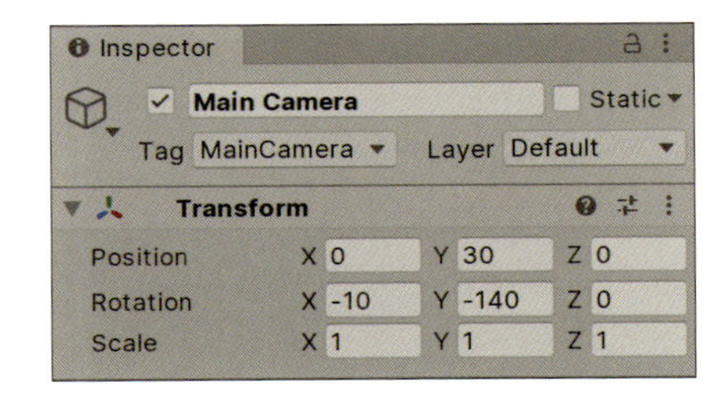

準備ができたらゲームを実行してみましょう。昼夜以外に朝焼けの太陽も表現され、なかなかリアルですね。

図5.56 ▶ 動く太陽

コラム　もっとリアルな空にしたい場合

本節ではSkyboxの基本的な使い方を紹介しましたが、「雲が流れて天候も変わる」のように、さらにリアルな空を表現したいこともあるでしょう。そのような場合は、以下の2つの方法で実現できます。

・Shaderを作成する
　先ほどSkybox用のMaterialに設定したShaderは、自分で作ることも可能です（作成のハードルは少々高めです）。Shaderについては11章で少し解説していますので、興味がある場合は参照してください。

・UniStormなどのAssetを使用する
　Asset Storeで販売されているUniStormは、時間経過や天候などに加えて季節までも設定可能という非常に強力なAssetです。価格は数十ドルしますが、自分で作る手間を考えると高い価格ではないでしょう。

図5-a ▶ UniStorm

Home > Tools > Particles & Effects > UniStorm - Volumetric Clouds, Sky, Modular Weather, and Cloud Shadows

+21

BLACK HORIZON STUDIOS

UniStorm - Volumetric Clouds, Sky, Modular Weather, and Cloud Shadows

$39.99

Add to Cart

Taxes/VAT calculated at checkout

★★★★☆

89 user reviews

Introductory Price for $10 Off!

UniStorm is the ultimate solution for AAA dynamic skies, weather, cloud shadows, and procedural volumetric clouds. UniStorm features

Chapter 6

キャラクターを作ってみよう

5章ではゲームの世界を作りました。本章ではプレイヤーの分身となるキャラクターを作成して、思うがままにゲームの世界を自由に走り回りましょう！

6-1 キャラクターコントローラのサンプルを見てみよう

Standard Assetsには、すぐに使えるキャラクターコントローラのサンプルがいくつか含まれています。ここでの作業はサンプルゲームでは使用しませんが、サンプルゲームを作成する前に、キャラクターコントローラの基本を学んでおきましょう。

6-1-1 FPSController

FPSControllerは、FPS（First Person Shooter）用のサンプルです。FPSとは、一人称視点でキャラクターから見た映像がそのまま画面に表示される形式で、臨場感に富んだゲームを楽しむことができます。

FPSControllerの使い方は簡単で、Prefabをシーンに配置するだけです。FPSControllerのPrefabは、Projectウインドウの「Standard Assets」－「Characters」－「FirstPersonCharacter」－「Prefabs」に入っています。これをHierarchyウインドウにドラッグ＆ドロップします。

図6.1 ▶ FPSControllerの配置

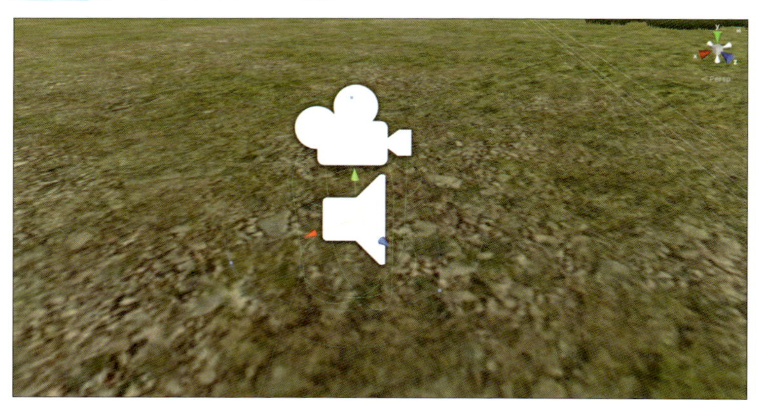

緑の線はキャラクターの当たり判定を表しています。もしこれが地面よりも下にある場合はゲーム再生時にキャラクターが落下してしまいますので、地面の上まで持ち上げておきましょう（地面に多少埋まっている程度であれば問題ありません）。

ゲームを再生すると、W、A、S、Dで歩行、Shiftを押しながら歩行でダッシュ、Spaceでジャンプ、マウス操作で視点移動ができます。なお、一人称視点ですのでプレイヤーキャラクターは描画されません。

図6.2 ▶ FPSControllerによる一人称視点

6-1-2 RollerBall

RollerBallは、ボールを操作できるサンプルです。CharacterControllerを使用しておらず、物理演算で制御しているのが特徴です。

RollerBallのPrefabは、Projectウインドウの「Standard Assets」－「Characters」－「RollerBall」－「Prefabs」に入っています。使い方はFPSController（6-1-1参照）とほとんど同じですが、RollerBallにはカメラがついていないため、カメラが映す範囲内に配置しましょう。

図6.3 ▶ RollerBallPlayer

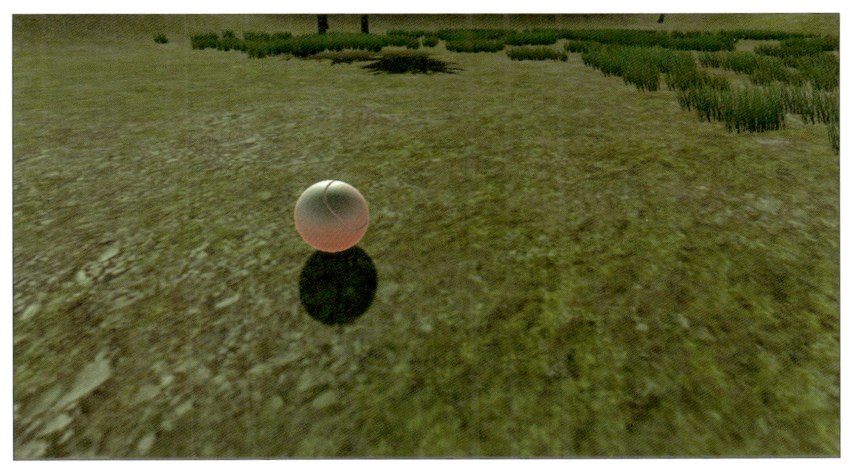

なお、同じシーンにFPSControllerなどのコントローラがあると、カメラがそちらに取られます。6-1-1で説明したFPSControllerなどがある場合は、シーンから削除しておきましょう。

6-1-3 ThirdPersonController

ThirdPersonControllerは、三人称視点のキャラクターコントローラサンプルです。FPSControllerと似ていますが、キャラクターを映す形でカメラが動きます。

ThirdPersonControllerのPrefabは、Projectウインドウの「Standard Assets」－「Characters」－「ThirdPersonController」－「Prefabs」に入っています。使い方はFPSController（6-1-1参照）とほとんど同じです。

図6.4 ▶ ThirdPersonCharacter

6-2 キャラクターをインポートしよう

プレイヤーキャラクターの作り方を理解すると、さまざまなゲームに活用できます。ここから本書で用意したサンプルプロジェクト(5章までの作業内容を含む)を取り込んで、キャラクターの3Dモデルをインポートし、そのキャラクターに影をつけるまでの手順を説明します。

6-2-1　サンプルプロジェクトとAssetのインポート

5章でゲームの舞台を作成しましたが、それらを含めたサンプルプロジェクトとAsset (Standard AssetsとWispy Skybox)をインポートします。

サンプルプロジェクトのインポート

技術評論社のサポートページ(https://gihyo.jp/book/2020/978-4-297-10973-8/support)を参照して、筆者のサポートページからIkinokoBattle6.zipをダウンロードして解凍します。次にUnity Hubを開いて(もしくは「File」→「Open Project」を選択)、IkinokoBattle6フォルダを選択して「開く」(Windowsの場合は「フォルダの選択」)をクリックします。

プロジェクトにIkinokoBattle6が追加されます。自分が使用しているUnityバージョンを選択してダブルクリックするとプロジェクトのインポートを開始します。

図6.5 ▶ IkinokoBattle6フォルダを選択

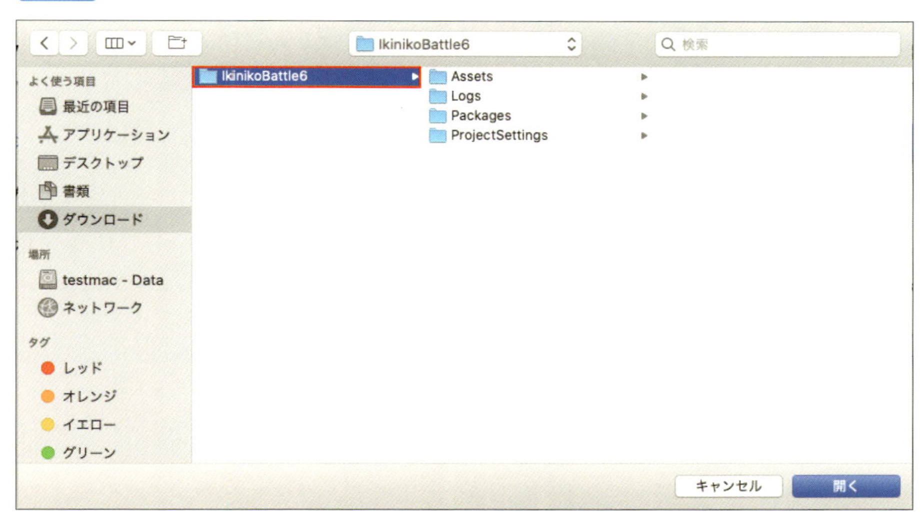

Standard AssetsとWispy Skyboxのインポート

次に「Window」→「Asset Store」を選択し、Standard Assets（5-1-3参照）とWispy Skybox（5-5-2参照）のインポートを行います。一度ダウンロードしている場合は、ダウンロードは不要で「Import」ボタンをクリックすると、Import Unity Packageウインドウが開きます。

図6.6 ▶ Standard Assetsのインポート

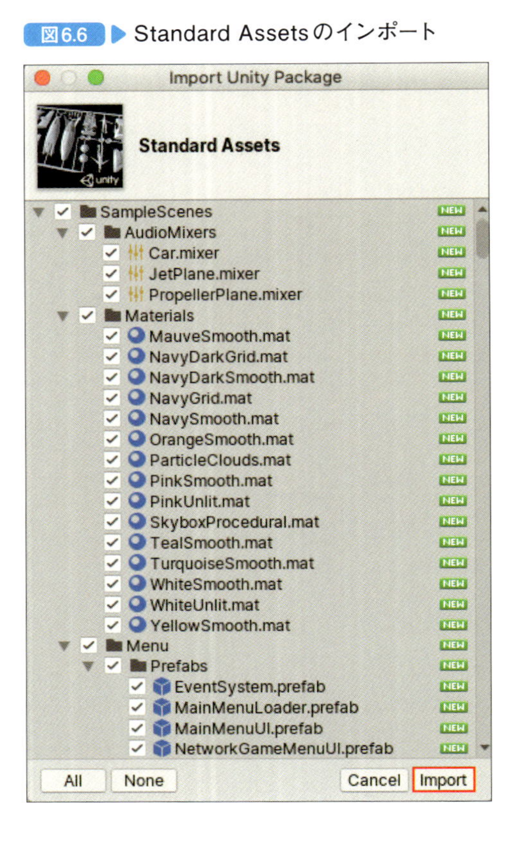

Standard Assetsのエラーを修正する

サンプルプロジェクトをインポートしたため、5章でも行ったStandard Assetsのエラー修正（5-1-1参照）をここでも行います。

エディタでShift+Command+Cを押してConsoleウインドウを開き、赤い❗マークのついた2つのエラーを探します。

図6.7 ▶ Standard Assetsのエラー

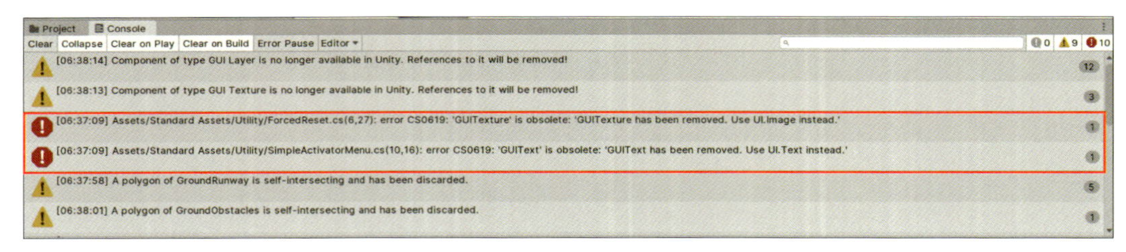

それぞれのエラーをダブルクリックすると、エラーの発生しているスクリプトが開きますので、リスト6.1、リスト6.2のように修正します。

リスト6.1 ▶ Standard Assetsのエラー修正(ForcedReset.cs)

```
using System;
using UnityEngine;
using UnityEngine.SceneManagement;
using UnityStandardAssets.CrossPlatformInput;
using UnityEngine.UI; この行を追記

[RequireComponent(typeof (Image))] 「GUITexture」を「Image」に変更
public class ForcedReset : MonoBehaviour
{
    private void Update()
略
```

リスト6.2 ▶ Standard Assetsのエラー修正(SimpleActivatorMenu.cs)

```
using System;
using UnityEngine;
using UnityEngine.UI; この行を追記

namespace UnityStandardAssets.Utility
{
    public class SimpleActivatorMenu : MonoBehaviour
    {
        // An incredibly simple menu which, when given references
        // to gameobjects in the scene
        public Text camSwitchButton; 「GUIText」を「Text」に変更
        public GameObject[] objects;
略
```

スクリプトの保存後にエディタに戻ると、すぐに変更が反映されエラーが出力されなくなります。

6-2-2　3Dモデルのインポート

サンプルプロジェクトのインポートが完了したので、次にキャラクターとして利用可能な3DモデルをAsset Storeからインポートしましょう。本書では、プレイヤーキャラクターとして2等身のとてもかわいいキャラクター"Query-Chan" model SD（以下クエリちゃん）を使用します。

「Window」→「Asset Store」を選択し、画面上部にある検索ボックスに「query chan」と入力して、結果に表示された"Query-Chan" model SDをクリックします。「Download」ボタンをクリックします。

ダウンロードが完了したあと「Import」ボタンをクリックすると表示される、Import Unity Packageウインドウで「Import」ボタンをクリックすれば、インポートが完了します。

図6.8 ▶ クエリちゃんのインポート

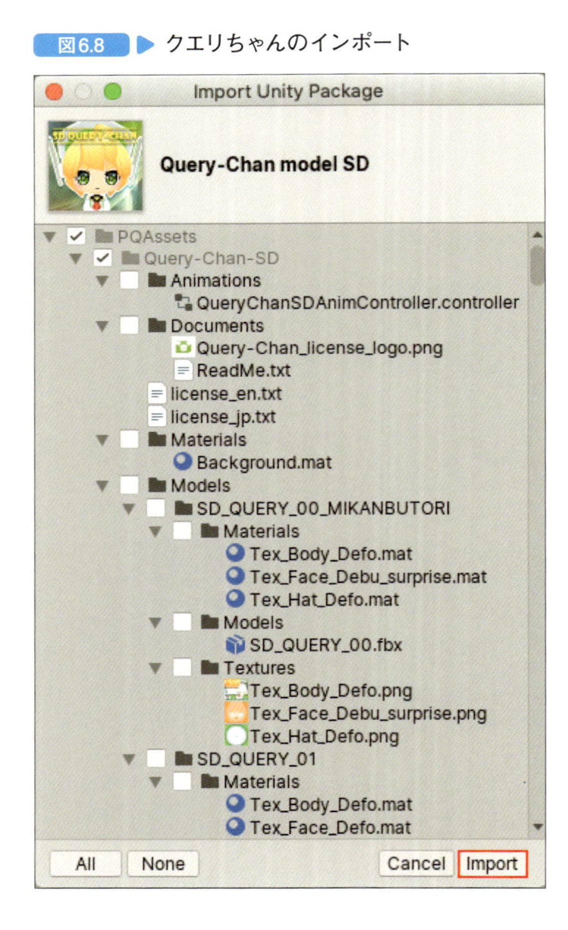

6-2-3 Prefabを配置する

クエリちゃんのPrefabは、Projectウインドウの「Assets」－「PQAssets」－「Query-Chan-SD」の下のPrefabsフォルダに入っています（47都道府県にちなんだクエリちゃんも用意されています）。ここではノーマルのQuery-Chan-SDをSceneビューに配置します。

図6.9 ▶ クエリちゃんをSceneに配置

6-2-4 Shaderを変更して影をつける

この状態でゲームを再生してみると、少し変なところがあることに気づくかもしれません。よく見てみると、クエリちゃんの影が表示されていません。

図6.10 ▶ クエリちゃんに影がない

原因は、キャラクターの描画に影が表示されないShaderが使用されているためです。影が無い代わりに負荷が低く色も鮮やかに表示されるなど、このShaderを使うメリットもありますが、今回はShaderを変更して影をつけてみましょう。

Shaderの変更個所

まずShaderを設定する場所を探します。クエリちゃんは可動部を含むため、複雑にゲームオブジェクトが組み合わさっています。その中にある3DモデルとRendererを探します。

HierarchyウインドウでQuery-Chan-SDを展開すると、Query-Chan-SDの子オブジェクトが一覧表示されます。その中のSD_QUERY_01を開き、さらにその下のSD_QUERY_01を開くと、bodyやearphoneなどの子オブジェクトが確認できます。

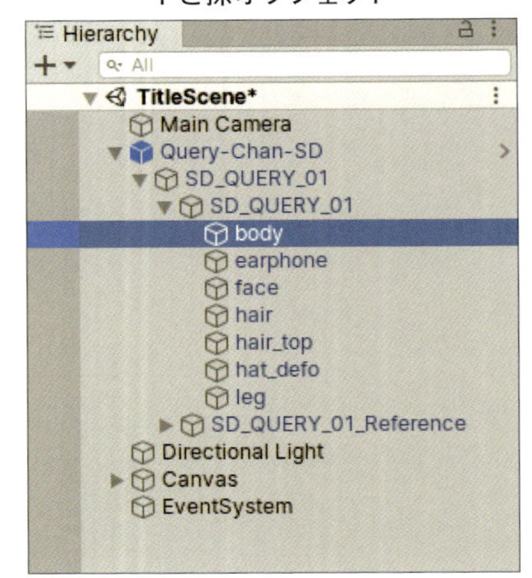

図6.11 ▶ クエリちゃんの子オブジェクトと孫オブジェクト

影をつける

bodyを選択すると、InspectorウインドウにSkinned Mesh Rendererコンポーネントが表示されます。この「… Renderer」コンポーネントは、ゲームオブジェクトを画面に描画するためのものです。

Skinned Mesh Rendererコンポーネントの一番下に、3Dモデルの表面に貼られているテクスチャのMaterial情報が表示されています。このMaterialのShaderが影の描画に影響していますので、「Unlit/Texture」から「Standard」に変更します。

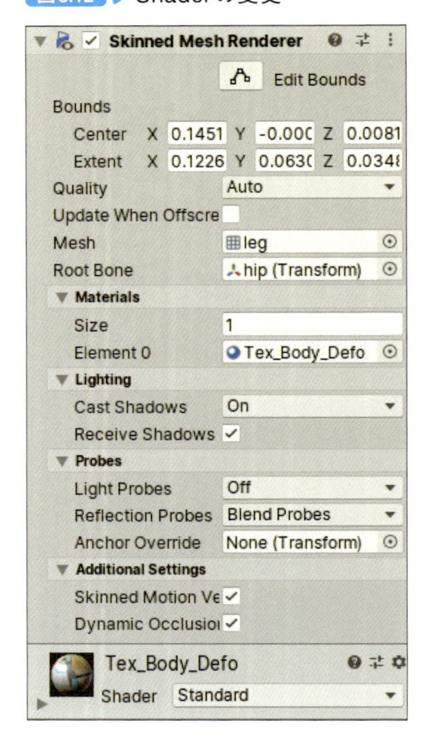

図6.12 ▶ Shaderの変更

bodyと同じ階層にあるすべての孫オブジェクト（earphoneface、hair、hair_topなど）のShaderも同様の手順でShaderを変更します。共通のMaterialを使用している場合もありますので、3ヵ所くらい変更すれば良いです。ちなみに、ゲームオブジェクトを複数選択した状態でのShaderの一括変更を行うことはできません。

変更が完了したら実行してみましょう。影が表示されるようになり、キャラクター自体にも陰影がついて見た目がリアルになりました。

図6.13 ▶ キャラクターに影がついた

コラム BoneとRendererについて

人型の3Dモデルには「Bone」と呼ばれるものが埋め込まれています。Boneは3Dモデルの骨格で、筋肉の収縮や関節の稼動を再現することで3Dモデルを変形させることが可能です。BoneはBlenderやMayaなどの3Dモデリングツールによって埋め込まれます。

Boneを使った3Dモデルは、Boneの動きに応じて3Dモデルの表面を引き伸ばしたり縮めたりする必要があるため、皮膚のように伸び縮みするSkinned Mesh Rendererを使用します。

Boneを使わずに一定の形を保つ3Dモデルは、伸び縮みする必要が無いため、通常のMesh Rendererを使用します。

6-3 キャラクターを操作できるようにしよう

キャラクターの外見が用意できましたので、ここでは、キャラクターを操作するための基本を学習しておきましょう（サンプルゲームに関する設定は行いません）。

6-3-1 入力の取得方法

プレイヤーの思い通りにキャラクターを動かすためには、プレイヤーからの入力を受け取る必要があります。UnityではInputクラスを利用すると、プレイヤーの入力を受け取ることができます。

Inputクラスの使い方

Inputクラスでは、以下のような入力を受け取ることが可能です。

・キーボード操作
・マウス操作
・タッチ操作
・ゲームパッド操作

処理はスクリプトのUpdate()メソッドの中に書くことが多く、毎フレーム入力値を取得して処理を行います。

キーボード操作を受け取る

キーボードの各キーの押下状態を取得します。Ctrl＋Zなど、複数キーを組み合わせる操作は、複数の条件を組み合わせることで取得可能です。

各キーの押下状態を判定するメソッドは表6.1のとおりです。引数にキーの種類を渡し、そのキーの状態を判定してbool値で受け取ります。キーの種類は、列挙型のKeyCodeに定義されています。

表6.1 ▶ キーの押下状態を判定するメソッド

メソッド	説明
Input.GetKeyDown()	指定のキーが「いま押された」かどうかを判定する（押した瞬間だけ反応する）
Input.GetKey()	指定のキーが「押され続けている」かどうか判定する（押している間はずっと反応する）
Input.GetKeyUp()	指定のキーが「離された」かどうかを判定する（押したあと離した瞬間だけ反応する）

たとえば、左シフトキーを押しながらスペースキーが押されたことを判定する場合は、以下のようなスクリプトを記述します。

```
左シフトキーが「押され続けている」状態で、スペースキーを「押した瞬間」を判定する
private void Update() {
    if (Input.GetKey(KeyCode.LeftShift) && Input.GetKeyDown(KeyCode.Space)) {
        Debug.Log("Shift+Spaceを押しました！");
    }
}
```

マウス操作を受け取る

マウス操作はキーボード操作よりも値の種類が多く、たとえば以下のような操作を受け取ることができます。

・マウスボタンの操作
・マウス座標
・マウスホイールのスクロール

マウスボタンの操作は、Input.GetMouseButtonDown()・Input.GetMouseButton()・Input.GetMouseButtonUp()でマウスボタンの押下状態を判定します。DownやUpのルールは、表6.1のInput.GetKey()系メソッドと同一のため省略します。引数は表6.2の通りです。

表6.2 ▶ マウスボタン操作の引数

引数	説明
0	左マウスボタン
1	右マウスボタン
2	中央マウスボタン（ホイールクリック）

マウス座標は、Input.mousePositionで、画面上のマウスポインタの座標をVector3型で受け取ることができます。なお、Z座標の値は常に0になります。

```
private void Update () {
    Debug.Log("マウス座標: " + Input.mousePosition);
}
```

マウスホイールのスクロールは、Input.mouseScrollDeltaで、前のフレームからのスクロール差分がVector2型で受け取ることができます。

```
private void Update () {
    Debug.Log("マウスホイールのスクロール量: " + Input.mouseScrollDelta);
}
```

タッチ操作を受け取る

Inputクラスを使うと、スマホのタッチ操作情報を受け取ることができます。

Input.touchSupported で、タッチに対応しているデバイスかどうかをbool値で取得可能です。

```
private void Start() {
    Debug.Log(Input.touchSupported ? "タッチに対応しています" : "タッチに対応して
いません");
}
```

タッチ数を取得するには、Input.touchCountで現在タッチされている数（指の本数）を取得します。ちなみに、指が接近しすぎている場合は、2本以上の指を使っていても1タッチと見なされます。

```
private void Update() {
    Debug.Log(string.Format("現在のタッチ数は {0} です", Input.touchCount));
}
```

Input.touchesにタッチ情報が配列で格納されています。スマホはマルチタッチ操作に対応していますので、2本以上の指でタッチすると配列の中身もタッチの数に応じて増えます。各タッチ情報はTouchオブジェクトとなっており、タッチ識別のためのIDや座標などの情報が格納されています（IDは指を離さない限り変わりません）。

常に1本指でのタッチを想定している場合は、マウスとほとんど同様に扱えますが、複数タッチを扱っている場合は、処理が少し複雑になります。

```
private void Update() {
    foreach (var touch in Input.touches)
    {
        switch (touch.phase)
        {
            case TouchPhase.Began:
                Debug.Log(string.Format("指ID: {0} タッチ開始 座標: {1}", 
touch.fingerId, touch.position));
                break;
            case TouchPhase.Canceled:
                Debug.Log(string.Format("指ID: {0} タッチキャンセル 座標: {1}", 
touch.fingerId, touch.position));
                break;
            case TouchPhase.Ended:
                Debug.Log(string.Format("指ID: {0} タッチ終了 座標: {1}", 
touch.fingerId, touch.position));
                break;
            case TouchPhase.Moved:
                Debug.Log(string.Format("指ID: {0} タッチ移動 座標: {1} 1フレー
ムでの移動距離: {2}", touch.fingerId, touch.position,
                    touch.deltaPosition));
                break;
            case TouchPhase.Stationary:
                Debug.Log(string.Format("指ID: {0} タッチホールド(移動なし) 座
標: {1}", touch.fingerId, touch.position));
                break;
            default:
                throw new ArgumentOutOfRangeException();
        }
    }
}
```

ゲームパッド操作を受け取る

Unityはゲームパッドを含めた多種多様な操作方法に対応できるよう、「入力軸」に対してさまざまな操作を割り当てられるようになっています。入力軸とは、いくつかの操作を束ねて1つの入力として受け取れるようにするものです。この説明だけではわかりづらいので、1つ例を挙げてみましょう。

たとえば、キャラクターをジャンプさせるための「ジャンプ」という入力軸が定義されているとします。その入力軸に対して「キーボードのSpaceキー」と「ゲームパッドのBボタン」が紐付けられていたとします。

この場合は、「キーボードのSpaceキー」と「ゲームパッドのBボタン」のどちらを押しても、スクリプト側では「ジャンプ」の入力軸に対する操作として受け取れます。

ゲームパッドのアナログスティックの操作を取得するには、Input.GetAxis()メソッドに入力軸の名前を渡します。これでアナログスティックの傾きを-1～1の範囲で取得できます（スティックを触っていない場合は0になります）。

プロジェクトの初期状態では、アナログスティックの横方向は「Horizontal」、縦方向は「Vertical」の入力軸で取得できます。ちなみに、これらの入力軸にはキーボードのW/A/S/Dキーおよびカーソルキーなども割り当てられています。

```
private void Update() {
    Debug.Log(string.Format("Axisを取得 ({0}, {1})",
        Input.GetAxis("Horizontal"), 横軸の入力を取得
        Input.GetAxis("Vertical") 縦軸の入力を取得
        ));
}
```

ゲームパッドのボタン入力はInput.GetButtonDown()、Input.GetButton()、Input.GetButtonUp()メソッドに入力軸の名前を渡すことで、各種ボタンの押下状態を判定します。それぞれの使い分けは表6.1のInput.GetKey()系のメソッドと同じです。

プロジェクトの初期状態では、Jump・Fire1・Fire2・Fire3・Submit・Cancelなどの入力軸が定義されています。これらを引数として渡すことで、対応したボタンの押下状態を取得できます。なお、ゲームパッドの各ボタンがどの入力軸に対応しているかは、ゲームパッドの種類によって変わりますので注意してください。

```
private void Update() {
    if (Input.GetButtonDown("Jump"))
    {
        Debug.Log("Jumpボタンが押されたよ！");
    }
}
```

Input Managerと入力軸の定義

前述の通り、プロジェクトの初期状態でいくつかの入力軸は定義されています。ただし、ほとんどのゲームパッドにはボタンがたくさんついており、上記だけでは足りないこともあります。そのような場合はInput Managerを使用して、入力軸の追加と操作の紐付けを行います。

「Edit」→「Project Settings」→「Input Manager」を選択すると、Project Settingsウインドウが開きます。この中の「Input Manager」を選択し、「Axes」をクリックすると、入力軸の一覧が表示されます。入力軸の変更や追加もここから行います。

図6.14 ▶ Input Manager

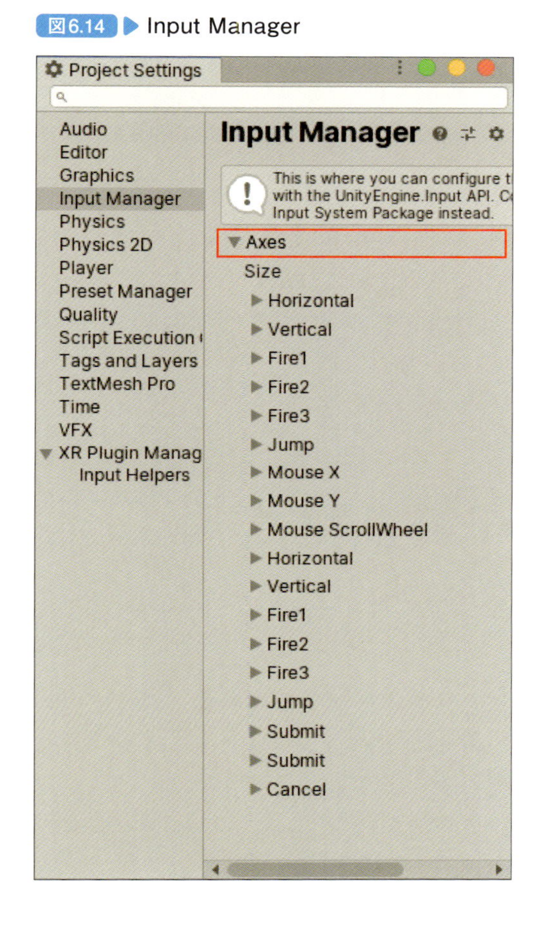

なお、各種ボタンは以下のページに記載された名前がつけられていますので、入力軸の設定を変更する場合は参考にしてください。

・一般的なゲーム入力
https://docs.unity3d.com/ja/2019.3/Manual/ConventionalGameInput.html

また、入力軸の各プロパティについては以下のページを参照してください。

・Input
https://docs.unity3d.com/ja/2019.3/Manual/class-InputManager.html

スマホ向けに仮想ゲームパッドを表示する

スマホ向けゲームを開発していると、画面上にゲームパッドを表示したくなる場合があります。Standard Assetsには、クロスプラットフォーム対応のゲームで入力を簡単に扱うCrossPlatformInputというAssetが含まれています。この中に仮想ゲームパッドのPrefabも含まれていますので、簡単に使い方を紹介しておきます。

Projectウインドウで「Standard Assets」－「CrossPlatformInput」－「Prefabs」にあるMobileSingleStickControlをHierarchyウインドウにドラッグ＆ドロップします。

図6.15 ▶ 仮想ゲームパッドのゲームオブジェクトを配置

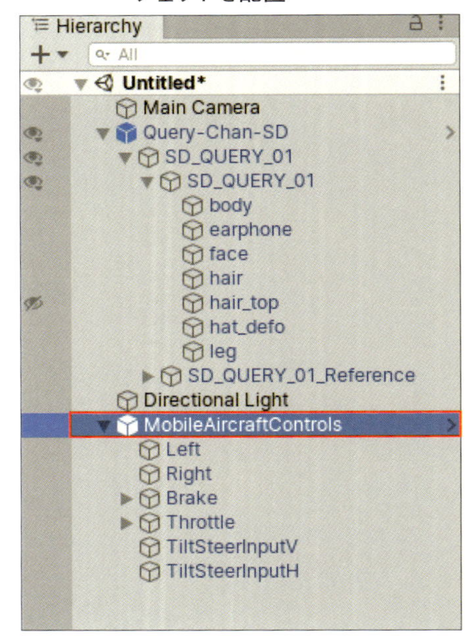

MobileSingleStickControlをシーンに配置しても、ビルドの設定がPC, Mac & Linux Standaloneになっていると、画面上には何も表示されません。スマホ向けの仮想ゲームパッドですのでPCやMac向けのビルドでは表示しないよう制御してくれているのです。

表示させる場合は、「File」→「Build Settings」を選択し、Build SettingsダイアログでPlatformをiOSまたはAndroidに切り替えて、「Switch Platform」ボタンをクリックします（初めて切り替える場合はかなり時間がかかります）。

図6.16 ▶ 仮想ゲームパッドが表示された

図6.17 ▶ プラットフォームの切り替え

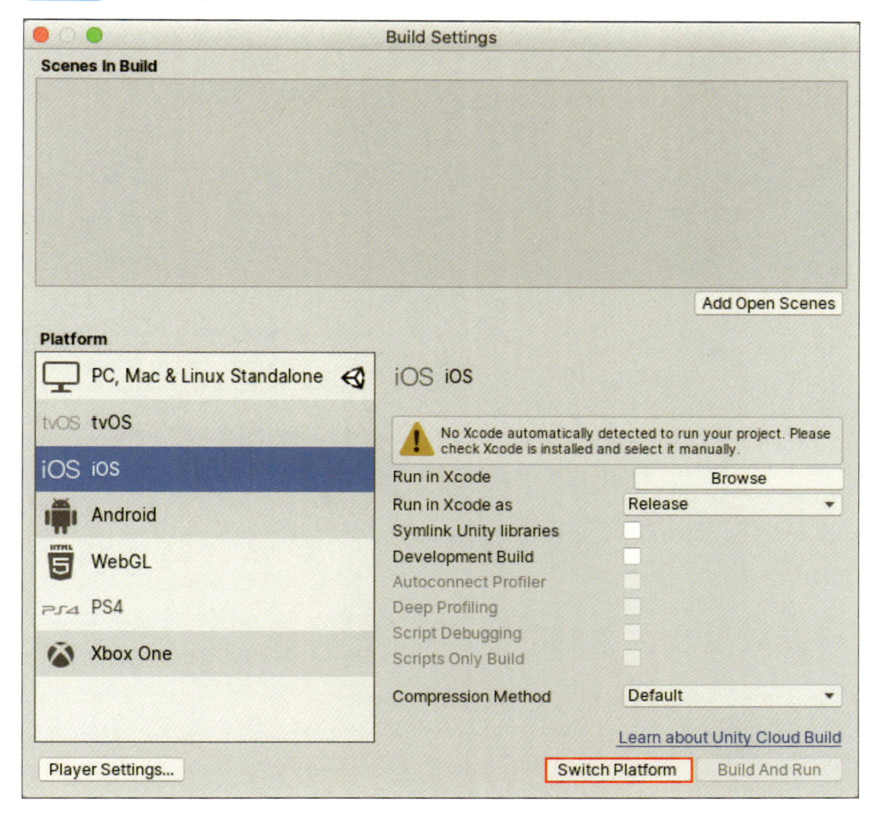

初期状態では、MobileSingleStickControlオブジェクトの中にMobileJoystick（ジョイスティック）とJumpButton（ジャンプボタン）が1つずつ配置されています。MobileSingleStickControlのボタンは自由に増やすことができます。

例えばFire1に対応するボタンを増やしたい場合は、JumpButtonを複製して名前を「Fire1Button」とし、Fire1ButtonのButton HandlerコンポーネントのNameを「Fire1」（入力軸の名前）にします。

図6.18 ▶ Fire1ボタンの作成

図6.19 ▶ Fire1ボタンの設定

これでコントローラは準備できましたので、あとはスクリプトで入力値を取得するだけです。仮想ゲームパッドから値を受け取るため、Inputクラスの代わりにCrossPlatformInputManagerクラスを使用します。

CrossPlatformInputManagerクラスは、GetButtonDown()やGetAxis()など、Inputクラスと同様のメソッドを持っています。Inputクラスを使っていた部分をCrossPlatformInputManagerクラスに置き換えるだけでOKです。

```
using UnityStandardAssets.CrossPlatformInput;
CrossPlatformInputはNamespaceで分けられているため、usingで読み込む必要がある

private void Update() {
    if (CrossPlatformInputManager.GetButtonDown("Jump"))
    {
        Debug.Log("Jumpボタンが押されたよ！");
    }
}
```

なお、仮想ゲームパッド以外の情報(WASDキーや通常のゲームパッド入力）もCrossPlatformInputManagerで受け取ることが可能です。

6-3-2 ゲームオブジェクトの動かし方

受け取った入力を使ってゲームオブジェクトを動かすスクリプトを作ると、プレイヤーが思うがままにキャラクターを操作できるようになります。

ゲームオブジェクトの動かし方は、物理演算に沿った動きをさせるか否かで変わります。

Transformコンポーネントで動かす

Transformコンポーネントを使うと、ゲームオブジェクトの位置・回転・スケールを直接操作可能です。物理演算を無視して直接操作しますので物理演算が適用されるオブジェクトとは相性が悪く、挙動がおかしくなる場合があります。

物理演算が適用されるオブジェクトはTransformコンポーネントでの操作は行わず、Rigidbodyコンポーネント(後述)での操作を行ってください。

```
MonoBehaviourを継承したスクリプトであれば、「transform」でTransformコンポーネントにアクセスできる
transform.position = new Vector(1, 2, 3); ワールド座標を直接変更
transform.localPosition = new Vector(1, 2, 3); ローカル座標を直接変更
transform.Rotate(new Vector3(0, 0, 10)); Z軸に対して10度回転させる
transform.localScale *= 3; 大きさを現在の3倍にする
```

コラム ワールド座標とローカル座標

Transformコンポーネントにはワールド座標(transform.position)とローカル座標(transform.localPosition)があり、使い分けが可能です。ワールド座標は「シーンの中でゲームオブジェクトがどこにあるか」を表し、ローカル座標は「親ゲームオブジェクトの中で子ゲームオブジェクトがどこにあるか」を表します。

ワールド座標とローカル座標の片方を変更すると、もう片方も連動して変更されます。なお、Inspectorウインドウ上に表示される座標はローカル座標となります。スクリプトでは、MonoBehaviour内で、以下のように設定することで、それぞれの座標を使用できます。

・ワールド座標
　transform.position
・ローカル座標
　transform.localPosition

たいていはローカル座標で事足りますが、敵キャラクターを任意のオブジェクトの場所(たとえばダンジョンの入り口)から出現させる場合など、シーン内での絶対座標が欲しい場合はワールド座標を使用すると良いでしょう。

Rigidbodyコンポーネントで動かす

Rigidbodyコンポーネントを使って動かす場合は、物理演算が適用されるオブジェクト(剛体)に対して操作を行います。オブジェクトに対して力や回転を加えたりする他、速度を直接操作することも可能です。

前述の通り、剛体はTransformコンポーネントを使った移動との相性があまり良くないので、剛体の座標を直接変更する場合はRigidbodyコンポーネントのMovePosition()を使いましょう。

```
Rigidbodyコンポーネントを取得&使用する
var rigidbody = GetComponent<Rigidbody>();
rigidbody.MovePosition(new Vector3(1, 2, 3)); 任意の座標に瞬間移動させる
rigidbody.AddForce(transform.forward * 100); 任意の方向に力を加える
rigidbody.velocity = new Vector(10, 0, 0); 移動速度を直接変更する
```

Rigidbodyコンポーネントを動かすためのメソッドやフィールドは他にもたくさんあり、設定によって挙動が変わります。詳細は公式のスクリプトリファレンスを参照してください。

・Rigidbody
https://docs.unity3d.com/ja/2019.3/ScriptReference/Rigidbody.html

CharacterControllerコンポーネント

ゲームオブジェクト全般で使えるTransformコンポーネントとRigidbodyコンポーネントに対して、CharacterControllerはキャラクターの操作に特化したコンポーネントです。接地判定や当たり判定の処理もセットになっていて、RigidbodyやColliderを使わなくて良いのが特徴です。

CharacterControllerでのキャラクター移動は、Move()かSimpleMove()のいずれかを使用します。

```
CharacterControllerコンポーネントを取得&使用する
var characterController = GetComponent<CharacterController>();
characterController.Move(new Vector(1, 2, 3));
キャラクターを引数で指定した方向に移動させる(重力がかからない)
characterController.SimpleMove(new Vector(1, 2, 3));
キャラクターを指定方向に移動させる(空中に居る時は引数が無視され、代わりにキャラクターに対して重力がかかる)
```

コラム Update()とFixedUpdate()

Input・Transform・Rigidbodyなどを操作する場合、Update()とFixedUpdate()の使い分けに注意が必要です。どちらも1秒間に複数回呼ばれるメソッドですが、Update()はフレームごとに呼ばれ、FixedUpdate()は一定周期(物理演算が行われる周期)で呼ばれます。

この影響で、Input.GetButtonDown()など入力があった瞬間を判定するメソッドはFixedUpdate()だと複数回連続で反応してしまう場合がありますので、必ずUpdate()の中で使いましょう。

逆に、Rigidbodyに対する処理は、FixedUpdate()の方が望ましいです。

カメラがキャラクターを追いかけるようにしよう

次はキャラクターの動きに合わせてカメラが動くようにします。カメラを動かすスクリプトを自分で書く方法もありますが、Cinemachine を使えばカメラを簡単に制御できます。

6-4-1　Cinemachineのインポート

Cinemachineをインポートするには、「Window」→「Package Manager」を選択し、「Cinemachine」を選択して「Install」ボタンをクリックします。

図6.20 ▶ Cinemachineのインストール

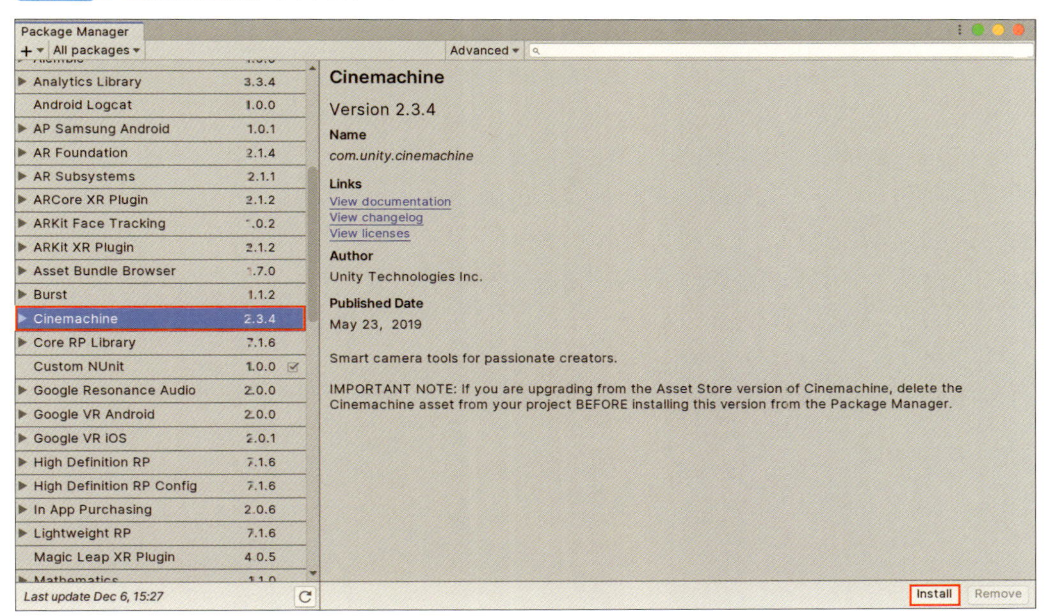

6-4-2 キャラクターを追尾するカメラを配置する

Cinemachineをインポートすると、エディタにCinemachineメニューが追加されます。「Cinemachine」→「Create Virtual Camera」を選択し、カメラを作成します。

Hierarchyウインドウに「CM vcam1」というカメラが生成されていますので、これを選択します。

図6.21 ▶ Virtual Cameraの作成

Inspectorウインドウからキャラクターを追尾するための設定を行います。

CinemachineVirtualCameraコンポーネントのFollowに追跡対象のゲームオブジェクトを、Look Atに注目対象のゲームオブジェクトを指定します。今回はどちらも「Query-Chan-SD」としたいので、HierarchyウインドウからQuery-Chan-SDをドラッグ＆ドロップしてください。

図6.22 ▶ CinemachineVirtualCameraコンポーネントの設定(その1)

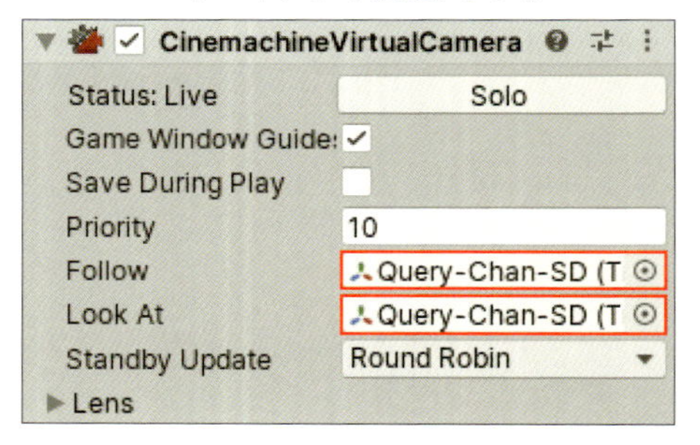

次に、Bodyの左にある▼をクリックして開いて、Binding Modeに「World Space」、Follow OffsetのXを「0」、Yを「10」、Zを「-20」に変更します。これでY「10」、Z「-20」の位置からキャラクターを映し続けるカメラができました。

図6.23 ▶ CinemachineVirtualCameraコンポーネントの設定(その2)

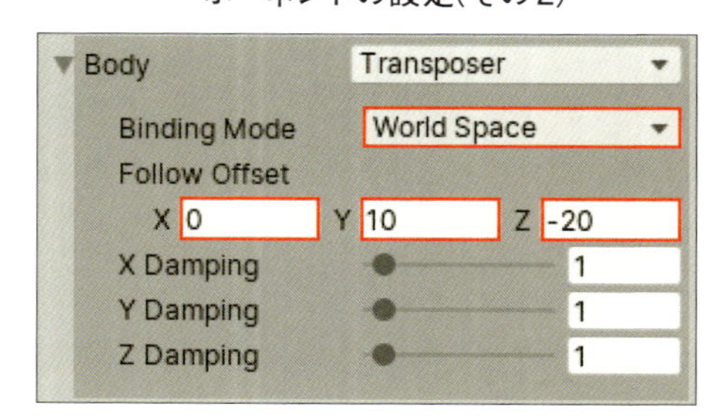

このカメラは、Gameビューに表示されている中央の枠内にキャラクターを捉え続けようとします。この枠はGameビューでドラッグすることで調整可能ですので、好みの範囲に調整してください。調整が終わったら、InspectorウインドウからGame Window GuidesのチェックをOFFにすると枠が表示されなくなります。

図6.24 ▶ Game Window Guidesを非表示にする

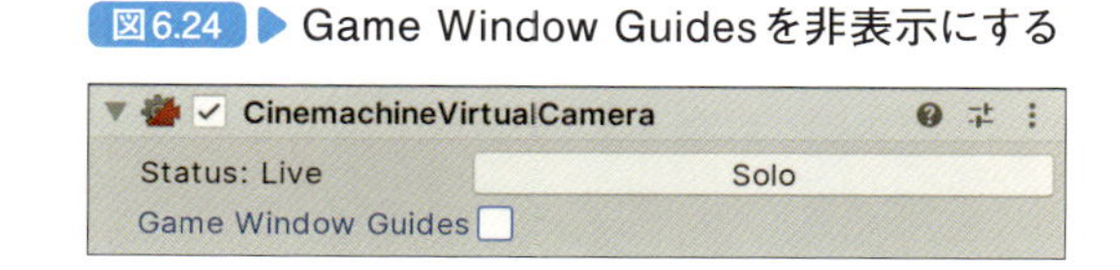

カメラの設定はこれだけです。ゲームを再生すると、カメラがキャラクターを追いかけてくれるようになりました。

図6.25 ▶ Gameビューに枠(ガイド) が表示される

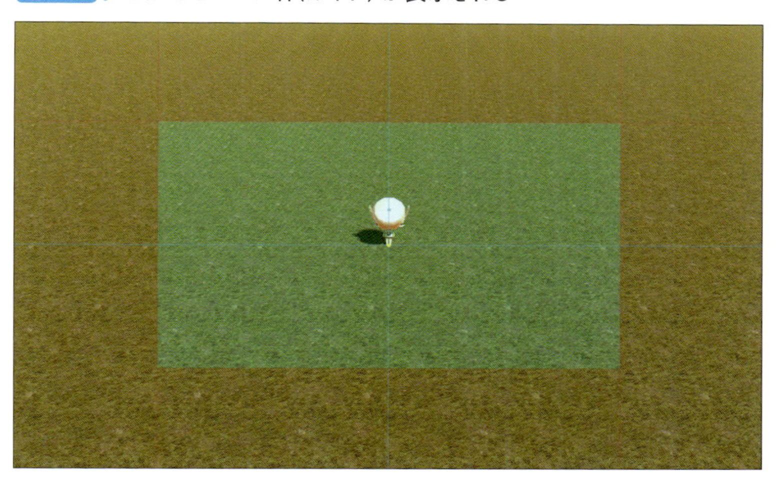

コラム Cinemachineはとても強力！

今回使ったカメラは距離を保ちながらキャラクターを追いかけるだけのシンプルなものでしたが、Cinemachineは他にも強力な機能をたくさん備えています。応用的な内容になりますので本書では説明しませんが、使い方の一例を紹介します。

・プレイヤーキャラクターの位置に応じて、複数のカメラを切り替えて使う
　シーンに複数のカメラを配置しておき、キャラクターの位置に応じてカメラを自動で切り替えます。
・カメラワークの演出
　各カメラにはPricrity(優先度)が指定できます。複数のカメラを準備してPriorityを制御することで、たとえば宝箱を開けた時や必殺技を使った時など、任意のタイミングでカメラを切り替えて演出をすることが可能です。

キャラクター操作のためのスクリプトを書こう

6-3ではプレイヤーの入力の受け取り方と、ゲームオブジェクトの動かし方の基本について説明しました。本節ではサンプルゲームで使用するキャラクター操作のスクリプトを書いていきます。

6-5-1 スクリプトの作成

Projectウインドウの「Assets」ー「IkinokoBattle」の下のScriptsフォルダで右クリックし、「Create」→「C# Script」を選択します。新規スクリプト名を「PlayerController」とし、リスト6.3のように記述します。

リスト6.3 ▶ キャラクターを操作するスクリプト(PlayerController.cs)

```
using UnityEngine;
using UnityStandardAssets.CrossPlatformInput;

[RequireComponent(typeof(CharacterController))]
public class PlayerController : MonoBehaviour
{
    [SerializeField] private float moveSpeed = 3; 移動速度
    [SerializeField] private float jumpPower = 3; ジャンプ力
    private CharacterController _characterController;
    CharacterControllerのキャッシュ
    private Transform _transform; Transformのキャッシュ
    private Vector3 _moveVelocity; キャラクターの移動速度情報

    private void Start()
    {
        _characterController = GetComponent<CharacterController>();
        毎フレームアクセスするので、負荷を下げるためにキャッシュしておく
        _transform = transform; Transformもキャッシュすると少しだけ負荷が下がる
    }

    private void Update()
    {
        Debug.Log(_characterController.isGrounded ? "地上にいます" : "空中です
");
```

続く

```
        入力軸による移動処理(慣性を無視しているので、キビキビ動く)
        _moveVelocity.x = CrossPlatformInputManager.GetAxis("Horizontal") *
moveSpeed;
        _moveVelocity.z = CrossPlatformInputManager.GetAxis("Vertical") *
moveSpeed;

        移動方向に向く
        _transform.LookAt(_transform.position + new Vector3(_moveVelocity.x,
0, _moveVelocity.z));

        if (_characterController.isGrounded)
        {
            if (Input.GetButtonDown("Jump"))
            {
                ジャンプ処理
                Debug.Log("ジャンプ!");
                _moveVelocity.y = jumpPower; ジャンプの際は上方向に移動させる
            }
        }
        else
        {
            重力による加速
            _moveVelocity.y += Physics.gravity.y * Time.deltaTime;
        }

        オブジェクトを動かす
        _characterController.Move(_moveVelocity * Time.deltaTime);
    }
}
```

ちょっとした計算を入れてあげることで、CharacterControllerでもキャラクターに重力を適用させることが可能です(下向きの重力を想定しているため、別の方向に重力を加える場合はスクリプトの調整が必要となります)。

class宣言の手前に書いてある [RequireComponent(typeof(CharacterController))] の記述は、GameオブジェクトにCharacterControllerコンポーネントが必ずアタッチされていることを宣言しています。対象のコンポーネントがない場合は自動でアタッチしてくれますので、GetComponent()を使うときはセットで記述しておくとミスが減らせます。

図6.26 ▶ PlayerControllerとCharacterControllerをアタッチ

Character Controller

Slope Limit	45
Step Offset	0.3
Skin Width	0.08
Min Move Distance	0.001
Center	X 0 Y 0.57 Z 0
Radius	0.25
Height	1

Player Controller (Script)

Script	PlayerController
Animator	SD_QUERY_01 (A
Move Speed	3
Jump Power	3

Hierarchyウインドウで Query-Chan-SDを選択して Inspectorウインドウで「Add Component」ボタンをクリックして検索ボックスで「Play」などを入力し、PlayerControllerコンポーネントをアタッチすると、自動的にCharacterControllerコンポーネントもアタッチされます。

このままでは、CharacterControllerコンポーネントのColliderが長いため地面に埋まってしまいます。そこでInspectorウインドウのCharacterControllerコンポーネントで、CenterのYを「0.57」、Radiusを「0.25」、Heightを「1」に変更しておきます。

図6.27 ▶ CharacterControllerのColliderを調整

Center					
X	0	Y	0.57	Z	0
Radius			0.25		
Height			1		

6-5-2 CharacterControllerの接地判定問題を解決する

この状態でゲームを実行すると、W/A/S/Dで移動、Spaceでジャンプができるようになっています。ただ、次の項でキャラクターにアニメーションをつけると、ジャンプボタンが反応しない現象が発生することがあります。これはCharacterControllerの接地判定がうまくいっていないことが原因ですので、先に対策しておきましょう。

PlayerController.csのUpdate()では地上と空中のどちらにいるかをログに出力しています。「Window」→「General」→「Console」（ショートカットはShift＋Command＋C）を選択し、ログを確認できるConsoleウインドウを開きます。

普段は「地上にいます」のログが出続けていますが、ジャンプボタンが反応しないときにログを確認すると、「地上にいます」「空中です」の判定が目まぐるしく切り替わっています（Transform.positionやCharacterController.velocityに変化は無いため、ゲームオブジェクトが小刻みに上下しているわけでもないので、不可思議な挙動です）。

図6.28 ▶ 接地判定が切り替わってしまう

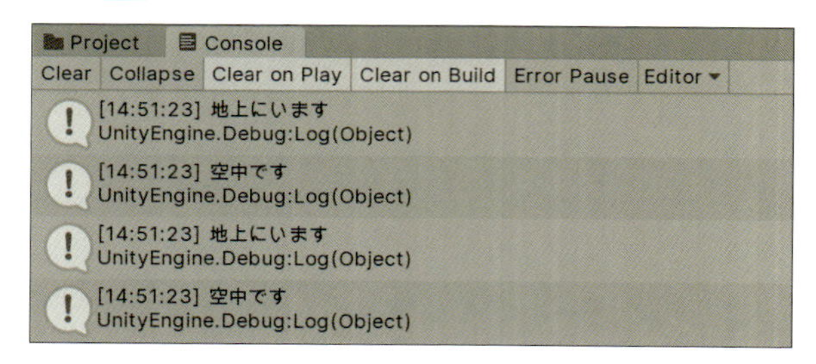

このような場合は、CharacterControllerの接地判定に頼らず、独自の接地判定を使うのが確実です。リスト6.3のスクリプトの該当個所をリスト6.4のように変更してください（スクリプトの接地判定で使っているRaycastという仕組みは、7章で詳しく説明します）。

リスト6.4 ▶ PlayerController.csの変更個所

```
略
    private Vector3 _moveVelocity; キャラクターの移動速度情報

    接地判定処理
    private bool IsGrounded
    {
        get
        {
            var ray = new Ray(_transform.position + new Vector3(0, 0.1f),
Vector3.down);
            var raycastHits = new RaycastHit[1];
            var hitCount = Physics.RaycastNonAlloc(ray, raycastHits, 0.2f);
            return hitCount >= 1;
        }
    }
略
    private void Update()
    {
        Debug.Log(IsGrounded ? "地上にいます" : "空中です");
略
        移動方向に向く
        _transform.LookAt(_transform.position + new Vector3(_moveVelocity.x,
0, _moveVelocity.z));

        if (IsGrounded)
略
```

変更後に実行すると、ジャンプ中以外はきちんと接地判定されるようになります。

図6.29 ▶ 接地判定が正常になった

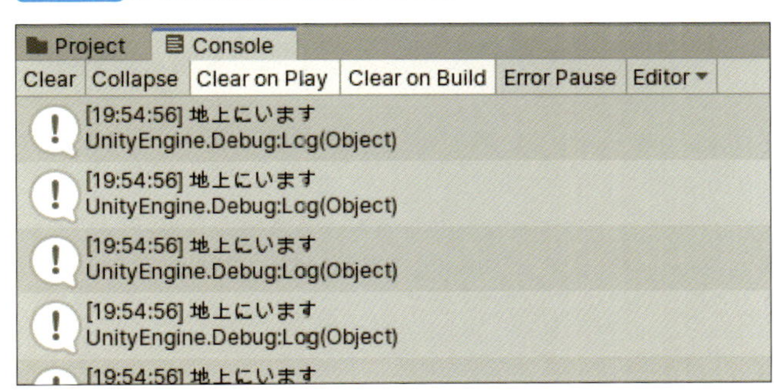

キャラクターにアニメーションをつけよう

ここまででキャラクターを動かせるようになっています。しかし棒立ちしたままで移動するのはカッコ良くありません。ここでは、Mecanimというキャラクターにアニメーションをさせる機能について説明します。

6-6-1　Mecanim(メカニム)とは

Mecanim(メカニム)とは、Unityで3Dモデルをアニメーションするための仕組みです。大きく分けて以下の3つで構成されています。

・状態に応じてアニメーションを制御するAnimator Controller
・走り、攻撃などの各種アニメーション
・動かす対象となるRig

Rigは既にクエリちゃんに埋め込まれていますので、Animator Controllerとアニメーションの準備を進めていきましょう。

コラム　Rigとアニメーション

アニメーションさせる3Dモデルには、その骨組みとなるBoneが埋め込まれています。アニメーションは、RigでBoneを動かすことで行っています。

Unityで扱えるRigは、人のBoneを動かすための「Humanoid」、人以外を動かすための「Generic」、Unityの旧アニメーションシステムで使用する「Legacy」の3種類があります(Legacyは現在ではほとんど使われないので省略します)。

Humanoidは人型キャラクター専用で、3Dモデルを差し替えてもアニメーションを流用することが可能です。そのため、Asset Storeで配布されている3Dモデルのアニメーションは基本的にHumanoid向けとなっています。

一方、Genericは型が決まっていないアニメーションで、Asset Storeで配布されているモンスターや動物などの3Dモデルの多くには専用のアニメーションが付けられています。

6-6-2　アニメーションのインポート

アニメーションは3Dモデルに同梱されているほか、人型のキャラクターの場合はAsset Storeからアニメーションのみを購入・ダウンロードすることが可能です。

クエリちゃんにはさまざまなアニメーションが同梱されていますが、3Dモデルにアニメーションを組み合わせる方法を習得するため、今回はアニメーションを別途入手して使ってみることにしましょう。

Asset Storeを開いて画面上部の検索ボックスに「woman warrior」と入力して、The Woman Warriorを検索します。このThe Woman Warriorは、女戦士キャラクターの3Dモデルとアニメーションが入ったAssetです。これまでと同様の手順でダウンロード・インポートを実行してください。

図6.30 ▶ The Woman Warriorのインポート

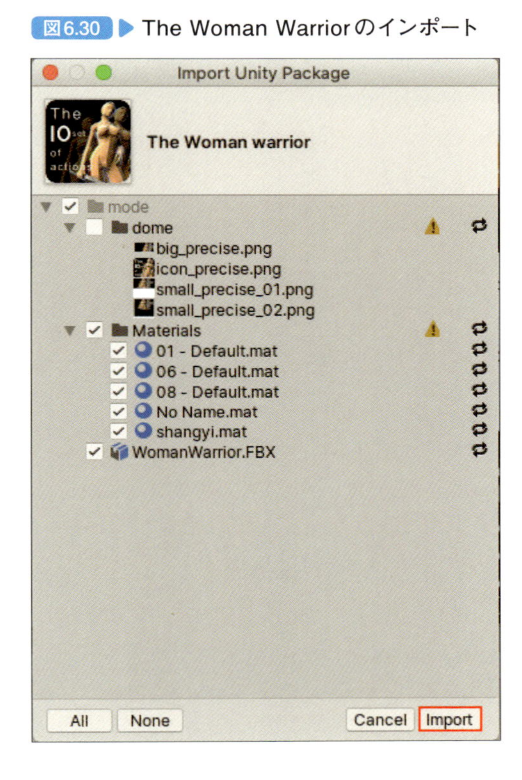

6-6-3　Animator Controllerを作る

次はAnimator Controllerを作成してみましょう。Projectウインドウで IkinokoBattleフォルダを右クリックし、「Create」→「Folder」を選択し、新規フォルダに「Animations」という名前をつけます。

図6.31 ▶ AnimationControllerの作成

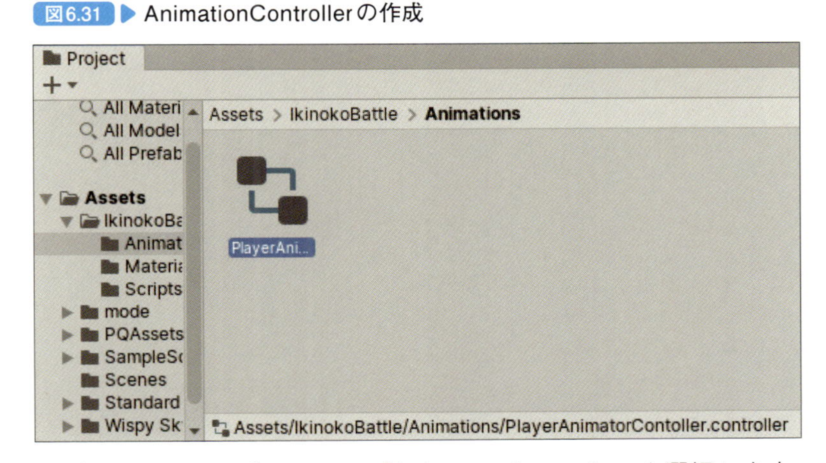

このフォルダを選択して右クリックし、「Create」→「Animator Controller」を選択します。名前を「PlayerAnimatorController」とします。

作成したPlayerAnimatorControllerをダブルクリックすると、Animatorビューが開きます。

図6.32 ▶ Animatorビュー

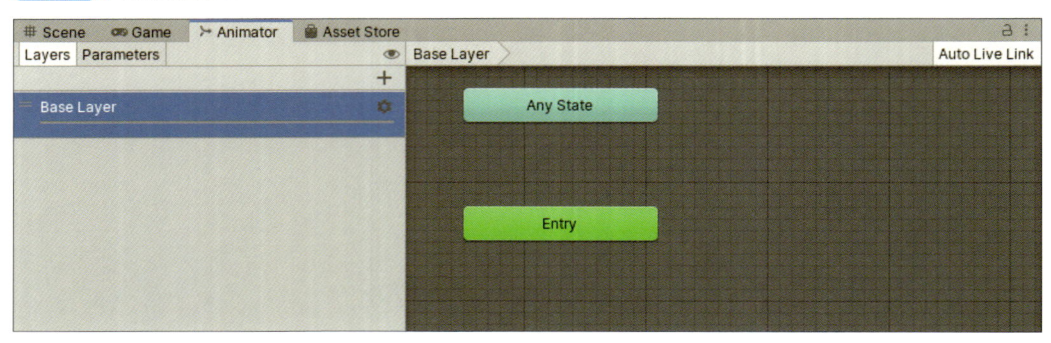

Animatorビューの方眼状の画面を少しズームアウトすると、「Any State」「Entry」「Exit」と書かれた3つの四角が並んでいます。これらはアニメーションの状態を表す「Animation State」です。（以下ステート）。Animatior Controllerは、ステート全体を管理する「State Machine」（ステートマシン）の役割を果たします。

ステートは「Entry」から始まります。そして「Exit」に入るとまた「Entry」に戻ります。このEntryとExitの間に任意のステートを追加していくことで、何もしていないときは立ちアニメーション、移動するときは歩きアニメーション、ジャンプのときはジャンプアニメーションをさせるなど、キャラクターのアニメーションを自在に制御することが可能になります。

立ちアニメーションを追加する

最初にIdle（立ちアニメーション）のステートを追加してみましょう。Animatorビューで右クリックし、「Create State」→「Empty」を選択します。

「New State」と表示されたオレンジ色のステートができましたので、それを選択してInspectorウインドウで名前を「Idle」、Motionに「Idle1」をセットします。「Idle1」のアニメーションは、先ほどインポートしたWomanWarriorに含まれています。

Animatorビューを見ると、EntryからIdleに矢印が繋がっています。この矢印をTransition（トランジション）といいます。Entryから始まったステートは自動的にトランジションで繋がったステートに移りますので、これで自動的にIdleステートに遷移するようになりました。

図6.33 ▶ 立ちアニメーションの追加・設定

歩きアニメーションを追加する

続いてWalk（歩きアニメーション）のステートを追加します。Animatorビューで右クリックし、「Create State」→「Empty」を選択します。名前を「Walk」、Motionに「walk」をセットします。

図6.34 ▶ 歩きアニメーションの追加・設定

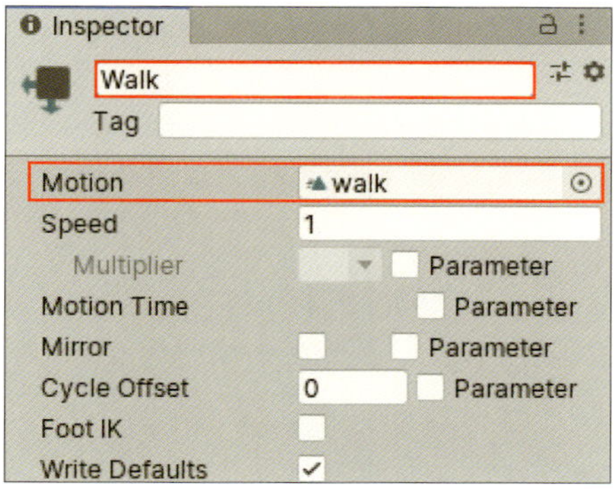

アニメーションを切り替えられるようにする

この状態ではこれだけでIdleからWalkにステートを移すことができません。IdleからWalkにステートが移るようにしてみましょう。Idle上で右クリックし、「Make Transition 」を選択します。その後にWalkをクリックすると、IdleとWalkがトランジションで繋がれました。

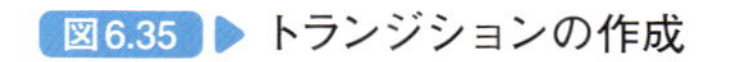
図6.35 ▶ トランジションの作成

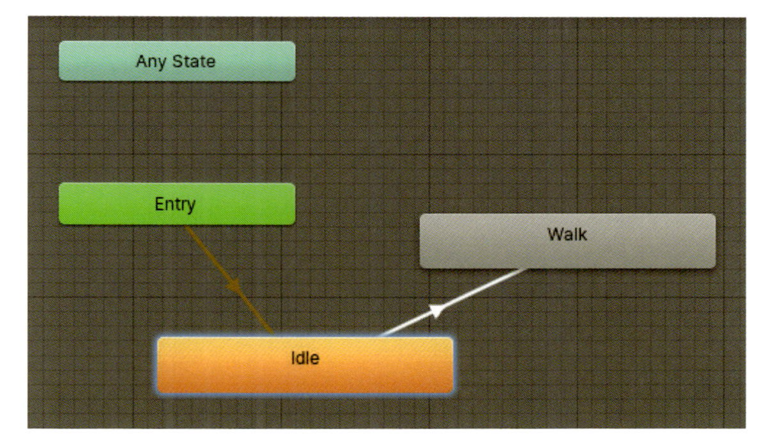

トランジションに沿ってステートを遷移させるには、「このトランジションはどのような条件で実行されるか」の設定が必要です。その条件を満たしたとき、自動的にステートが切り替わります。

トランジションの条件は、Animator Controllerのパラメータを使って指定しますので、まずパラメータを作成します。

Animatorビュー左上の「Parameters」をクリックし、「＋」をクリックします。パラメータの型は、Float・Int・Bool・Triggerの4種類があります。

図6.36 ▶ パラメータの追加

今回はFloatを選択し、名前は「MoveSpeed」としておきます。

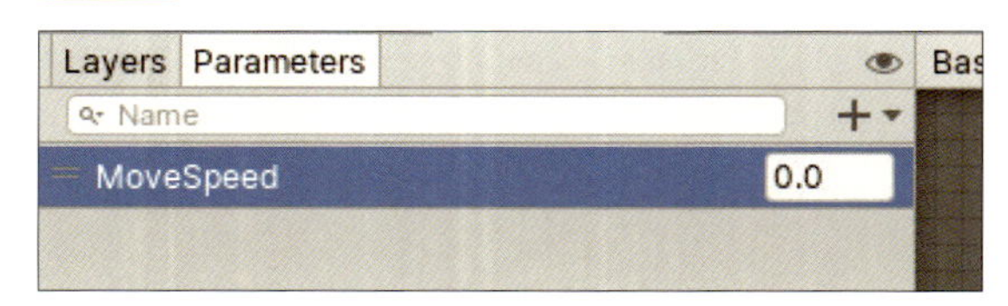

図6.37 ▶ パラメータの追加完了

これでパラメータの準備はできました。次はAnimatorビューで先ほど作成した「Idle」から「Walk」に繋がっているトランジションを選択します。

InspectorウインドウのConditionsで＋をクリックし、先ほど作成した「MoveSpeed」パラメータを選択、条件は「Greater」、値は「0.01」とします。これで「Idleステートのとき、MoveSpeedが0.01より大きくなればWalkステートに遷移する」状態となりました。

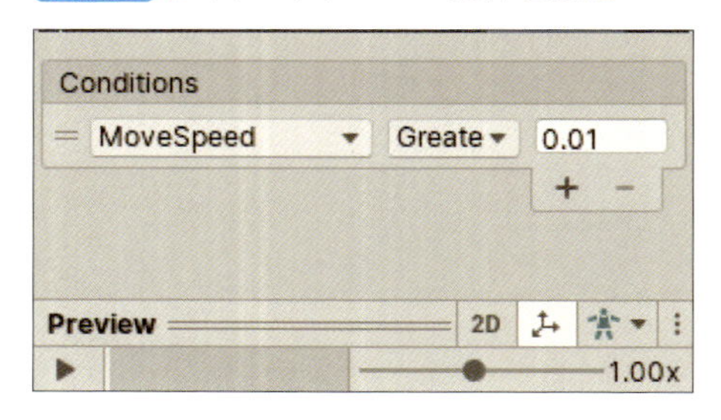

図6.38 ▶ トランジションに条件を指定

前のアニメーションに戻せるようにする

トランジションは基本的に一方通行です（Triggerのトランジションは例外です）。元のステートに戻したいときは逆方向のトランジションを作成するか、Exitにトランジションを繋ぐことでEntryに戻してあげると良いでしょう。今回は逆方向のトランジションを設定します。Animatorビューで Walkを選択し、右クリックして「Make Transition」を選択します。

図6.39 ▶ 戻りのトランジション作成

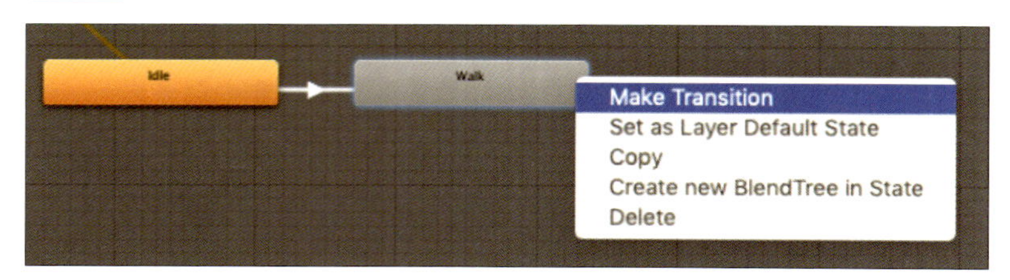

「Walk」→「Idle」にトランジションを繋いだのち、作成したトランジションを選択してInspectorウインドウのConditionsに「MoveSpeed」「Less」「0.01」の条件を指定します。これでWalkステートのときにMoveSpeedが0.01を下回るとIdleステートに戻るようになりました。

図6.40 ▶ 戻りのトランジションに条件を指定

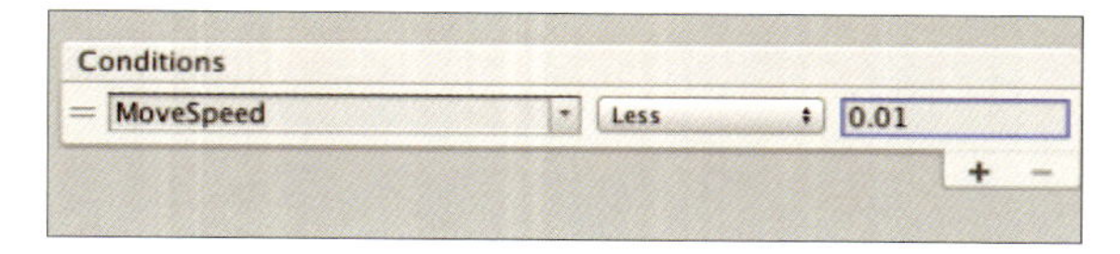

アニメーションの切り替わりをスムーズにする

Animator Controllerでは、アニメーションが切り替わる際に2つのアニメーションを合成してくれます。これはアニメーションを滑らかに切り替える時は役立ちますが、IdleからWalkへの切り替えに時間がかかると、Idle状態のまま移動を始めてしまい、違和感を感じてしまいます。自然に見えるようにするため、アニメーションをパッと切り替えるための設定を行います。

先ほど作成した「Idle」→「Walk」のトランジションを選択します。Inspectorウインドウで Settingsの項目を展開します。ここでアニメーションの切り替えに要する時間を設定することが可能です(表6.3)。

表6.3 ▶ トランジションのSettings

設定	説明
Has Exit Time	チェックをつけると、遷移前のアニメーション再生をExit Timeで指定した回数分待ってからトランザクションを切り替える
Exit Time	トランザクション実行の際に、前のアニメーション再生回数を設定する。Has Exit Timeにチェックがついている場合は「0」に設定しても実行中のアニメーションの完了を待ってからアニメーションの切り替えが始まるため注意
Transition Duration(s)	アニメーションを切り替える時間を設定する

表6.3のパラメータは、Settingsの下に表示されるタイムラインと連動しています。デフォルトではHas Exit Timeにチェックがついていて、Exit Timeが「0.9242424」、Transition Duration(s)が「0.25」となっています。この設定は、3秒強のIdleアニメーションの約92.4%の時点でアニメーションが切り替えが始まり、0.25秒間でアニメーションをブレンドし、Walkに切り替わる、という内容です。

Inspector下部にあるPreviewの再生ボタンを押すと、実際の切り替わりアニメーションを確認できます。

図6.41 ▶ 切り替わりアニメーションのタイムライン

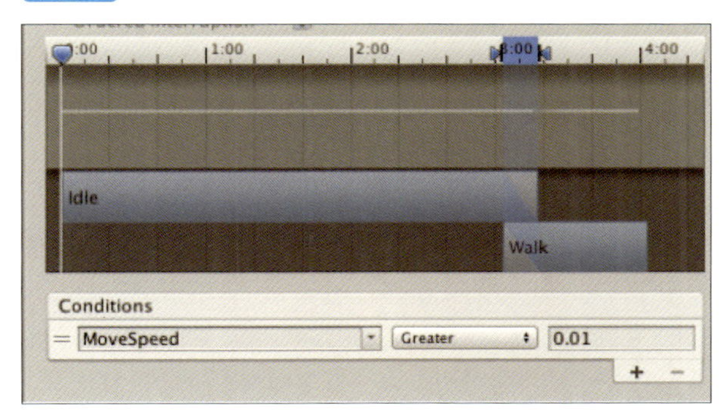

今回は迅速に切り替えられるようにするため、Has Exit Timeのチェックを外し、Transition Dration(s)を「0.1」に設定します。値を変えると、Settings下部の図も変化しました。

図6.42 ▶ トランジションの切り替わりアニメーションを変更

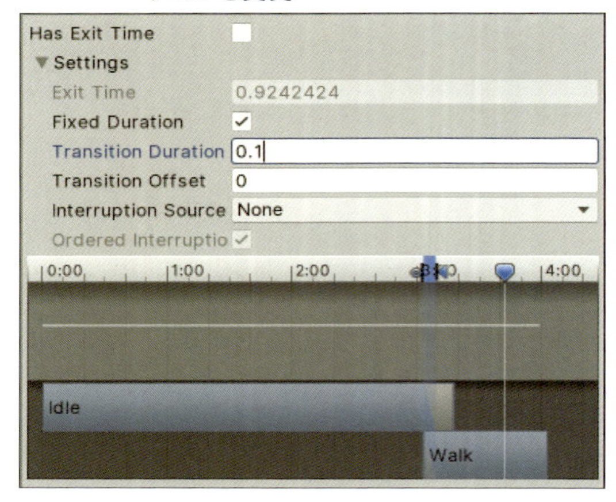

ちなみに図にある青色のツマミ（▶と◀）をドラッグしても操作が可能です。「Walk」→「Idle」のトランジションについても、同じ手順でHas Exit TimeとTransition Duration(s)の設定を変更してください。

Rig と Animation 設定を調整しよう

このままの状態でゲームを再生しても、アニメーションが正しく動きません。正しく動かすためにThe Woman WarriorのRigとAnimationを変更しましょう。

Projectウインドウで「Assets」→「mode」→「WomanWarrior」のPrefabを選択、InspectorウインドウでRigを選択します。

Animation Typeが「Generic」になっていますので、「Humanoid」に変更します。これで、WomanWarriorのアニメーションが人型のRigに対して流用できるようになりました。

図6.43 ▶ Rigの設定を変更

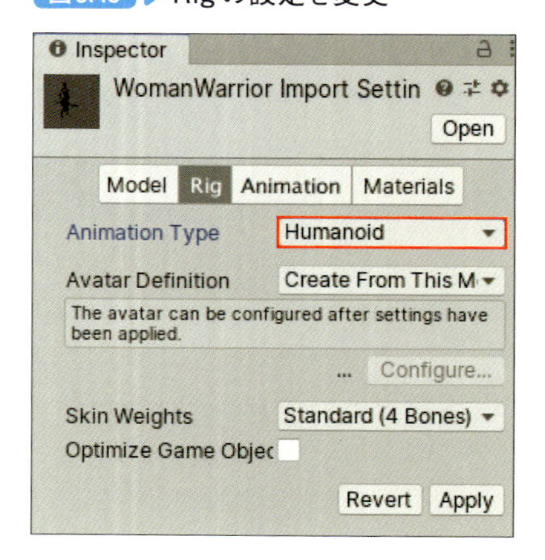

続いてInspectorウインドウでAnimationを選択し、Clipsから「Idle1」を選択後、Loop Timeにチェックを入れましょう。これはアニメーションをループさせるための設定です。これを行わないと、Animator Controllerのステートが切り替わった際、アニメーションが1回だけ再生されて停止します。

同じようにClipsで「walk」「run」「Idle2」を選択し、Loop Timeをチェックしておきましょう。最後に、Inspectorウインドウの最下部にある「Apply」ボタンをクリックすれば完了です。

図6.44 ▶ Animationの設定反映

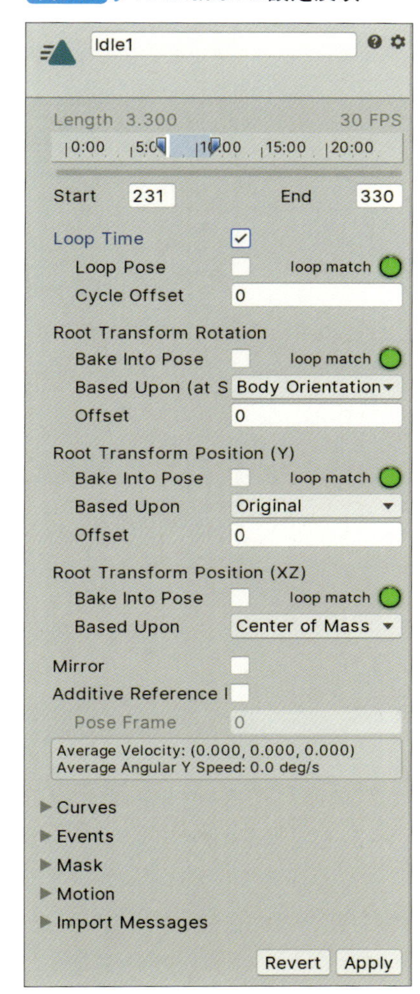

Animator Controllerをセットする

作成したAnimator Controllerをクエリちゃんにセットします。HierarchyウインドウでQuery-Chan-SDの中にあるSD_QUERY_01を選択します。Inspectorウインドウを見ると、Animatorコンポーネントがアタッチされています。このAnimatorコンポーネントは、Animator ControllerとAvater(キャラクターのRig)を紐付ける役割を果たします。

デフォルトではAnimator Controllerに「QueryChanSDAnimController」が選択された状態になっています。これを先ほど作成した「PlayerAnimatorController」に変更しましょう。

図6.45 ▶ Animator Controllerを変更

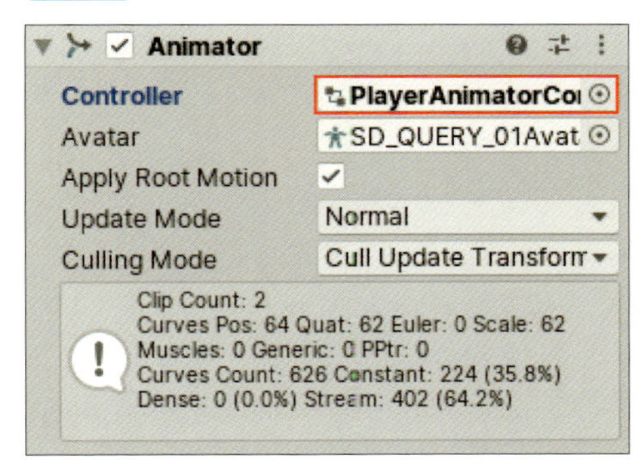

6-6-4　スクリプトからアニメーションを切り替える

アニメーション周りの設定が一通り完了したので、スクリプトからアニメーションを切り替えてみましょう。

Animator Controllerのステートは、「MoveSpeed」の値によって変化しました。これでスクリプトから「MoveSpeed」パラメータに値をセットすれば、アニメーションが切り替わります。Projectウインドウから PlayerControllerを開き、リスト6.5の内容を追記します。

リスト6.5 ▶ アニメーションが切り替え設定を追記(PlayerController.cs)

```
略
public class PlayerController : MonoBehaviour
{
    [SerializeField] private Animator animator;
    略
    private void Update() {
        略
        移動スピードをanimatorに反映
        animator.SetFloat("MoveSpeed", new Vector3(_moveVelocity.x, 0, _
moveVelocity.z).magnitude);
    }
}
```

追記したあとにHierarchyウインドウでQuery-Chan-SDを選択すると、Inspectorウインドウの PlayerControllerコンポーネントに「Animator」欄が増えています。こちらにQuery-Chan-SD内にあるAnimatorがアタッチされたオブジェクト「SD_QUERY_0」をドラッグ＆ドロップすれば作業完了です。

ゲームを再生すると、キャラクターがアニメーションするようになりました。

図6.46 ▶ Player Controllerの設定変更

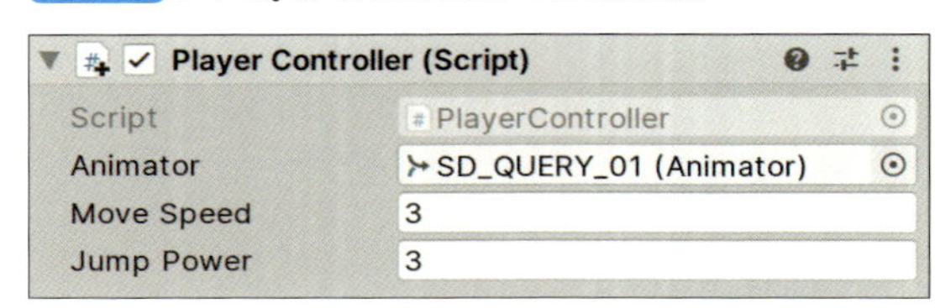

Chapter 7

敵キャラクターを作って動きをつけよう

アクションゲームといえば、プレイヤーを邪魔してくる敵キャラクターが必要です。本章では、敵キャラクターを作りながらゲームオブジェクトを自動で動かす方法を学んでいきましょう。

敵キャラクターがプレイヤーを追いかけるようにしよう

ここでは、敵キャラクターを Asset Store からインポートし、プレイヤーを追いかける動きをつけてみましょう。

7-1-1　敵キャラクターのインポート

まずAsset Storeから敵キャラクターをインポートします。本書ではクエリちゃんにマッチする、かわいい敵キャラクターの3Dモデルを使うことにします。

「Window」→「Asset Store」を選択し、Asset Storeを開きます。画面上部の検索ボックスに「level 1」と入力すると、結果にLevel 1 Monster Packが表示されます。「Download」ボタンの次に「Import」ボタンをクリックし、Import Unity Packageウインドウで「Import」ボタンをクリックすると、Assetが取り込まれます。

Level 1 Monster Packは、かわいい敵キャラクターの3Dモデルとアニメーションが同梱された無料Assetです。

図7.1 ▶ Level 1 Monster Packのインポート

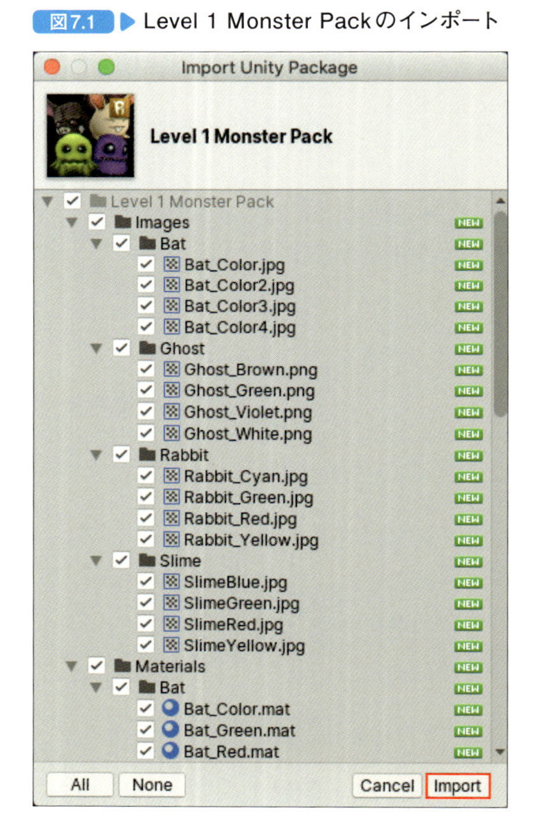

7-1-2 追いかけるのは意外と難しい

敵キャラクターにプレイヤーキャラクターを追いかけさせるにあたって、真っ先に浮かんでくる方法は「プレイヤーの方向に向かって敵キャラクターを移動させること」ではないでしょうか。

しかし、この方法には問題があります。プレイヤーとの間に何も無ければよいのですが、途中に段差や障害物があると敵キャラクターはそこで詰まってしまいます。3Dゲームの黎明期であればまだしも、できればもう少しスマートに移動させたいところです。

そんなときに使えるのが、目標地点までの経路探索を行うNavMeshという仕組みです。

7-1-3 NavMeshの仕組み

最初に、NavMeshの仕組みを簡単に知っておきましょう。

NavMeshでは動かすキャラクター(NavMeshではエージェントと呼びます)の大きさや登れる角度をあらかじめ決めておき、それを元にエージェントが動ける範囲(ポリゴンと呼びます)を事前に計算しておきます。この計算をベイクといいます。

NavMesh上でゲームオブジェクトを動かすときは、Navmesh Agentコンポーネントを使います。Navmesh Agentコンポーネントに目標地点を指定することで、ベイクしたポリゴンを通って目標地点を目指します。途中にある障害物は、あらかじめベイク時に「通れない場所」として計算されているので、障害物を避けつつ移動してくれます。

ちなみに、目標地点にたどり着けない場合は、目標地点にできるだけ近づいてから停止します。

7

7-1-4 NavMeshをベイクする

NavMeshをベイクするには、「Window」→「AI」→「Navigation」を選択してNavigationウインドウを開き、Bakeタブを選択します。

図7.2 ▶ Bakeの設定

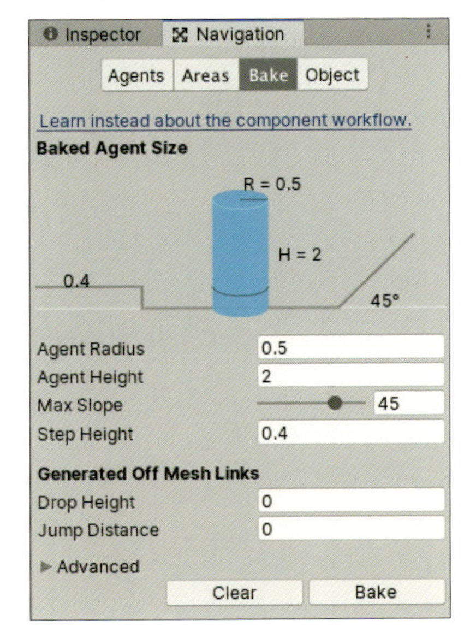

最初にBaked Agent Sizeを指定します。今回は初期値のまま進めていきますが、表7.1に各パラメータの内容を記載しています。

表7.1 ▶ Baked Agent Sizeの設定

項目	説明
Agent Radius	エージェントの半径
Agent Height	エージェントの高さ
Max Slope	エージェントが登れる坂道の最大角度
Step Height	階段など、エージェントが超えられる段差の最大値

準備ができたら「Bake」ボタンをクリックします（マシン性能によってはかなりの時間が必要です）。少し待つとベイクが完了し、移動可能な範囲が青色で表示されます。

図7.3 ▶ Bake実行中の様子

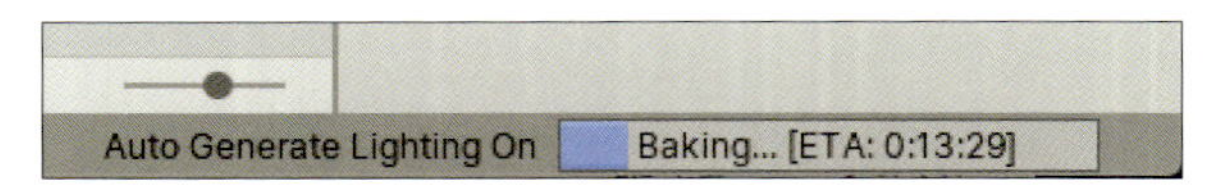

図7.4 ▶ 移動可能な範囲が青色で表示される

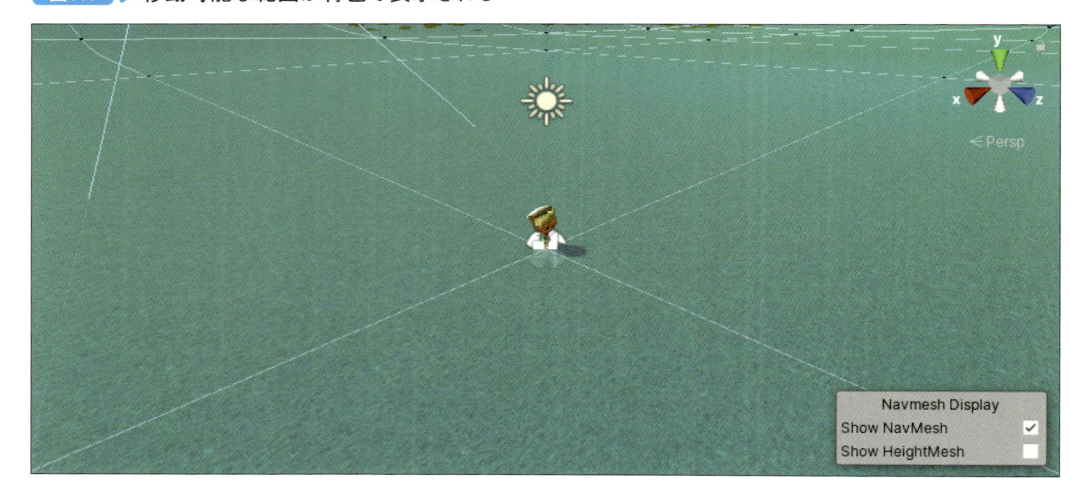

7-1-5 敵キャラクターにプレイヤーを追跡させる

7-1-4では、NavMeshのベイクを行うことでキャラクターが動ける範囲を計算しました。これを使って敵キャラクターを移動させてみましょう。

敵モデルの配置

敵モデルとして、7-1-1でインポートしたLevel 1 Monter Packに入っている緑色のスライムを使ってみます。

Projectウインドウで「Level 1 Monster Pack」－「Prefabs」の下にあるSlimeフォルダを開き、Slime_GreenをSceneビューにドラッグ&ドロップします。場所はクエリちゃんの近くに配置します。

デフォルトではサイズが小さ過ぎるため、HierarchyウインドウでSlime_Greenの下にあるRIGを選択し、InspectorウインドウのTransformコンポーネントのScaleで、Xを「30」、Yを「30」、Zを「30」に変更しておきます。

図7.5 ▶ 敵キャラクターの配置

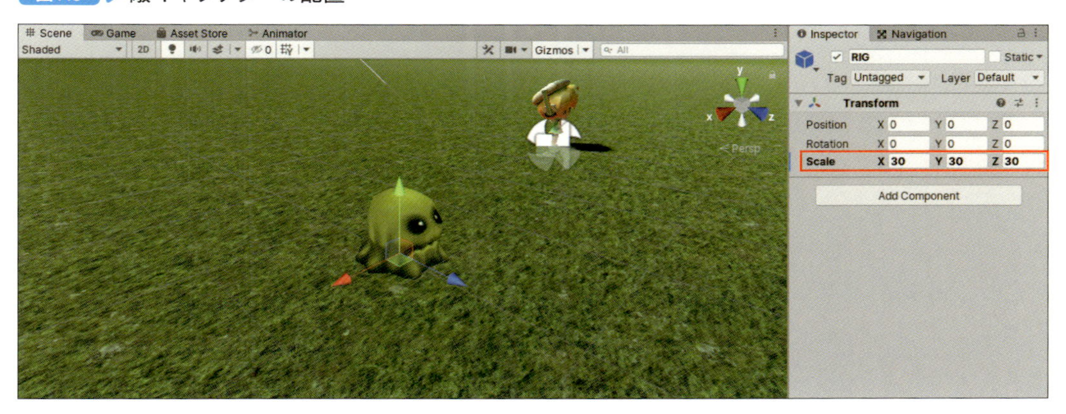

また、モバイル用のShaderで影が表示されなくなっていますので、クエリちゃん(6-2-2参照)と同様に、Hierarchyウインドウで「Slime_Green」－「MESH」の下のSlimeLevel 1を選択し、InspectorウインドウのSlime_GreenでShaderを「Standard」に変更しておきます。

NavMeshAgentのアタッチ

NavMesh上でゲームオブジェクトを動かすためには、ゲームオブジェクトにNavMeshAgentをアタッチする必要があります。Hierarchyウインドウで Slime_Green を選択し、Inspectorウインドウで「Add Component」ボタンをクリックして検索ボックスで「NavMesh」と入力し、NavMeshAgentコンポーネントを追加します。

図7.6 ▶ Nav Mesh Agentコンポーネント

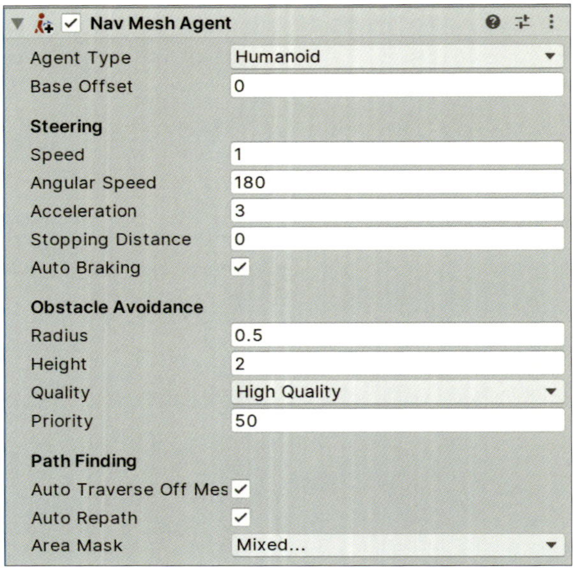

Nav Mesh Agent	
Agent Type	Humanoid
Base Offset	0
Steering	
Speed	1
Angular Speed	180
Acceleration	3
Stopping Distance	0
Auto Braking	✓
Obstacle Avoidance	
Radius	0.5
Height	2
Quality	High Quality
Priority	50
Path Finding	
Auto Traverse Off Mes	✓
Auto Repath	✓
Area Mask	Mixed...

NavMeshAgentコンポーネントのSteeringでは、対象キャラクターの移動速度などが設定可能です。スライムは移動を遅くしたいので、Speed（移動速度）を「1」、Angular Speed（回転速度）を「180」、Acceleration（加速度）を「3」に変更します。

Obstacle Avoidanceでは、障害物を回避する設定が可能です。障害物の回避に使うエージェントのサイズや回避の精度などを指定します。ここではデフォルトのままで進めます。

Path Findingでは経路探索のための設定が可能です。離れたNavMesh同士をつなぐリンク（OffMeshLink）を自動で超えさせたり、Area Maskを利用してキャラクターごとに移動可能エリアを変更できます。

次にSlime_Greenに目的地を指定するスクリプトを書きます。名前は「EnemyMove.cs」とします（リスト7.1）。

リスト7.1 ▶ 目的地を指定するスクリプト(EnemyMove.cs)

```
using UnityEngine;
using UnityEngine.AI;

[RequireComponent(typeof(NavMeshAgent))]
public class EnemyMove : MonoBehaviour
{
```

続く

```
    [SerializeField] private PlayerController playerController;
    private NavMeshAgent _agent;

    private void Start()
    {
        _agent = GetComponent<NavMeshAgent>(); NavMeshAgentを保持しておく
    }

    private void Update()
    {
        _agent.destination = playerController.transform.position;
        クエリちゃんを目指して進む
    }
}
```


作成したEnemyMove.csをSlime_Greenにアタッチし、InspectorウインドウのEnemyMoveコンポーネントにあるPlayer Controllerのプロパティに「Query-Chan-SD」を設定すれば準備完了です。

図7.7 ▶ EnemyMove.csのPlayerControllerにQuery-Chan-SDを紐付け

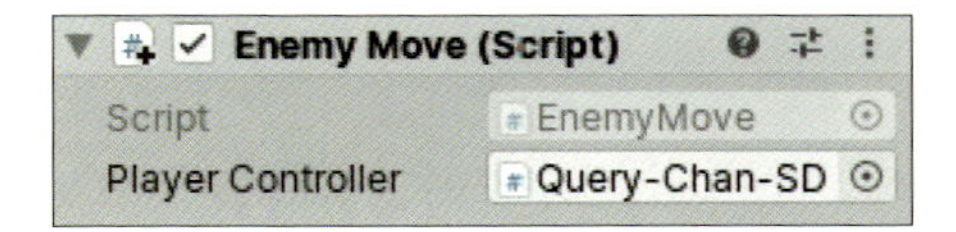

ゲームを再生すると、スライムがクエリちゃんをゆっくりと追いかけてくることが確認できます。

コラム NavMeshを使いこなそう(その1)

NavMeshはゲーム実行前にベイクして移動可能な範囲を計算しますが、「イベントで開閉するドア」などゲーム中に変化する障害物をNavMeshに即時反映させることも可能です。実装方法は簡単で、障害物にNavMeshObstacleコンポーネントをアタッチしてCarveプロパティにチェックをつけるだけで、障害物として機能するようになります。

ちなみに、NavMeshAgentはNavMesh上でゲームオブジェクトを動かすためのもので、自由自在に動く足場を飛び回るようなキャラクターの制御には向いていません。NavMesh上のワープポイントや崖を飛び降りるなどの動作は、OffMeshLinkを利用すれば実現できますので活用しましょう。

一定範囲に入ると襲ってくるようにしよう

現時点ではプレイヤーと敵キャラクターがどれだけ離れていても、敵がプレイヤーを追いかける状態になっています。敵キャラクターの一定範囲内にプレイヤーが入った場合のみ、敵キャラクターがプレイヤーを追いかけるようにしてみましょう。

7-2-1　オブジェクトにタグをつける

ゲームオブジェクトにタグをつけることで、スクリプトから「そのゲームオブジェクトがどのようなものであるか」を判定しやすくなります。今回はプレイヤーキャラクターかどうかの判定を行うために、Query-Chan-SDにPlayerタグをつけてみましょう。

Hierarchyウインドウで Query-Chan-SDを選択し、Inspectorウインドウ上部にあるTagのプルダウンをクリックします。Tagはデフォルトの状態でいくつか準備されていますので、

今回はこの中から「Player」を選択すると、オブジェクトにTagが紐付けられます。なお、プルダウン最下部の「Add Tags...」から新しいTagを追加することもできます。

図7.8 ▶ Tagの設定

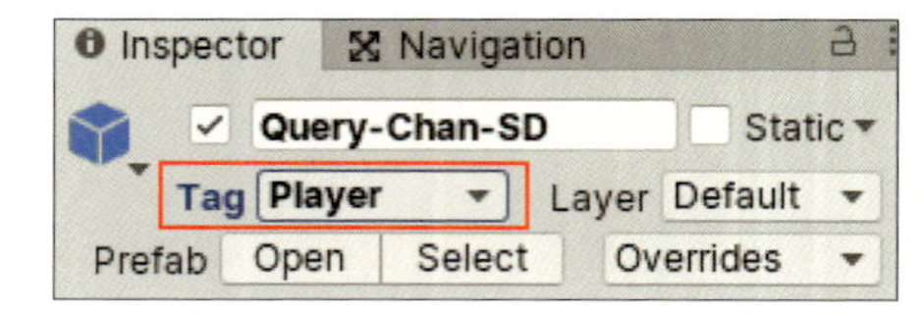

7-2-2　検知のためのColliderをセットする

一定範囲に入ったことを検知するためには、Colliderを使用します。まずはColiderをアタッチするために、HierarchyウインドウのSlime_Green上で右クリックして「Create Empty」を選択し、空っぽの子オブジェクトを作成します。名前は「CollisionDetector」としておきましょう。

CollisionDetectorにSphere Colliderをアタッチし、Is Triggerにチェックをつけます。Radiusは適当でかまいませんが、今回は「4」にしてみました。

図7.9 ▶ CollisionDetectorに Sphere Colliderをアタッチ

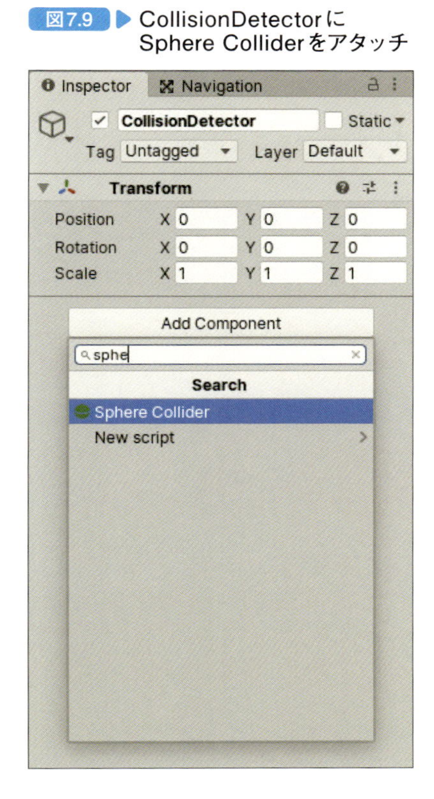

デフォルトの状態ではCollider同士がぶつかると跳ね返りますが、Is Triggerにチェックをつけることによって、Collider同士がぶつかってもすり抜けるようになり、衝突判定だけが実行されるようになります。これを利用して、範囲内に入ったかどうかを判定します。

図7.10 ▶ Sphere Colliderの設定

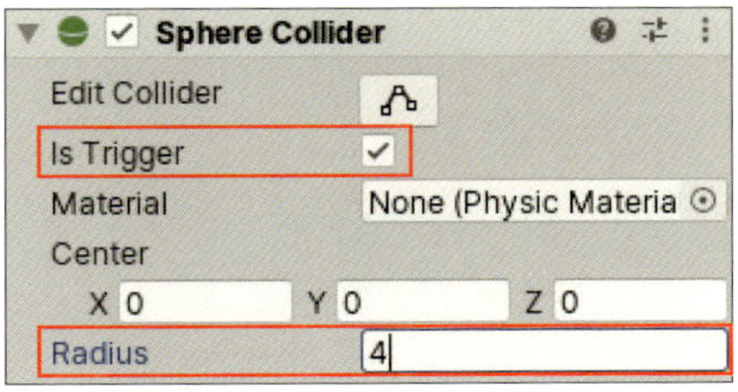

この判定方法は、「攻撃が当たったどうか」や「ゴールにたどり着いたか」など、さまざまな場面で使用できるので覚えておきましょう。

7-2-3　衝突検知用の汎用スクリプトを作る

今回はCollisionDetectorで衝突を検知したら、親オブジェクトであるSlime_GreenのEnemyMoveスクリプトに対して衝突したことを伝えるようにします。

このように、子オブジェクトから親オブジェクトに対して衝突の検知を伝えたいケースはよくあります。Unityで作ったスクリプトは他のプロジェクトでも流用できますので、よく使う処理は汎用化して使い回すのがおすすめです。

試しに「IkinokoBattle」の下のScriptsフォルダに、衝突したことを任意のオブジェクトに伝える汎用的なスクリプトを作成してみます（リスト7.2）。

リスト7.2 ▶ 衝突検知用の汎用スクリプト(CollisionDetector.cs)

```
using System;
using UnityEngine;
using UnityEngine.Events;

[RequireComponent(typeof(Collider))]
public class CollisionDetector : MonoBehaviour
{
    [SerializeField] private TriggerEvent onTriggerStay = new TriggerEvent();

    /// <summary>
    /// Is TriggerがONで他のColliderと重なっているときは、このメソッドが常にコール
される
    /// </summary>
    /// <param name="other"></param>
    private void OnTriggerStay(Collider other)
    {
        onTriggerStayで指定された処理を実行する
        onTriggerStay.Invoke(other);
    }

    UnityEventを継承したクラスに[Serializable]属性を付与することで、Inspectorウインドウ上に表示
    できるようになる。
    [Serializable]
    public class TriggerEvent : UnityEvent<Collider>
    {
    }
}
```

UnityEventを使用することで、Inspectorウインドウ上から「任意のタイミングで呼び出したいメソッド」を指定できるようになります。

今回のスクリプトでは、CollisionDetectorと別のColliderが重なっているときにonTriggerStayで指定したメソッドを呼び出し、重なったColliderのインスタンスを渡すよう実装しています。

この書き方であればonTriggerStayで実行されるメソッドをInspectorウインドウ上から設定できますので、CollisionDetectorの衝突判定の結果を、任意のオブジェクトの任意のメソッドで受け取れるようになりました。

なお、ColliderコンポーネントのIs Triggerがオンのときに衝突が発生すると「OnTrigger○○()」メソッドが呼ばれ、Is Triggerがオフのときは「OnCollision○○()」メソッドが呼ばれます（衝突開始時に呼ばれるものや衝突終了時によばれるものなど、メソッドはそれぞれ数種類ずつあります）。公式スクリプトリファレンスのMonoBehaviourのページに、メソッドの種類と呼び出される条件が記載されていますので、参照してみてください。MonoBehaviourはメソッドの種類が多いので、「OnCollision」や「OnTrigger」でページ内検索すると簡単に見つけられます。

・MonoBehaviour
　https://docs.unity3d.com/ja/current/ScriptReference/MonoBehaviour.html

次にEnemyMoveスクリプトに衝突を検知したときに実行するメソッドを準備しましょう。EnemyMove.csを開き、リスト7.3のように書き換えます。リスト7.3で「//」を使ってコメントアウトしている部分は、消してしまってかまいません。わかりづらい場合は、サンプルファイルの Scripts/7-2-3/EnemyMove.cs を参考にしてください。

リスト7.3 ▶ リスト7.1（EnemyMove.cs）の書き換え

```
略
public class EnemyMove : MonoBehaviour
{
常にプレイヤーを追いかける処理は不要になったので消す
//    [SerializeField] private PlayerController playerController;
      略

常にプレイヤーを追いかける処理は不要になったので消す
//     private void Update()
//     {
//         _agent.destination = playerController.transform.position;
//     }

    CollisionDetectorのonTriggerStayにセットし、衝突判定を受け取るメソッド
    public void OnDetectObject(Collider collider)
    {
        検知したオブジェクトに「Player」のタグがついていれば、そのオブジェクトを追いかける
        if (collider.CompareTag("Player"))
        {
            _agent.destination = collider.transform.position;
        }
    }
}
```

続いて、追加したOnDetectObjectメソッドが呼ばれるようにします。Hierarchyウインドウでslime_Greenの中にあるCollisionDetectorを選択し、InspectorウインドウでにCollisionDetectorスクリプトをアタッチし、On Trigger Stayの下にある＋ボタンをクリックします。

On Trigger Stayに対して「どのオブジェクトの、どのコンポーネントにある、どのメソッドを紐付けるか」を指定する入力欄が現れますので、Slime_Greenオブジェクトを左側の枠にドラッグ＆ドロップし、右側のプルダウンではEnemyMoveスクリプトのOnDetectObjectメソッドを選択します。

なお、メソッド一覧には「Dynamic Collider」と「Static Parameter」があり、OnDetectObjectメソッドが1つずつ含まれています。前者は衝突したColliderを引数で渡してくれるのに対し、後者は任意のColliderを指定する仕組みになっています。今回は衝突したColliderを使いたいので、「Dynamic Collider」のOnDetectObjectメソッドを選択してください。

図7.11 ▶ 実行するメソッドの選択

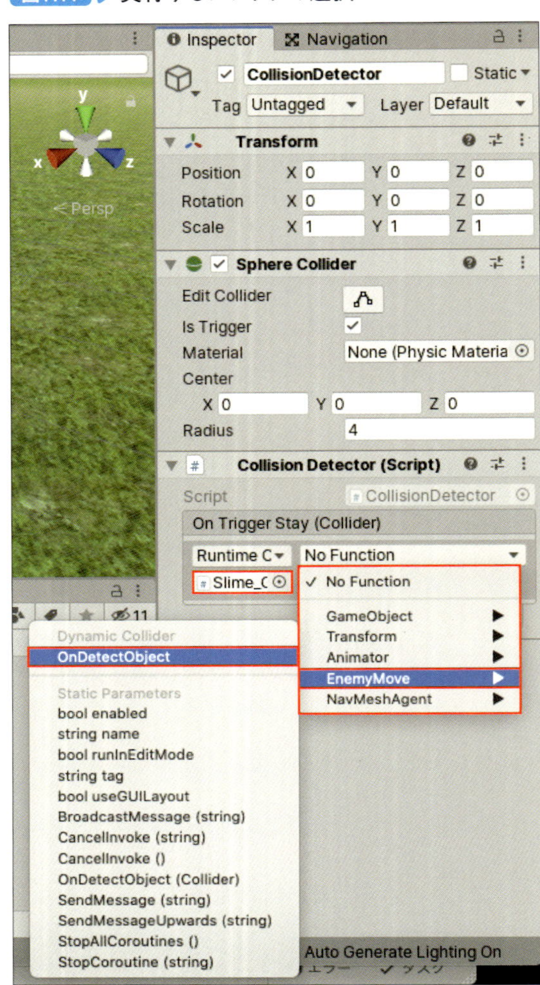

これで設定が完了しました。ゲームを実行すると、クエリちゃんが近づいたときだけ、敵キャラクターが追いかけてくるようになりました。スクリプトに少し手を加えれば「追いかけたあと、元の場所に戻る」といった処理にすることもできます。

図7.12 ▶ On Trigger Stayの設定

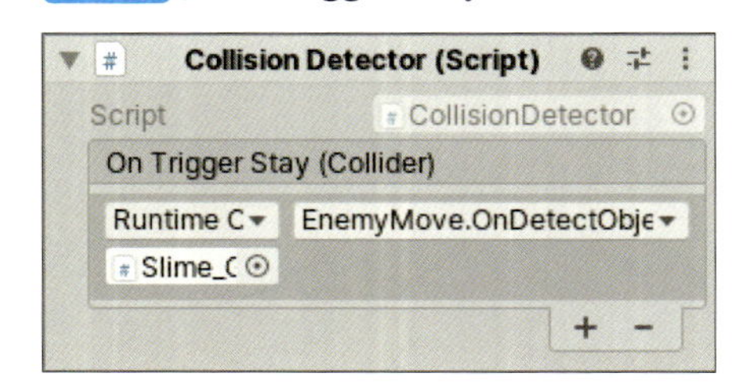

7-3 視界に入ると襲ってくるようにしよう

プレイヤーと敵キャラクターとの間に障害物がある場合、敵キャラクターがプレイヤーを見失うようにしてみましょう。

7-3-1 Raycastとは

2つのゲームオブジェクトの間に障害物があるかどうかをチェックするには、Raycastが便利です。Raycastとは、任意の座標から指定した方向に対して、指定した長さのRay（見えないビームのようなもの）を放ち、Rayが衝突したオブジェクト（Collider）を取得する処理です。

7-3-2 敵キャラクターからプレイヤーにRaycastする

プレイヤーが敵キャラクターに近づいたときの処理にRaycastによる障害物の検知処理を追加してみましょう（リスト7.4）。

リスト7.4 ▶ EnemyMove.csの書き換え

```
略
public class EnemyMove : MonoBehaviour
{
    略

    private RaycastHit[] _raycastHits = new RaycastHit[10];

    略

    public void OnDetectObject(Collider collider)
    {
        検知したオブジェクトに「Player」のタグがついていれば、そのオブジェクトを追いかける
        if (collider.CompareTag("Player"))
        {
            var positionDiff = collider.transform.position - transform.
position; 自身とプレイヤーの座標差分を計算
            var distance = positionDiff.magnitude; プレイヤーとの距離を計算
```

続く

```
            var direction = positionDiff.normalized; プレイヤーへの方向

            raycastHitsに、ヒットしたColliderや座標情報などが格納される
            RaycastAllとRaycastNonAllocは同等の機能だが、RaycastNonAllocだとメモリにゴミが残
            らないのでこちらを推奨
            var hitCount = Physics.RaycastNonAlloc(transform.position,
direction, _raycastHits, distance);
            Debug.Log("hitCount: " + hitCount);
            if (hitCount == 0)
            {
                本作のプレイヤーはCharacterControllerを使っていて、Colliderは使っていないので
                Raycastはヒットしない
                つまり、ヒット数が0であればプレイヤーとの間に障害物が無いということになる
                _agent.isStopped = false;
                _agent.destination = collider.transform.position;
            }
            else
            {
                見失ったら停止する
                _agent.isStopped = true;
            }
        }
    }
}
```

ちなみにRaycastで検知したオブジェクトはRaycastHit[]の配列に格納されますが、格納されたオブジェクトの順番は、対象との距離とは関係が無いので注意しましょう(つまり、配列の最初の要素がRay発射地点から一番近くにあるとは限りません)。

7-3-3　障害物を設定する

Hierarchyウインドウで右クリックして「3D Object」→「Cube」で立方体を作成し、それを障害物にします。InspectorウインドウのTransformコンポーネントのScaleで、Xを「3」、Yを「2」、Zを「0.5」に変更します。Cubeには最初からBox Colliderがアタッチされていますので、そのまま使用します。

図7.13 ▶ 障害物の配置

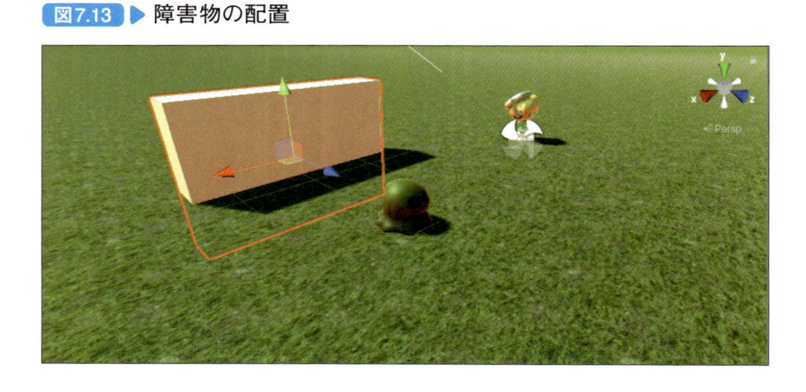

障害物をNavMeshに反映するには、Navigation Staticの設定が必要です。作成したCubeを選択した状態でInspectorウインドウ右上の「Static」と表示されている部分のプルダウンから「Navigation Static」を選択します。

図7.14 ▶ Navigation Staticの選択

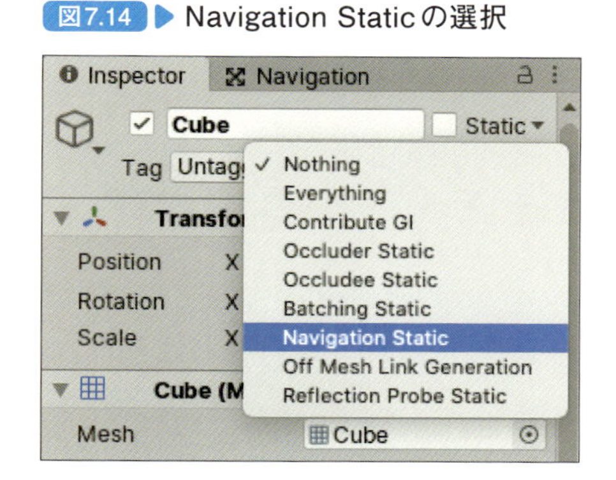

敵にも当たり判定があった方が良いので、Slime_GreenにもCapsule Colliderをアタッチしておきましょう。Colliderの高さを低く設定しすぎるとプレイヤーが敵を乗り越えてしまいます。InspectorウインドウのCapsule Colliderコンポーネントで CenterのYを「1」、Radiusを「0.3」、Heightを「2」に変更しておきます。

図7.15 ▶ 敵へCapsule Colliderをアタッチ

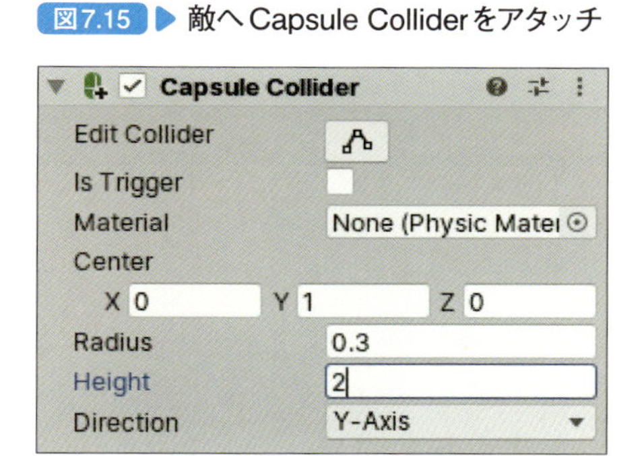

最後に、「Window」→「AI」→「Navigation」を選択し、Navigationウインドウを開きます。Bakeタブを選択し、「Bake」ボタンをクリックしてベイクするのを忘れないようにしてください（マシン性能によってはかなりの時間が必要です）。

図7.16 ▶ NavMeshのベイク完了後画面

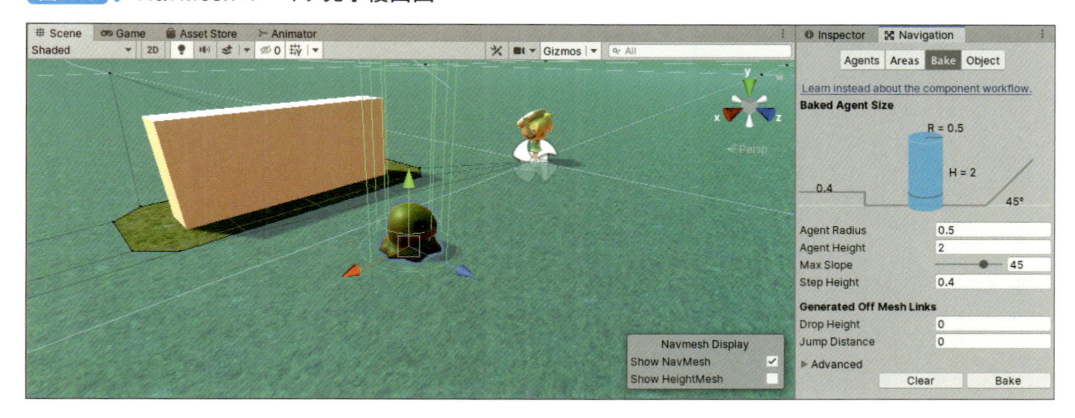

ゲームを実行すると、クエリちゃんが障害物に隠れたときは敵が追いかけてこなくなるのが確認できます。

コラム NavMeshを使いこなそう(その2)

NavMeshには他にも便利な機能があります。

・NavMeshをエリア分けする

NavMeshにはエリア分けの機能があり、各エリアには「コスト」を設定することができます。コストは移動経路の計算に影響します。たとえば、目標地点にたどり着くためにA(コスト1)・B(コスト5)のどちらかを通る必要があるとします。このとき、AIは移動距離*コストの計算を行い、合計コストが最も低いルートを選択します。この場合、AのルートがBのルートと比べて5倍以上長い場合のみ、Bが選択されることになります。これを利用すれば、たとえば「沼地は歩きづらいので、よほど近道になるときしか通ろうとしない」といった制御が可能です。また、NavMeshAgentでエリアのフィルタリングを行うことも可能です。これを使えば、たとえば「水が苦手なモンスターは浅瀬を通らない」といった制御をすることが可能です。

・NavMeshComponentsで動的にベイクする

実はUnityエディタに同梱されているNavMeshは基本的なもので、NavMeshの機能をさらに拡張する「NavMeshComponents」があります。デフォルトの状態ではNavMeshはあらかじめベイクしておく必要がありますが、NavMeshComponentsを使うとゲームの実行中にベイクすることが可能になりますので、シーンの途中で移動できる場所が広がるような場合に活躍します。NavMeshComponentsはGithubからダウンロード可能です。

https://github.com/Unity-Technologies/NavMeshComponents

敵キャラクターに攻撃させてみよう

次は敵キャラクターが攻撃してくるようにしてみましょう。

7-4-1　アニメーションの設定

今回使用しているスライムの3Dモデルには、攻撃や被ダメージ時ののけぞりなど、各種アニメーションが同梱されています。AnimatorControllerを作成して、スクリプトからアニメーションを制御できるようにしましょう。

Projectウインドウの「IkinokoBattle」－「Animations」フォルダで右クリックし、「Create」→「Animator Controller」を選択してAnimatorControllerを作成します。名前は「SlimeAnimatorController」とします。

HierarchyウインドウでSlime_Greenを選択し、InspectorウインドウのAnimatorコンポーネントにあるControllerに、作成したSlimeAnimatorControllerをドロップします。

図7.17 ▶ AnimationControllerの追加

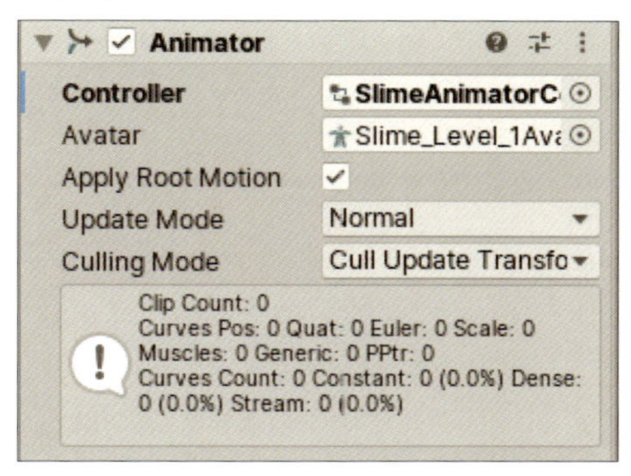

クエリちゃんのとき（6-6-3参照）と同様の手順で、SlimeAnimatorControllerにIdleとMoveのEntityを作成し、Transitionで繋ぎます。IdleとMove間のConditionsも、クエリちゃんと同じくMoveSpeedを使って設定しておきましょう。

IdleのInspectorウインドウのMotionを「slime_idle」に変更し、MoveのMotionを「slime_move」に変更します。Transitionで繋ぐところについては6-6と同様に設定します。

図7.18 ▶ Idle Entityの設定

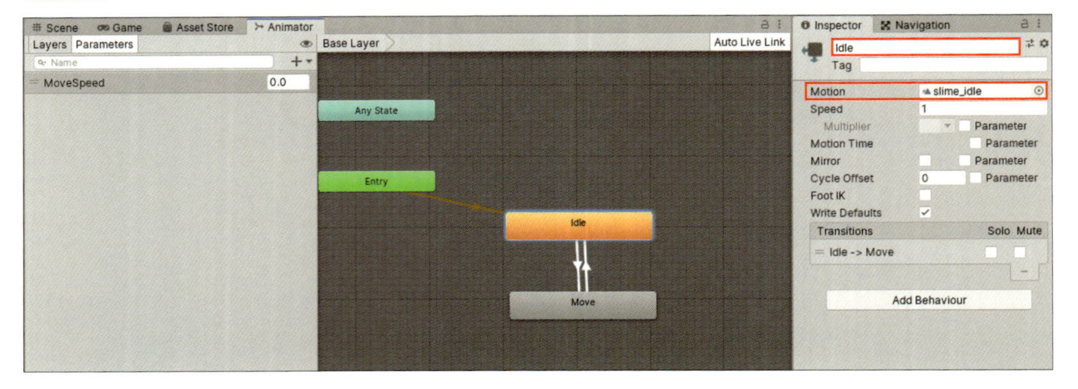

図7.19 ▶ Move Entityの設定

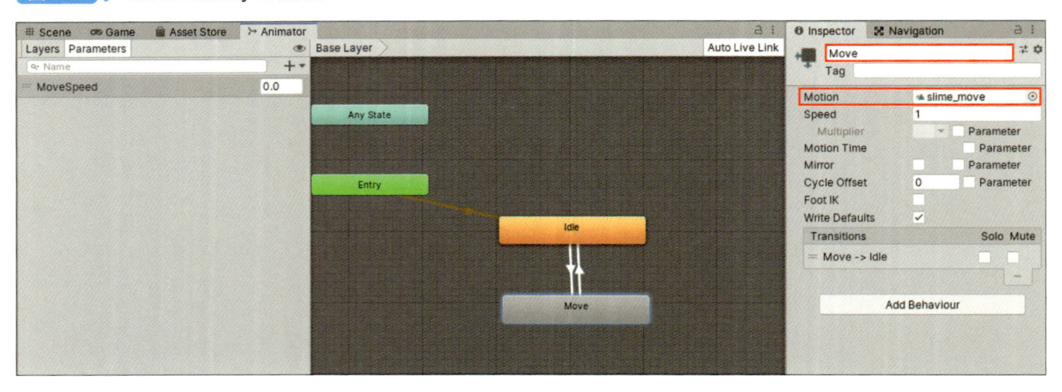

図7.20 ▶ Transition(Idle -> Move)

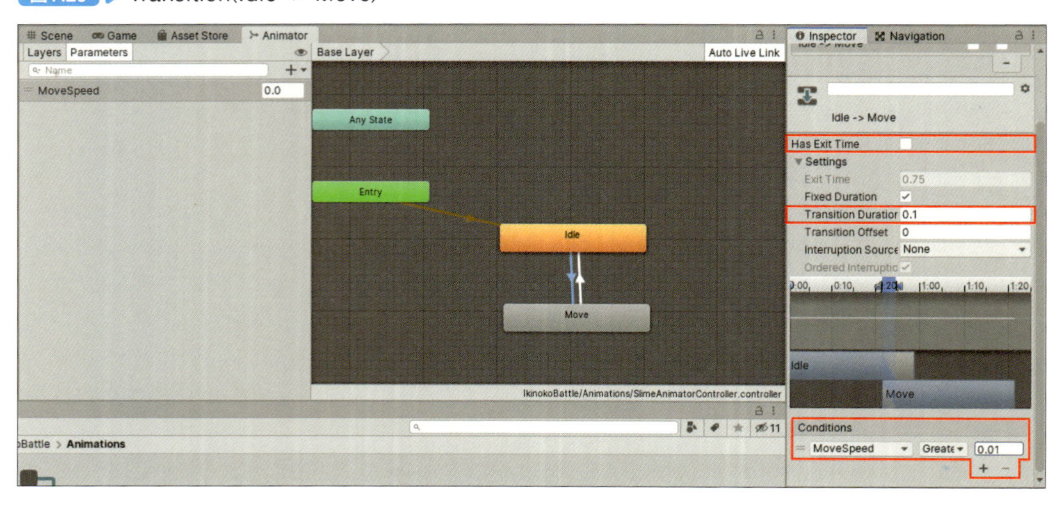

図7.21 ▶ Transition(Move -> Idle) の設定

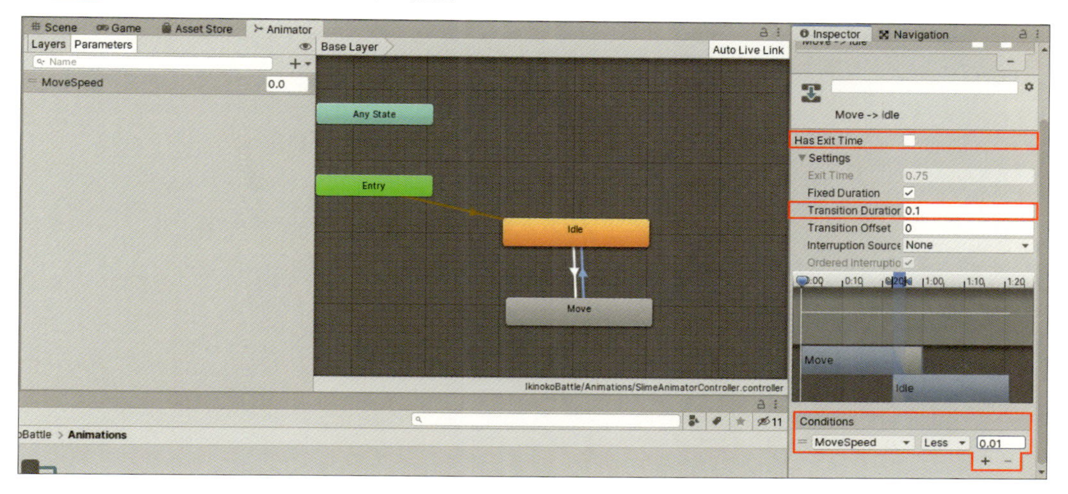

攻撃と死亡モーションの設定として、Attack（攻撃）とDie（死亡）のEntityを作成し、それぞれAny StateからTransitionを繋ぎます。これによって、IdleやMoveなど、他のどのステートからでもAttackとDieに遷移できるようになります。

次にAttackを選択し、InspectorウインドウのMotionからslime_attackを紐付けます。同じくDieを選択し、IrspectorウインドウのMotionからslime_dieを紐づけます。

図7.22 ▶ AttackとDieの作成後

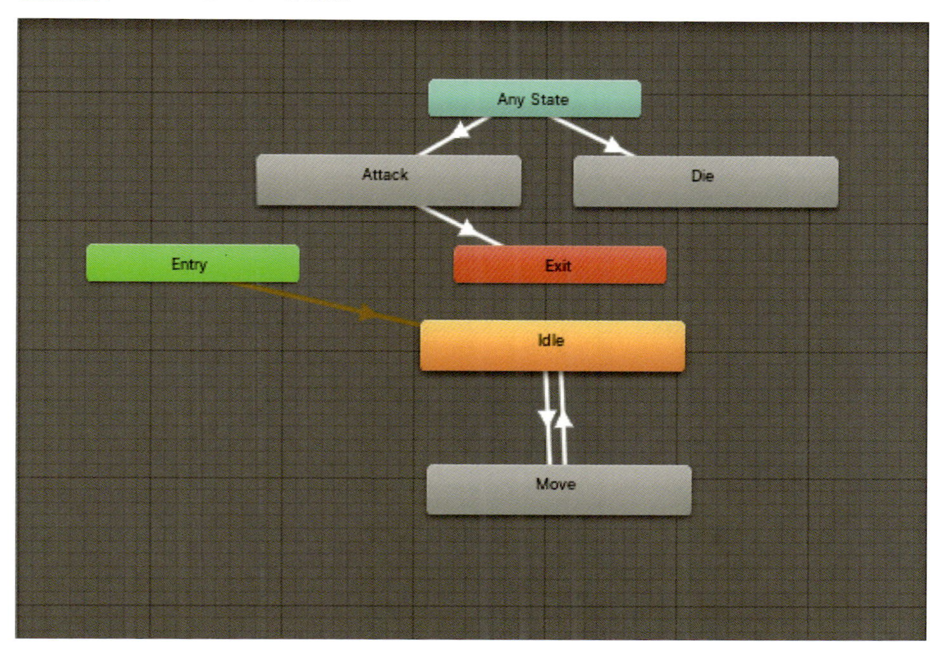

Dieは再生後そのまま停止して問題ありませんが、Attackは再生したら他のアニメーションに遷移させる必要がありますので、AttackからExitにもTransitionを繋ぎます。

続いて、Animatorウインドウで「Parameters」を選択して「Attack」と「Die」の2つのTriggerを作成します。

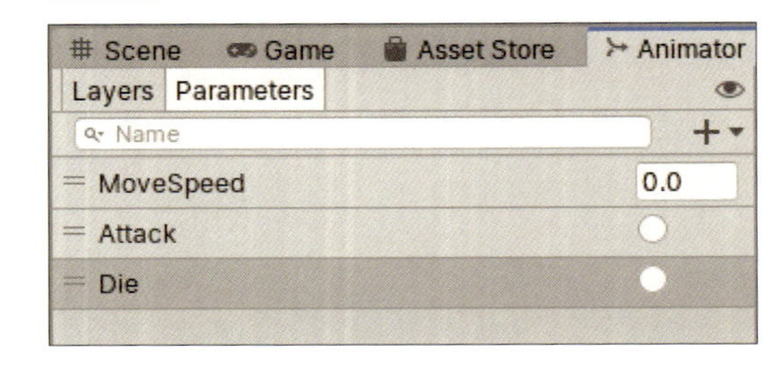

図7.23 ▶ Parametersの作成

Triggerは、trueにしたあと自動的にfalseに戻るパラメータですので、AttackやDieのように1回だけ再生するアニメーションに向いています。

「Any State -> Attack」のTransitionのConditionsに「Attack」、「Any State -> Die」のTransitionのConditionsに「Die」を割り当てます。

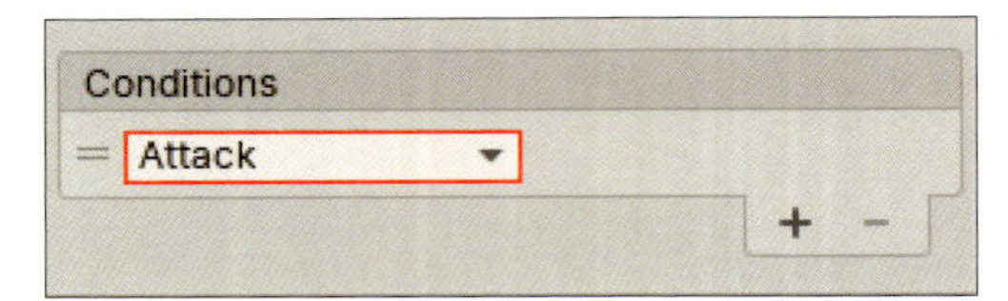

図7.24 ▶ AttackのConditions

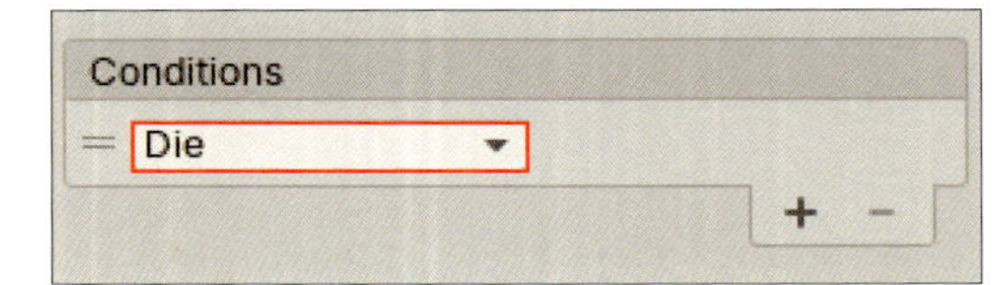

図7.25 ▶ DieのConditions

なお、AttackからExitへはアニメーションの再生終了後自動で遷移しますので、Conditionsは必要ありません。

7-4-2　スクリプトを書く

この後PlayerとEnemyのどちらも攻撃・移動・死亡モーションを持たせる予定ですので、処理を共通化しつつスクリプトを組みます。EnemyMoveをリスト7.5～リスト7.8のように書き換えると共に、新しくいくつかのスクリプトを作成します。

リスト7.5 ▶ EnemyMove.csの書き換え

```
略
[RequireComponent(typeof(NavMeshAgent))]
[RequireComponent(typeof(EnemyStatus))]
public class EnemyMove : MonoBehaviour
{
    private NavMeshAgent _agent;
    private RaycastHit[] _raycastHits = new RaycastHit[10];
```

続く

```
    private EnemyStatus _status;

    private void Start()
    {
        _agent = GetComponent<NavMeshAgent>(); NavMeshAgentを保持しておく
        _status = GetComponent<EnemyStatus>();
    }

    CollisionDetectorのonTriggerStayにセットし、衝突判定を受け取るメソッド
    public void OnDetectObject(Collider collider)
    {
        if (!_status.IsMovable)
        {
            _agent.isStopped = true;
            return;
        }

        検知したオブジェクトに「Player」のタグがついていれば、そのオブジェクトを追いかける
略
```

リスト7.6 ▶ 動くオブジェクトの状態管理スクリプト(MobStatus.cs)

```
using UnityEngine;

Mob(動くオブジェクト、MovingObjectの略)の状態管理スクリプト
public abstract class MobStatus : MonoBehaviour
{

    状態の定義
    protected enum StateEnum
    {
        Normal, 通常
        Attack, 攻撃中
        Die 死亡
    }

    移動可能かどうか
    public bool IsMovable => StateEnum.Normal == _state;

    攻撃可能かどうか
    public bool IsAttackable => StateEnum.Normal == _state;

    ライフ最大値を返します
    public float LifeMax => lifeMax;
```

続く

```
    ライフの値を返します
    public float Life => _life;

    [SerializeField] private float lifeMax = 10; ライフ最大値
    protected Animator _animator;
    protected StateEnum _state = StateEnum.Normal; Mob状態
    private float _life; 現在のライフ値(ヒットポイント)

    protected virtual void Start()
    {
        _life = lifeMax; 初期状態はライフ満タン
        _animator = GetComponentInChildren<Animator>();
    }

    キャラクターが倒れた時の処理を記述します
    protected virtual void OnDie()
    {
    }

    指定値のダメージを受けます
    /// <param name="damage"></param>
    public void Damage(int damage)
    {
        if (_state == StateEnum.Die) return;

        _life -= damage;
        if (_life > 0) return;

        _state = StateEnum.Die;
        _animator.SetTrigger("Die");

        OnDie();
    }

    可能であれば攻撃中の状態に遷移します
    public void GoToAttackStateIfPossible()
    {
        if (!IsAttackable) return;

        _state = StateEnum.Attack;
        _animator.SetTrigger("Attack");
    }

    可能であればNormalの状態に遷移します
    public void GoToNormalStateIfPossible()
    {
        if (_state == StateEnum.Die) return;
```

続く

```
        _state = StateEnum.Normal;
    }
}
```

リスト7.7 ▶ 敵の状態管理スクリプト(EnemyStatus.cs)

```
using System.Collections;
using UnityEngine;
using UnityEngine.AI;

敵の状態管理スクリプト
[RequireComponent(typeof(NavMeshAgent))]
public class EnemyStatus : MobStatus
{
    private NavMeshAgent _agent;

    protected override void Start()
    {
        base.Start();

        _agent = GetComponent<NavMeshAgent>();
    }

    private void Update()
    {
        NavMeshAgentのvelocityで移動速度のベクトルが取得できる
        _animator.SetFloat("MoveSpeed", _agent.velocity.magnitude);
    }

    protected override void OnDie()
    {
        base.OnDie();
        StartCoroutine(DestroyCoroutine());
    }

    倒された時の消滅コルーチンです
    /// <returns></returns>
    private IEnumerator DestroyCoroutine()
    {
        yield return new WaitForSeconds(3);
        Destroy(gameObject);
    }
}
```

リスト7.8 ▶ 攻撃制御用スクリプト(MobAttack.cs)

```
using System.Collections;
using UnityEngine;

攻撃制御クラス
[RequireComponent(typeof(MobStatus))]
public class MobAttack : MonoBehaviour
{
    [SerializeField] private float attackCooldown = 0.5f; 攻撃後のクールダウン(秒)
    [SerializeField] private Collider attackCollider;

    private MobStatus _status;

    private void Start()
    {
        _status = GetComponent<MobStatus>();
    }

    攻撃可能な状態であれば攻撃を行います
    public void AttackIfPossible()
    {
        if (!_status.IsAttackable) return;
        ステータスと衝突したオブジェクトで攻撃可否を判断

        _status.GoToAttackStateIfPossible();
    }

    攻撃対象が攻撃範囲に入った時に呼ばれます
    /// <param name="collider"></param>
    public void OnAttackRangeEnter(Collider collider)
    {
        AttackIfPossible();
    }

    攻撃の開始時に呼ばれます
    public void OnAttackStart()
    {
        attackCollider.enabled = true;
    }

    attackColliderが攻撃対象にHitした時に呼ばれます
    /// <param name="collider"></param>
    public void OnHitAttack(Collider collider)
    {
        var targetMob = collider.GetComponent<MobStatus>();
        if (null == targetMob) return;
```

```
            プレイヤーにダメージを与える
            targetMob.Damage(1);
        }

        攻撃の終了時に呼ばれます
        public void OnAttackFinished()
        {
            attackCollider.enabled = false;
            StartCoroutine(CooldownCoroutine());
        }

        private IEnumerator CooldownCoroutine()
        {
            yield return new WaitForSeconds(attackCooldown);
            _status.GoToNormalStateIfPossible();
        }
    }
```


スクリプトを作成したら、EnemyStatus.csとMobAttack.csをSlime_Greenにアタッチしておきます。

なお、このあと7-5-3でプレイヤーのステータスを管理するPlayerStatusクラスを作るため、プレイヤー・敵のどちらにも使える汎用的な処理を切り出し、MobStatusクラスにまとめておきました。リスト7.7のEnemyStatusクラスはこのMobStatusクラスを継承し、敵キャラクター専用の処理を追加しています。

クラスの継承は本書の3-7でも少し説明していますが、「C# 継承」で検索するとわかりやすく解説してくれているサイトが多数見つかりますので、調べてみてください。

7-4-3　アニメーションにスクリプトの実行イベントを仕込もう

7-4-2で記述したMobAttack.csには、攻撃アニメーションの途中で呼び出したいメソッドが含まれています。アニメーションには任意のタイミングで任意のメソッドを呼び出すイベントを仕込むことができます。これを使って、攻撃アニメーションの途中でMobAttack.csのメソッドを呼び出してみましょう。

Animationウインドウの設定

まずは「Window」→「Animation」→「Animation」を選択し、Animationウインドウを開きます。ショートカットを使用する場合は、command + 6 を実行してください。Animationウインドウ上部の「Animation」と表示されている部分をドラッグして、Unityエディタ内に配置しておくと、この後の作業がやりやすくなります。

続いてHierarchyウインドウでSlime_Greenを選択してAnimationウインドウの「Show Read-Only Properties」ボタンをクリックすると、Slime_Greenに紐付いたアニメーションの内容がAnimationウインドウに表示されます。ウインドウの左側にはアニメーションで変化するパラメーター一覧が並び、右側にはタイムラインが表示されています。◇マークは、該当のパラメータの値が変化することを表しています。

図7.26 ▶ Animationウインドウ

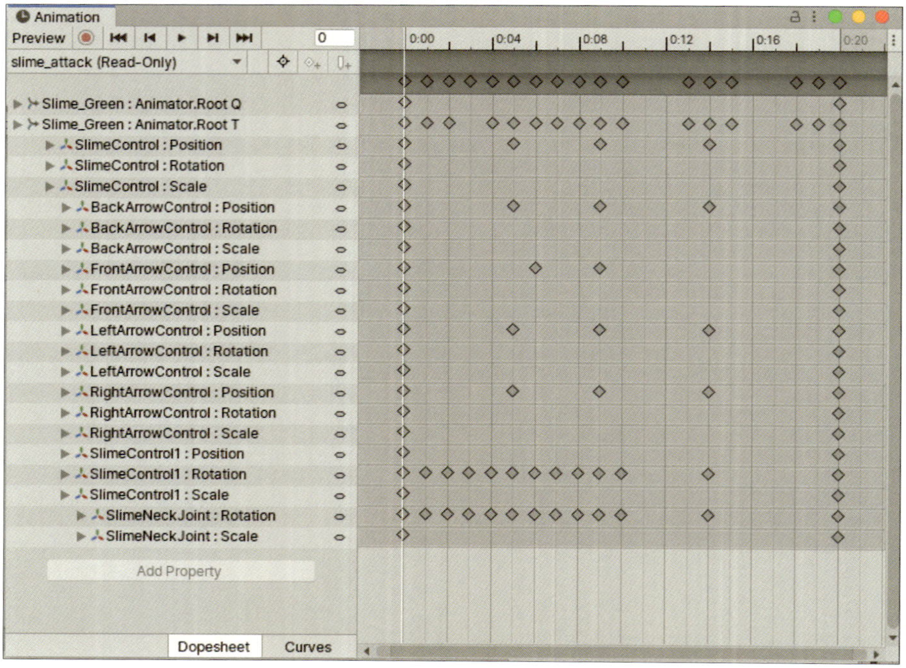

ウインドウ上部にあるプルダウンで対象のアニメーションを切り替えられますので、「slime_attack」を選択します。これで攻撃アニメーションが選択されました。

図7.27 ▶ アニメーションにslime_attackを選択

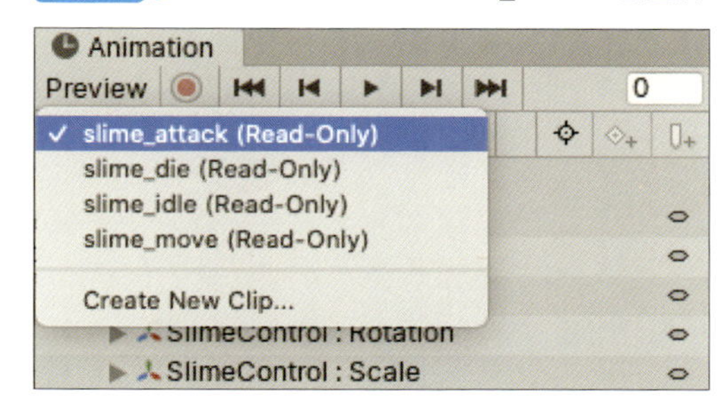

プルダウンの上にあるPreviewのボタン群でアニメーションのプレビューが可能です。プレビューの再生ボタンをクリックすると、Sceneビュー上のSlime_Greenが大きな口を開けて噛みつく動きをするはずです。

図7.28 ▶ 攻撃アニメーションのプレビュー

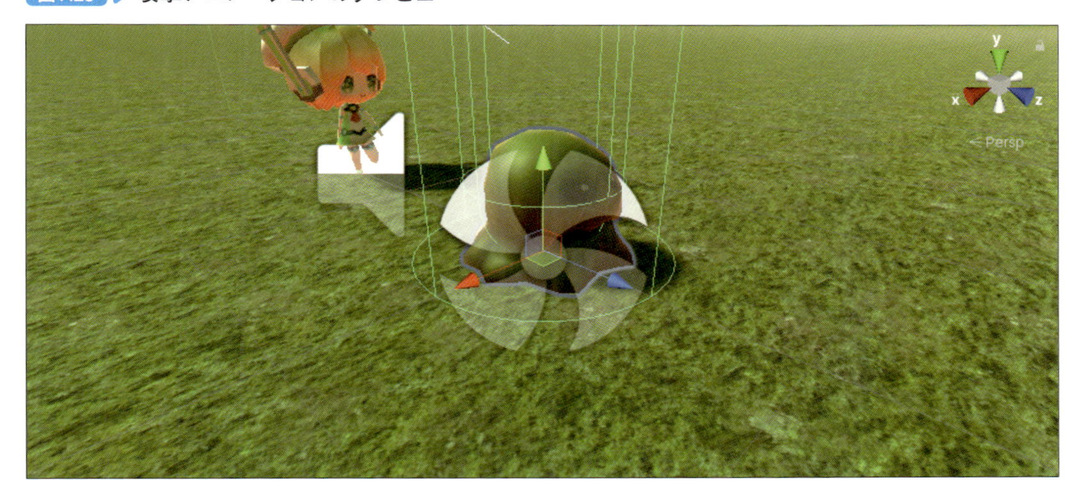

攻撃アニメーションの内容が確認できたら、攻撃の当たり判定が発生すべきタイミングを考えます。プレビューを確認したところ、今回のアニメーションの場合、0.06秒のところで当たり判定が発生し始め、0.10秒のところで消えるくらいがちょうど良さそうです。その2つのタイミングでMobAttack.csのメソッドを呼び出すイベントを作ります。

アニメーションのRead-Onlyを解除する

ただし、slime_attackは読み込み専用(Read-Only)になっているため、このままだとイベントを追加できません。Projectウインドウで「Level 1 Monster Pack」-「Models 」の下のSlime_Level_1の中身を見ると、slime_attackアニメーションが入っています。

このSlime_Level_1はFBX(Filmbox)というフォーマットの3Dモデルのファイルです。各アニメーションは、FBXファイルに埋め込まれていて読み込み専用になっていますので、今回はFBXからアニメーションを切り離して使うことにしましょう。

アニメーションを切り離すのは簡単で、Projectウインドウでslime_attackを選択し、Command + Dを押すだけです。

これによってアニメーションのみが複製され、FBXと切り離されてSlime_Level_1と同じディレクトリに入りますので、見分けがつくように名前を「slime_attack_custom」に変更します。

図7.29 ▶ Animationの切り離し

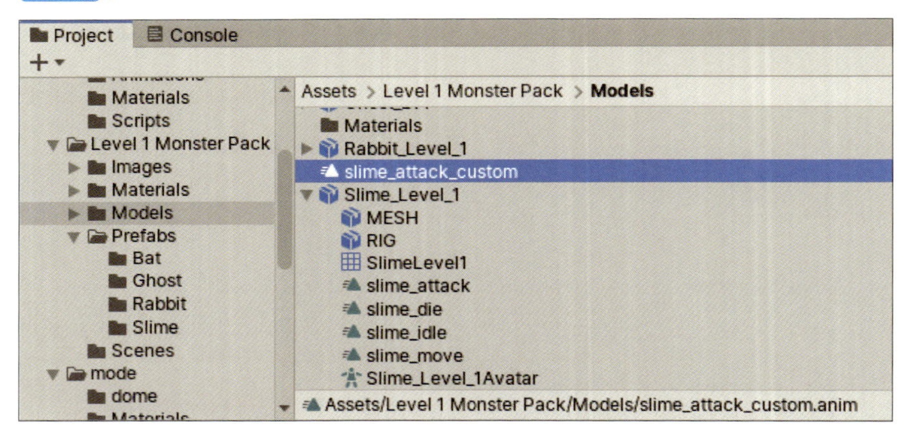

続いてAnimatorウインドウを開き、AttackのEntityを選択してMotionの値を「slime_attack_custom」に変更します。

図7.30 ▶ Animator設定の再設定

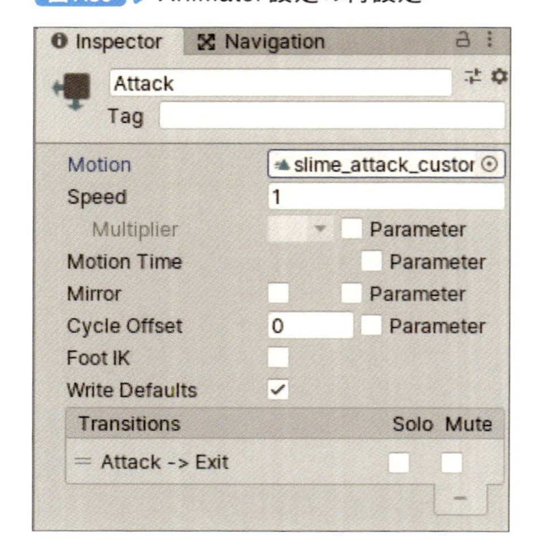

イベントを仕込む

Hierarchyウインドウでslime_Greenを選択し、Animationウインドウを見ると、プルダウンで選択できるアニメーションの値に「slime_attack_custom」が表示されていますので選択します。Read-Only表示は無くなっています。

図7.31 ▶ Animationウインドウを再チェック

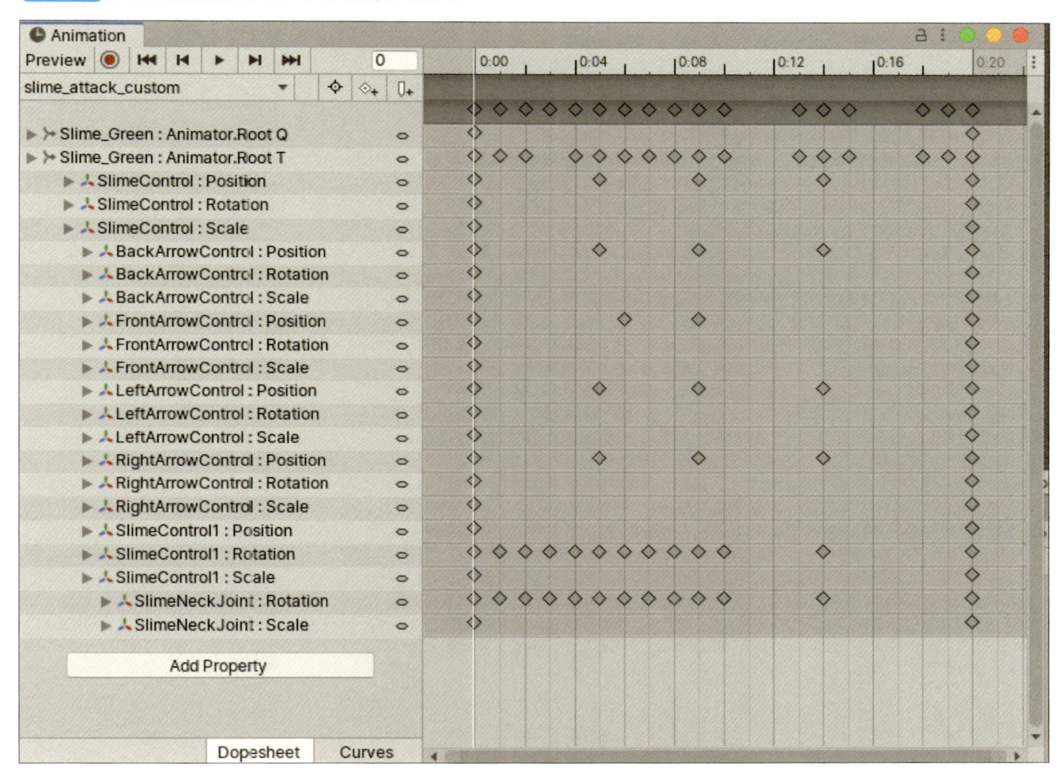

タイムライン上部の濃いグレーの部分で0.06秒の表示部分の下辺りを選択し、右クリックして「Add Animation Event」を選択します。

これでイベントができ上がりますので、イベントを選択してInspectorウインドウのFunctionで「OnAttackStart()」を選択します。

図7.32 ▶ イベントへOnAttackStart()メソッドを紐付け

同様に0.10秒の表示部分の下辺りを選択し、右クリックして「OnAttackFinished()」を選択します。

図7.33 ▶ イベントへのOnAttackFinished()メソッドを紐付け

これで、アニメーションのそれぞれのタイミングで該当メソッドが実行されるようになりました。

当たり判定とダメージ

次は、敵キャラクターに2種類のColliderを追加します。1つ目はプレイヤーが範囲内に入ったときに攻撃を開始する検知用Collider、2つ目は攻撃の当たり判定用Colliderです。

現在のCollisionDetectorは、Collider内にオブジェクトが留まっていることしか検出できませんので、オブジェクトがColliderに重なったときも検知できるようにしましょう。リスト7.9のようにCollisionDetector.csを書き換えます。

リスト7.9 ▶ CollisionDetector.csの書き換え

```
using System;
using UnityEngine;
using UnityEngine.Events;

[RequireComponent(typeof(Collider))]
public class CollisionDetector : MonoBehaviour
{
    [SerializeField] private TriggerEvent onTriggerEnter = new 
TriggerEvent();
    [SerializeField] private TriggerEvent onTriggerStay = new TriggerEvent();

    private void OnTriggerEnter(Collider other)
    {
        onTriggerEnter.Invoke(other);
    }

    略
}
```

HierarchyウインドウでSlime_Greenを選択して右クリックし、「Create Empty」を2回繰り返して空のゲームオブジェクトを2つ作成し、それぞれ名前を「AttackRangeDetector」「AttackHitDetector」とします。Hierarchyウインドウで Command キーを押しながらこの2つのオブジェクトを順にクリックして複数選択し、InspectorウインドウのTransformコンポーネントで、PositionのXを「0」、Yを「0.25」、Zを「0.5」に設定します。またScaleではX・Y・Zとも「0.5」に設定します。

それぞれにBox ColliderコンポーネントとCollision Detectorコンポーネントをアタッチし、Box ColliderコンポーネントのIs Triggerにチェックをつけます。

次に以下の手順でAttackRangeDetectorの範囲内にプレイヤーが入ったことを検知するための設定を行います。

①HierarchyウインドウでAttackRangeDetectorを選択する
②InspectorウインドウのCollision DetectorコンポーネントのOn Trigger Stayの「+」をクリックする
③「None (Object)」のところにHierarchyウインドウからSlime_Greenをドラッグ&ドロップする
④「No Function」を「MobAttack」→「OnAttackRangeEnter」に変更する
⑤HierarchyウインドウでAttackHitDetectorを選択する
⑥InspectorウインドウのCollision DetectorコンポーネントのOn Trigger Enterの「+」をクリックする
⑦「None (Object)」のところにHierarchyウインドウからSlime_Greenをドラッグ&ドロップする
⑧「No Function」を「MobAttack」→「OnHitAttack」に変更する

図7.34 ▶ 設定後のAttackRangeDetector

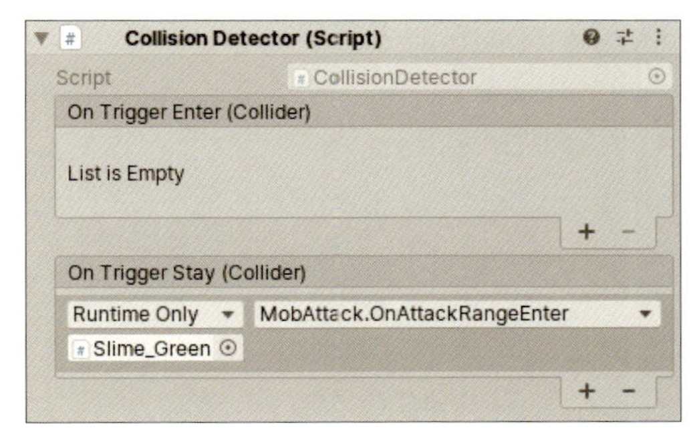

図7.35 ▶ 設定後のAttackHitDetector

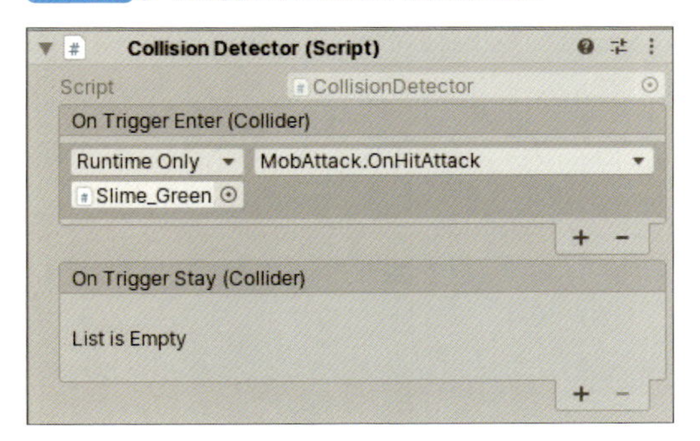

HierarchyウインドウでSlime_Greenを選択し、InspectorウインドウのMobAttackコンポーネントのAttack Colliderを「AttackHitDetector」に変更します。

図7.36 ▶ Attack Colliderの設定

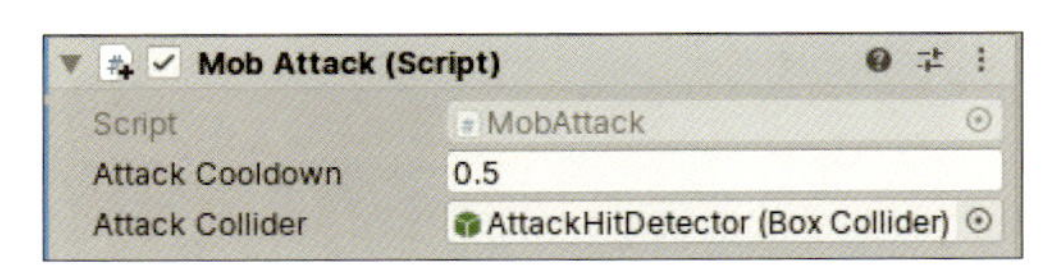

衝突するレイヤーの設定

今のところ敵キャラクターの攻撃判定はあらゆるColliderを対象に発生しますが、敵キャラクターが攻撃するのはプレイヤーのみに絞りたいところです。スクリプト側でタグなどを使って判定することも可能ですが、レイヤーという仕組みを使うことで、任意のレイヤー同士が衝突した場合のみ衝突判定を行うことができます。

まずInspectorウインドウの上部にあるLayerプルダウンをクリックし、「Add Layer...」を選択します。Tag & Layersの設定が表示されますので、LayersにあるUser Layer 8〜11の入力欄に「EnemyAttack」「Player」「PlayerAttack」「Enemy」の4つを追加します。

図7.37 ▶ レイヤーの追加

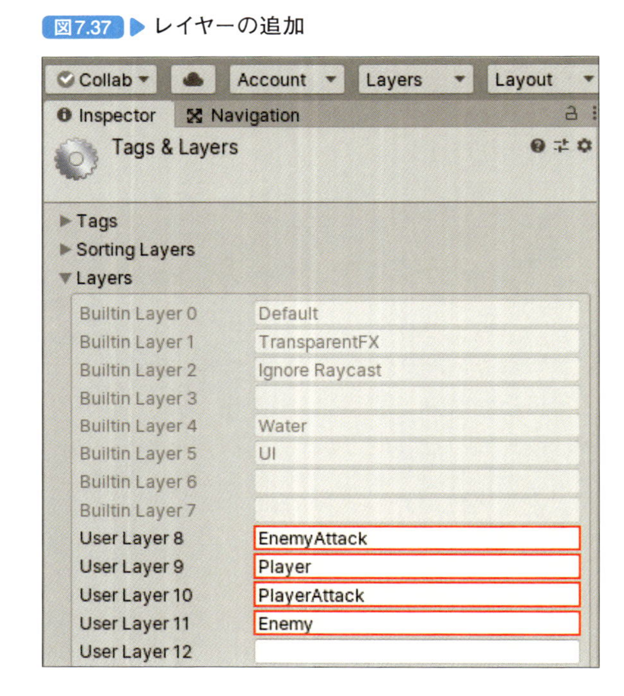

続いて、HierarchyウインドウでAttackRangeDetectorとAttackHitDetectorを選択し、InspectorウインドウのLayerプルダウンで「EnemyAttack」を選択します。同様に、Query-Chan-SDのInspectorウインドウのLayerプルダウンで「Player」を選択します。Query-Chan-SDのレイヤーを変更しようとした場合は、子オブジェクトのLayerも一括で変更するか確認が出てきますので、「No, this object only」ボタンをクリックします。

図7.38 ▶ 子オブジェクトの一括変更の確認

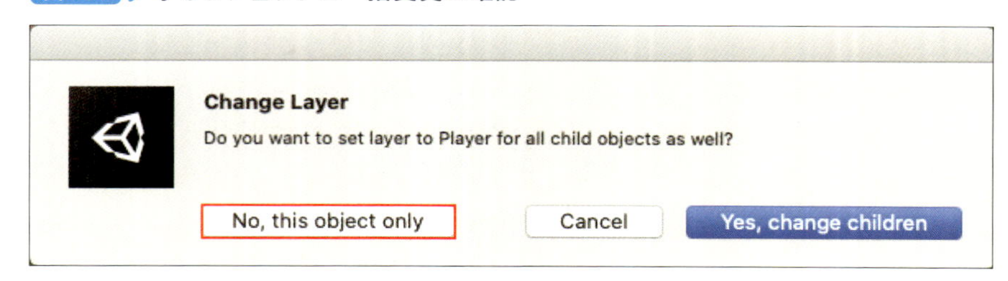

次に「Edit」→「Project Settings」→「Physics」を選択し、衝突するレイヤーを指定します。

Physics下部にたくさん並んでいるチェックボックスで、レイヤー同士が衝突するかどうかを設定します（チェックがついていれば衝突します）。

たとえば、以下の図の一番左上のチェックボックスは、DefaultレイヤーとEnemyレイヤーが衝突するかどうかの設定です。デフォルトではすべてにチェックがついていますので、EnemyAttackレイヤーはPlayerレイヤーとだけ衝突するように設定を変更します。

同様に、PlayerAttackレイヤーはEnemyレイヤーとだけ衝突するように設定を変更します。

図7.39 ▶ 衝突するレイヤーの設定

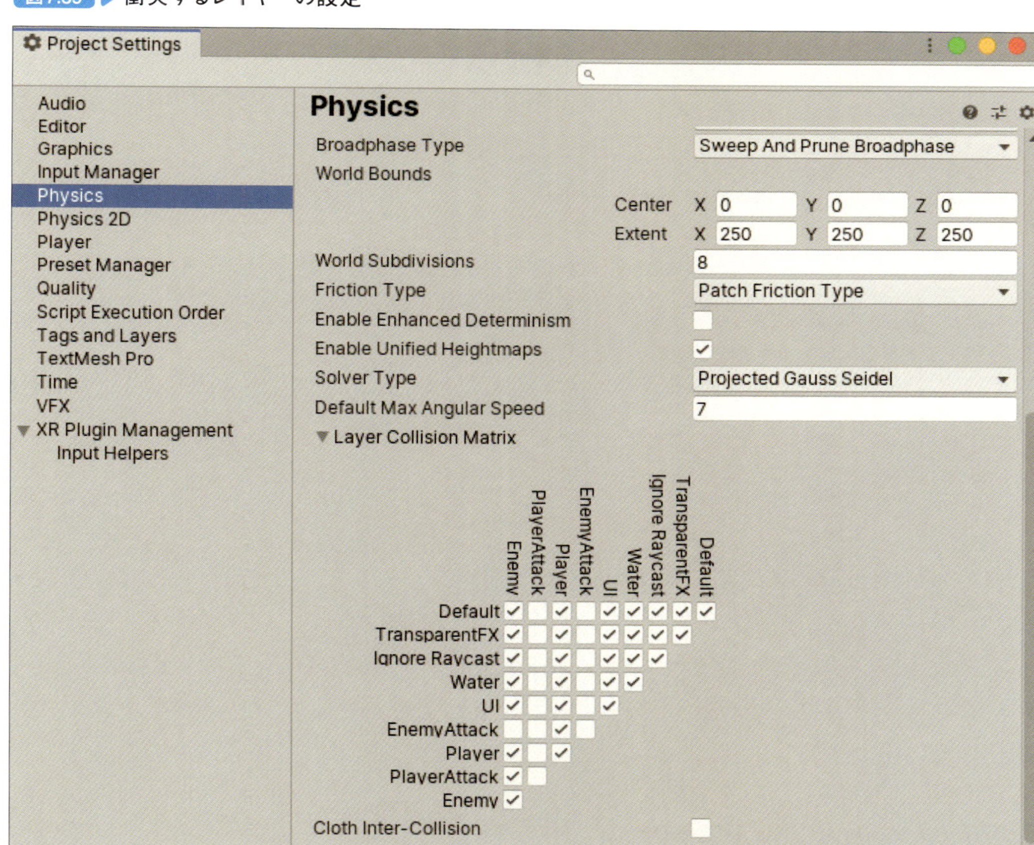

Raycastにレイヤーマスクを設定する

実はここで予期せぬ不具合が発生しています。敵キャラクターがプレイヤーを追いかける処理でRaycastを使う処理を書きましたが、このRayがAttackRangeDetectorやAttackHitDetectorを「障害物」と見なしており、プレイヤーを正常に追いかけなくなってしまっています。

Raycastを実行する際、layerMaskの引数を渡すことで、「判定対象にするレイヤー」を指定可能です。今回はInspectorウインドウのEnemyMoveコンポーネントからlayerMaskを指定可能にするため、EnemyMove.csをリスト7.10のように変更します。

リスト7.10 ▶ EnemyMove.csの書き換え

```
略
public class EnemyMove : MonoBehaviour
{
    [SerializeField] private LayerMask raycastLayerMask; レイヤーマスク

    略

    public void OnDetectObject(Collider collider)
    {
        略
raycastHitsに、ヒットしたColliderや座標情報などが格納される
RaycastAllとRaycastNonAllocは同等の機能だが、RaycastNonAllocだとメモリにゴミが残らないのでこちらを推奨
            var hitCount = Physics.RaycastNonAlloc(transform.position,
direction, _raycastHits, distance, raycastLayerMask);
            Debug.Log("hitCount: " + hitCount);
        略
    }
}
```

続いて、HierarchyウインドウでSlime_Greenを選択し、InspectorウインドウでEnemyMoveコンポーネントのRaycast Layer Maskで「Default」のみにチェックをつけます。これでRaycastの判定対象がDefaultレイヤーのみになりました。

図7.40 ▶ RaycastのLayer Mask設定

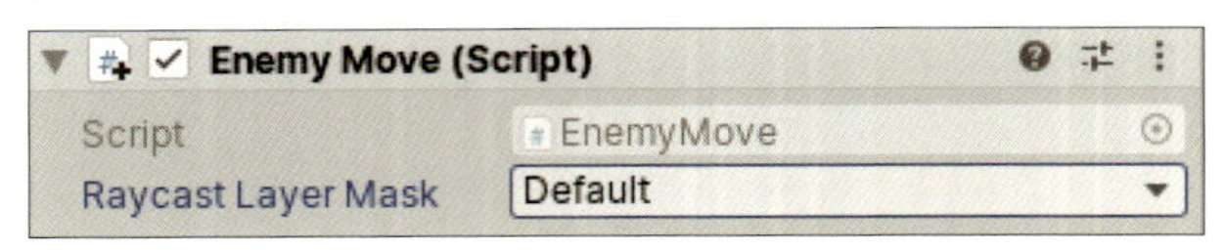

ゲームを実行すると、再び敵がプレイヤーを追いかけてくるようになりました。

7-5 敵を倒せるようにしよう

次はプレイヤーキャラクターも攻撃ができるようにして、敵を倒せるようにしましょう。

7-5-1　武器をインポートする

まずはプレイヤーキャラクターに武器を持たせてみましょう。

「Window」→「Asset Store」を選択し、ローポリゴンの3Dモデル「Low Poly Survival modular Kit VR and Mobile」を7-1-1などを参考にインポートします。

インポートが完了したらクエリちゃんの右手に剣を持たせます。Hierarchyウインドウで「Query-Chan-SD」－「SD_QUERY_01」－「SD_QUERY_01_Reference」－「hip」－「spine」－「upper」－「R_arm」－「R_arm2」－「R_hand」を選択します。

Projectウインドウで「Assets」－「Scenes」－「Low_Poly_Survival」－「Prefab」－「Weapons」フォルダを開き、フォルダに入っているSword_metalのPrefabをHierarchyウインドウのR_hand（右手）にドラッグ＆ドロップします。

HierarchyウインドウでSword_metalを選択し、InspectorウインドウでPositionをXを「-0.3」、Yを「0.025」、Zを「0」に設定し、RotationはXを「90」、Yを「90」、Zを「0」に設定

図7.41 ▶ 武器を配置

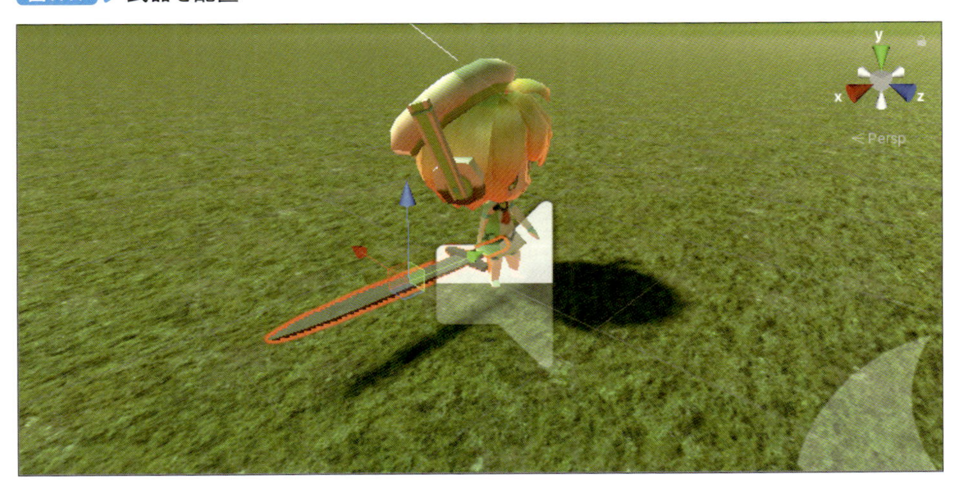

して手の位置に合わせておきます。

手で剣を握らせるにはモデルの調整が必要になるため、今回は重ねるだけにしています。ズームしなければそれほど違和感は無いはずです。

Sword_metalにはデフォルトでMesh Colliderがついています。そのまま使えれば武器のリアルな当たり判定が実現できますが、今回の攻撃アニメーションとは相性が良くない（武器が敵に当たりづらい）ため、別の方法で当たり判定を行います。Sword_metalのMesh Colliderコンポーネント右上にある ⋮ をクリックして「Remove Component」を選択し、Mesh Colliderを削除しておきましょう。

7-5-2　攻撃の当たり判定を配置する

7-4-3では敵キャラクターの攻撃の当たり判定を実装しました。これと同様にプレイヤーでも攻撃の当たり判定オブジェクトを配置します。

図7.42 ▶ AttackHitDetectorの作成

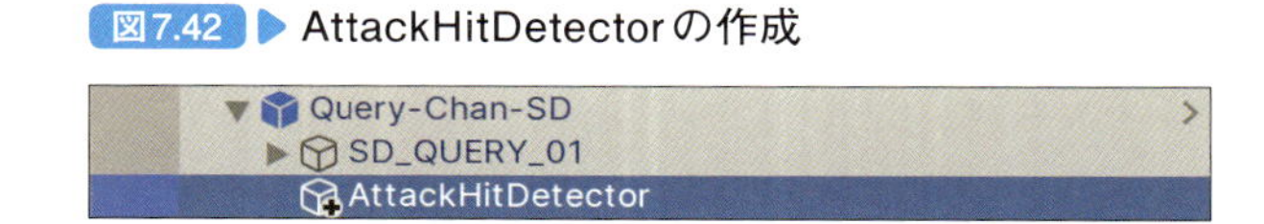

Hierarchyウインドウで Query-Chan-SDを選択した状態で右クリックし、「Create Empty」を選択して空のゲームオブジェクトを作成します。名前を「AttackHitDetector」とします。

InspectorウインドウのPositionでXを「0」、Yを「0.25」、Zを「0.5」に設定し、ScaleはX、Y、Zすべて「0.5」に設定します。

図7.43 ▶ AttackHitDetectorの設定

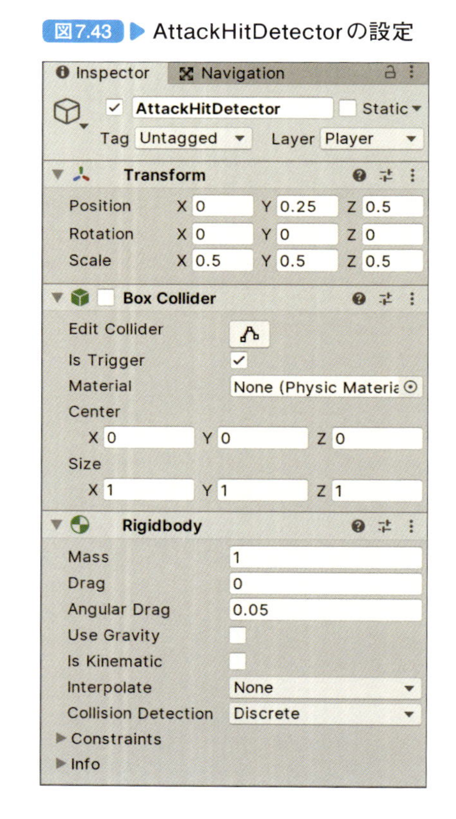

続いて、Box Colliderコンポーネント、Rigidbodyコンポーネントをアタッチします。　Box Colliderの左側にあるチェックを外してコンポーネントを非アクティブにし、Is Triggerにチェックします。RigidbodyはUse Gravityのチェックを外します。Rigidbodyをアタッチしたのは重要なポイントで、UnityではColliderで衝突判定を行う際、いずれか一方にRigidbodyまたはCharacterControllerがアタッチされていないと衝突判定が実行されません。

Slime_GreenはNavMeshで動かしており、Rigidbodyをアタッチすると挙動がおかしくなるため、今回は武器の当たり判定であるAttackHitDetectorにRigidbodyをアタッチしました。

7-5-3 スクリプトのアタッチ

プレイヤーの状態とアニメーションを制御する、PlayerStatusクラスを作成します。あとでプレイヤー向けにカスタムしますが、この時点だと行うことは、敵キャラクターと共通ですので、MobStatusクラスを継承しているだけです（リスト7.11）。

リスト7.11 ▶ プレイヤーの状態とアニメーションを制御するスクリプト(PlayerStatus.cs)

```
using UnityEngine;

public class PlayerStatus : MobStatus
{
    TODO あとでプレイヤー向けにカスタムする
}
```

作成したら、PlayerStatus.csとMobAttack.csをQuery-Chan-SDにアタッチします。MobAttackコンポーネントのAttack Colliderに先ほど作成した「AttackHitDetector」を設定します。

図7.44 ▶ スクリプトのセット

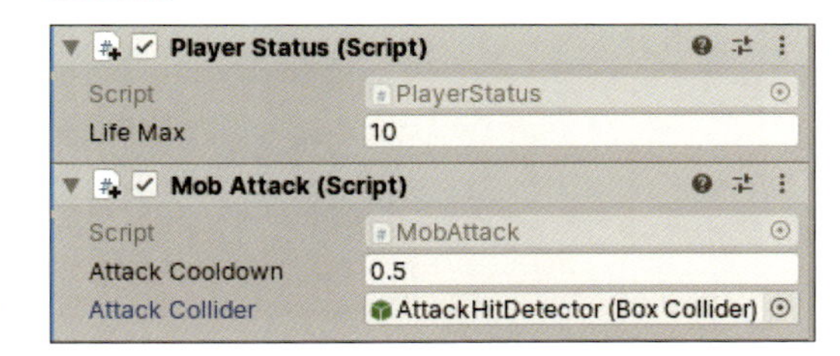

続いてQuery-Chan-SDのAttackHitDetectorに、Collision Detectorスクリプトをアタッチし、On Trigger Enterで攻撃がHitした時に実行するメソッド（「Query-Chan-SD」−「MobAttack」−「OnHitAttack」）を指定します。詳しい手順については7-4-3の「当たり判定とダメージ」を参照してください。

図7.45 ▶ 設定後のAttackHitDetector

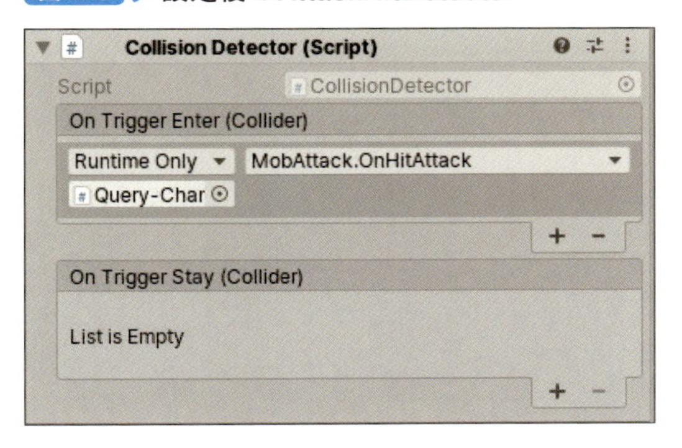

敵キャラクターは範囲内に入ったときに自動で攻撃するようにしていますが、プレイヤーキャラクターはプレイヤーがボタンをクリックしたときに攻撃するようにします。PlayerControllerスクリプトをリスト7.12のように変更し、Fire1ボタン（デフォルトではマウス左クリック）で攻撃するようにします。

リスト7.12 ▶ PlayerController.csの書き換え

```
using UnityEngine;
using UnityStandardAssets.CrossPlatformInput;

[RequireComponent(typeof(CharacterController))]
[RequireComponent(typeof(PlayerStatus))]
[RequireComponent(typeof(MobAttack))]
public class PlayerController : MonoBehaviour
略
    private Vector3 _moveVelocity; キャラの移動速度情報
    private PlayerStatus _status;
    private MobAttack _attack;
略
    private void Start()
    {
        _characterController = GetComponent<CharacterController>();
        毎フレームアクセスするので、負荷を下げるためにキャッシュしておく
        _transform = transform; Transformもキャッシュすると少しだけ負荷が下がる
        _status = GetComponent<PlayerStatus>();
        _attack = GetComponent<MobAttack>();
    }

    private void Update()
    {
        Debug.Log(IsGrounded ? "地上にいます" : "空中です");

        if (CrossPlatformInputManager.GetButtonDown("Fire1"))
        {
            Fire1ボタン（デフォルトだとマウス左クリック）で攻撃
            _attack.AttackIfPossible();
        }

        if (_status.IsMovable) 移動可能な状態であれば、ユーザー入力を移動に反映する
        {
            入力軸による移動処理（慣性を無視しているので、キビキビ動く）
            _moveVelocity.x = CrossPlatformInputManager.
GetAxis("Horizontal") * moveSpeed;
            _moveVelocity.z = CrossPlatformInputManager.GetAxis("Vertical")
* moveSpeed;
```

続く

```
            移動方向に向く
            _transform.LookAt(_transform.position + new Vector3(_
moveVelocity.x, 0, _moveVelocity.z));
        }
        else
        {
            _moveVelocity.x = 0;
            _moveVelocity.z = 0;
        }

        if (IsGrounded)
        {
略
```

7-5-4　武器と敵のレイヤー設定

続いて、HierarchyウインドウでQuery-Chan-SDのAttackHitDetectorを選択し、Inspectorウインドウでレイヤーを「PlayerAttack」にします。同様にSlime_Greenのレイヤーを「Enemy」にします。Slime_Greenにレイヤーを設定する際、子オブジェクトのLayerも一括で変更するか確認が出てきます。

Slime_GreenのAttackHitDetectorとAttackRangeDetectorのレイヤーは「EnemyAttack」のままにしておきたいので、「No, this object only」をクリックし、子オブジェクトにレイヤーを反映してしまわないよう注意しましょう（もし間違えて反映してしまったら、EnemyAttackレイヤーに戻しておいてください）。

7-5-5　プレイヤーのアニメーション設定

プレイヤーの攻撃・死亡アニメーションを設定します。

今回使用しているWoman Warriorのアニメーションも FBXに含まれていて、読み取り専用になっています。Projectウインドウで「Assets」ー「mode」を開き、その中のWomanWarriorから、Attack1のアニメーションを[Command]＋[D]で複製して取り出します。名前は「Attack1_custom」とします。

図7.46 ▶ Attack1の複製

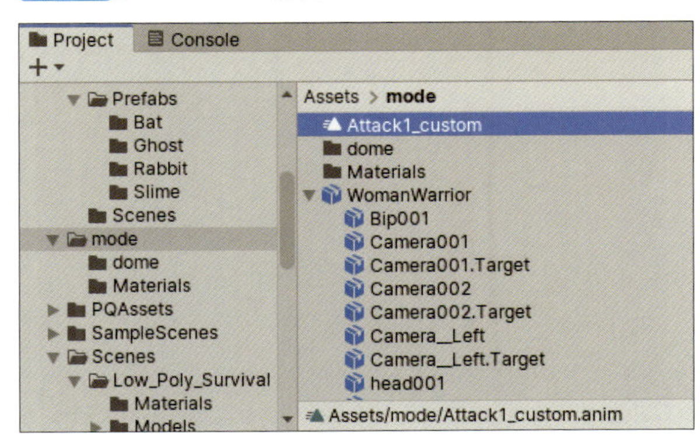

次にAnimatorControllerを変更します。Projectウインドウで「Assets」ー「IkinokoBattle」ー「Animations」ー「PlayerAnimationController」をダブルクリックで開きます。攻撃と死亡モーションとして、Attack（攻撃）とDie（死亡）のEntityを作成します。AttackのMotionには「Attack1_custom」を、DieのMotionには「Death」を設定します。他の手順は敵キャラクターのときと同様ですので、7-4-1の手順にしたがってトランザクションの作成と設定を行ってください。

図7.47 ▶ AttackとDie作成後

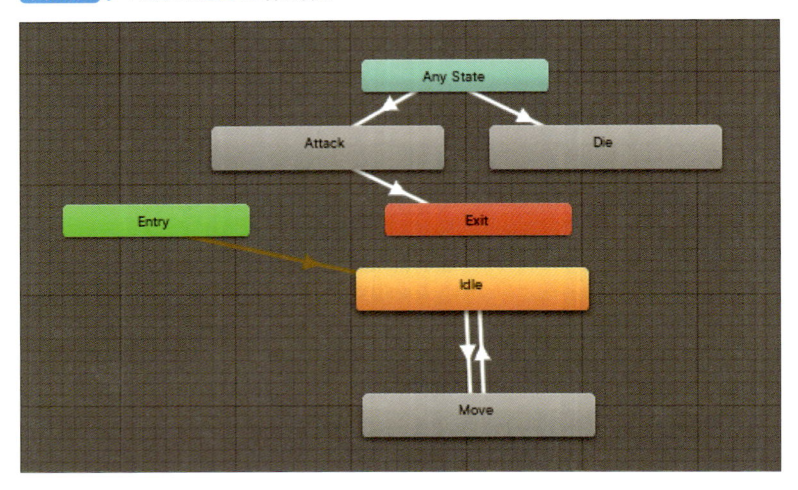

続いてHierarchyウインドウでQuery-Chan-SDの下のSD_QUERY_01を選択し、Command＋6でAnimationウインドウを開きます。

Animationウインドウの上部にあるプルダウンで「Attack1_custom」を選択し、0.08秒辺りの下で右クリックし、「Add Animation Event」を選択します。また0.10秒辺りの下で右クリックし、もう一度「Add Animation Event」を選択し、イベントを2つ作成します。

あとは敵キャラクターの時と同じくイベントで呼び出すメソッドを指定するのですが、ここで問題となるのが「Animatorからイベントで呼び出し可能なのは、Animatorと同じゲームオブジェクトにアタッチされているスクリプトに限る」という制限です。現在、AnimatorコンポーネントはSD_QUERY_01にアタッチされているので、イベントで呼び出せるメソッドがありません。そこでAnimatorをQuery-Chan-SDに移動することにしましょう。

SD_QUERY_01にアタッチされているAnimatorコンポーネントの右上にある⋮ボタンをクリックして、「Copy Component」を選択します。

次にQuery-Chan-SDを選択し、Inspectorウインドウに表示されるいずれかのコンポーネントの右上にある⋮のボタンをクリックして、「Paste Component as New」を選択します。

これで、元のコンポーネントがプロパティの値も含めてコピーされます。

図7.48 ▶ コンポーネントのコピー

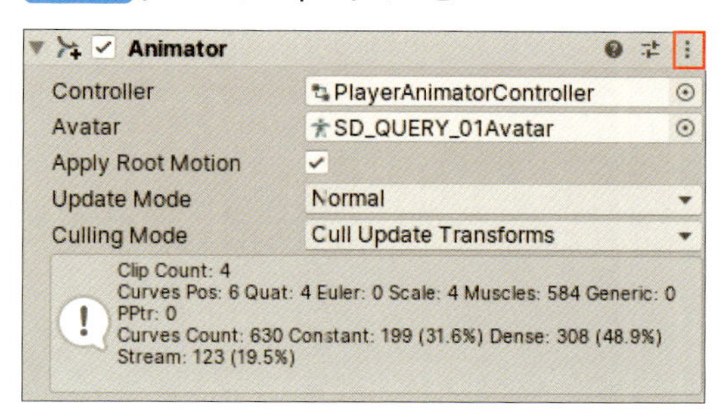

SD_QUERY_01のAnimatorコンポーネントは不要になりますので、消しておきましょう。これでAnimatorのイベントからQuery-Chan-SDにアタッチされているコンポーネントのメソッドが呼び出せるようになりました。

Animatorコンポーネントを移動したことで、Query-Chan-SDのPlayer Controllerコンポーネントのアニメーターが「None」になってしまっていますので、Query-Chan-SDをドラッグ＆ドロップして設定し直しておきましょう。

図7.49 ▶ PlayerControllerの再設定

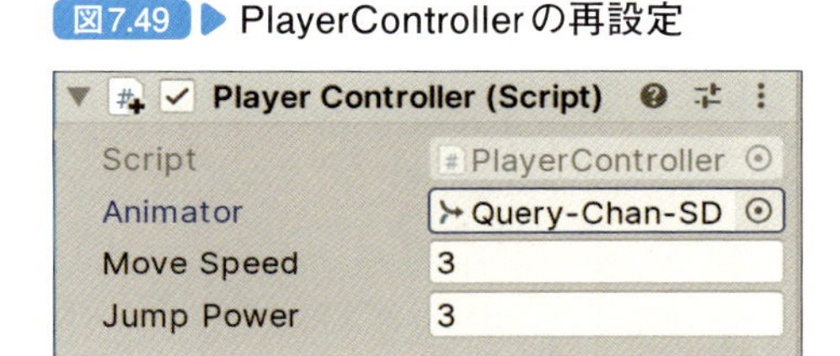

Query-Chan-SDを選択してから、Command + 6 でAnimationウインドウを開き、Attack1_customアニメーションの0.08秒付近のイベントでOnAttackStart()メソッドを呼び出すよう設定し、0.11秒付近のイベントでOnAttackFinished()メソッドを呼び出すよう設定します。

図7.50 ▶ 攻撃判定StartとEnd

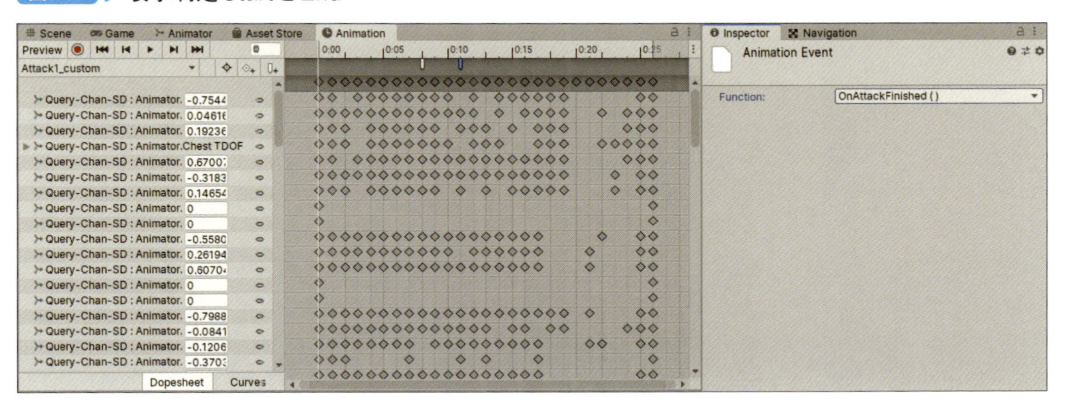

これでプレイヤーキャラクターと敵キャラクターが互いに攻撃し合えるようになりました。Slime_GreenのMobStatusコンポーネントのLifeMaxを「2」にして戦ってみましょう。これでスライムを2回攻撃すれば倒せるはずです。

ちなみに、Inspectorウインドウ右上の⋮ボタンをクリックして「Debug」を選択すると、Inspectorの表示内容がデバッグモードになり、普段は表示されないプロパティもInspectorウインドウで確認可能になります。これを利用すると、攻撃を受けた際にPlayerStatusコンポーネントのLifeの値が減っていくことが確認できます。

7-6 敵キャラクターを出現させよう

敵キャラクターと戦闘ができたところで、敵キャラクターの配置方法について考えてみましょう。

7-6-1 敵キャラクター登場の基本

敵キャラクターを登場させる方法として一番シンプルなのは、敵キャラクターをステージ上に手作業で配置することです。開発者の思い通りに配置できる反面、配置にはかなりの手間がかかります。

手作業以外の方法として、敵キャラクターをスクリプトで自動配置する方法もあります。手作業と比べると調整は難しくなりますが、敵キャラクターの出現エリアを分けたり、出現頻度や上限数を調整できる処理を実装すれば、ゲームの開発コストを抑えることも可能です。

7-6-2 敵キャラクターをPrefab化する

Prefabはゲームオブジェクトの設計図のようなもので、これを元にゲームオブジェクトを量産することが可能です。これを利用して敵キャラクターを量産してみましょう。

Projectウインドウで「IkinokoBattle」の下にPrefabsフォルダを作成します。

HierarchyウインドウでSlime_Greenを選択し、作成したPrefabsフォルダにドラッグ＆ドロップすると、Prefab作成についてのポップアップが表示されます。「Original Prefab」はオリジナルのPrefabを作成する場合に、「Prefab Variant」は元のPrefabを継承してカスタマイズしたPrefabを作成する場合にします。Prefab Variantは、継承元のPrefabを変更するとPrefab Variant側にも変更が反映されます。ここでは、「Original Prefab」をクリックします。

図7.51 ▶ 作成するPrefabの種類を選択

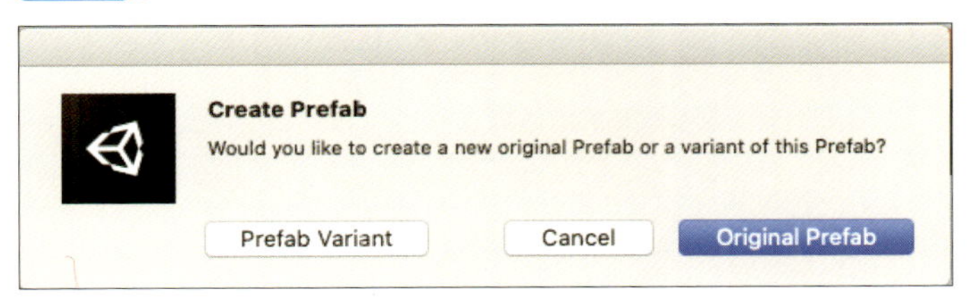

7-6-3 Prefabの特徴を知っておく

Prefabから作成したゲームオブジェクトはHierarchyウインドウに青文字で表示されるようになり、Prefab側の設定を変更すると各ゲームオブジェクトにも設定が反映されます。実際に見たほうがわかりやすいので、ちょっと試してみましょう。

7-6-2でPrefabsディレクトリに作成したSlime_GreenのPrefabを、Sceneビューにドラッグ&ドロップします。すると、Prefabを元にしたゲームオブジェクトが生成されました。2〜3回繰り返して、スライムを何体か配置します。

図7.52 ▶ Prefabでゲームオブジェクトを生成

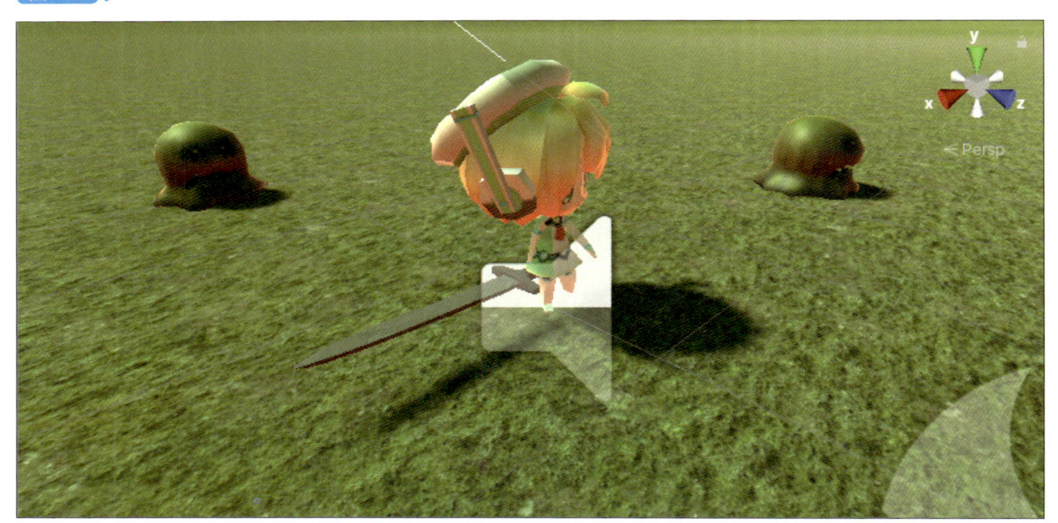

配置したスライムには連番がついています。HierarchyウインドウでSlime_Green(1)を選択し、InspectorウインドウのTransformコンポーネントのScaleでXを「0.3」、Yを「0.3」、Zを「0.3」に、Enemy StatusコンポーネントのLife Maxを「1」に変更し、ちっちゃくて弱いスライムにしてみます。

図7.53 ▶ スライムの設定変更

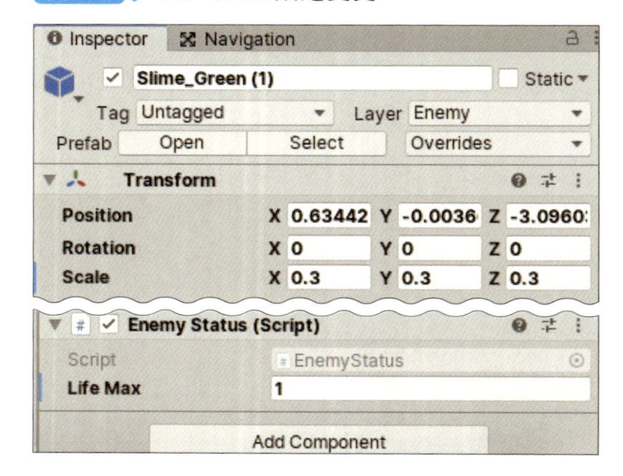

続いてSlime_Green (2)を選択します。InspectorウインドウのTransformコンポーネントのScaleでXを「1.5」、Yを「1.5」、Zを「1.5」に、Enemy StatusコンポーネントのLife Maxを「100」に変更し、大きくて強いスライムにします。

図7.54 ▶ 小さなスライムと大きいスライム

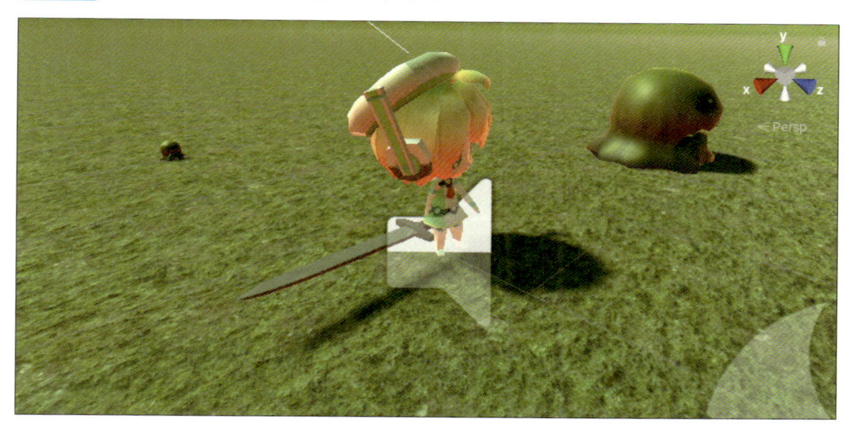

次はゲームオブジェクトに加えた変更をPrefabに反映してみましょう。Slime_Green (2)を選択して、Inspectorウインドウ上部にある「Overrides」のプルダウンをクリックし、「Apply All」ボタンをクリックします。これでSlime_Green (2)で変更したプロパティがPrefabに反映されました。

ちなみに、Overrideの左にある「Select」はゲームオブジェクトの元になっているPrefabを選択するボタンで、「Revert All」はゲームオブジェクト側に加えた変更を破棄し、Prefabから複製されたばかりの状態に戻すボタンです。

図7.55 ▶ Prefabとの連動

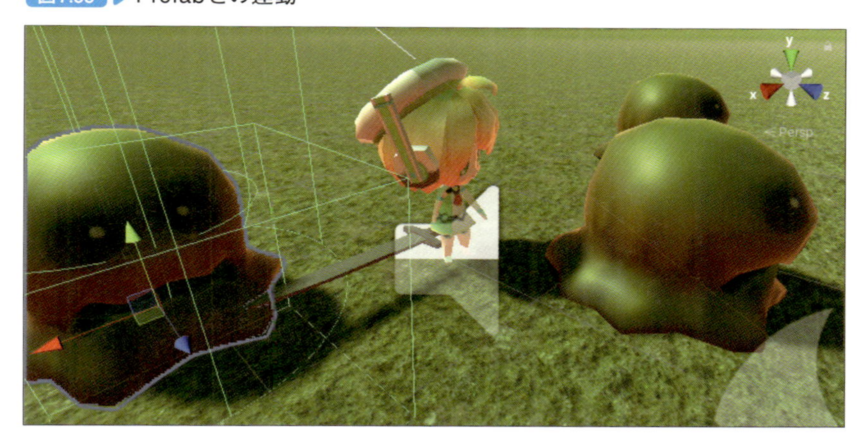

この状態でSlime_GreenのPrefabをシーンにドラッグ＆ドロップすると、Life Maxが100のスライムが量産されます。しかし、ちっちゃくて弱いスライムにしたSlime_Green (1)はそのままです。これは、「Prefabの変更よりもシーン上のゲームオブジェクトの変更を優先する」というルールがあるためです。

このあとSlime_GreenのPrefabのLife Maxを「2」に戻すと、Life Maxが100だったスライムたちのLife Maxが一気に2に変化することが確認できます。

7-6-4 Coroutineを使う

Prefabの準備ができたので、スクリプトで敵を出現させてみましょう。今回の敵出現スクリプトは、「一定時間ごとに1体ずつ敵が出現する」という形にしてみます。こういった処理にはCoroutineが向いています。

Coroutineとは

Coroutineとは、Unityで処理を非同期に(他の処理の完了を待たず、並列で)実行するための仕組みです。「○秒待ってから何かをする」「○秒ごとに何かをする」といった処理を簡単に実装できるので、敵を出現させるスクリプトに使ってみましょう。

7-6-5 スクリプトを書く

それでは、10秒ごとに敵を出現させるスクリプトを書いてみましょう(リスト7.13)。

リスト7.13 ▶ 10秒ごとに敵を出現させるスクリプト(Spawner.cs)

```
using System.Collections;
using UnityEngine;
using UnityEngine.AI;

public class Spawner : MonoBehaviour
{
    [SerializeField] private PlayerStatus playerStatus;
    [SerializeField] private GameObject enemyPrefab;

    private void Start()
    {
        StartCoroutine(SpawnLoop()); Coroutineを開始
    }

    /// <summary>
```

続く

```
    /// 敵出現のCoroutine
    /// </summary>
    /// <returns></returns>
    private IEnumerator SpawnLoop()
    {
        while (true)
        {
            距離10のベクトル
            var distanceVector = new Vector3(10, 0);
            プレイヤーの位置をベースにした敵の出現位置。Y軸に対して上記ベクトルをランダムに0°～360°
            回転させている
            var spawnPositionFromPlayer = Quaternion.Euler(0, Random.
Range(0, 360f), 0) * distanceVector;
            敵を出現させたい位置を決定
            var spawnPosition = playerStatus.transform.position +
spawnPositionFromPlayer;

            指定座標から一番近いNavMeshの座標を探す
            NavMeshHit navMeshHit;
            if (NavMesh.SamplePosition(spawnPosition, out navMeshHit, 10,
NavMesh.AllAreas))
            {
                enemyPrefabを複製、NavMeshAgentは必ずNavMesh上に配置する
                Instantiate(enemyPrefab, navMeshHit.position, Quaternion.
identity);
            }

            10秒待つ
            yield return new WaitForSeconds(10);

            if (playerStatus.Life <= 0)
            {
                プレイヤーが倒れたらループを抜ける
                break;
            }
        }
    }
}
```

Hierarchy ウインドウで右クリックして「Create Empty」を選択し、空のゲームオブジェクトを作成します。名前は「Spawner」とし、Spawner.csをアタッチします。

Inspectorウインドウの Spawnerコンポーネントで、Player StatusにHierarchyウインドウからQuery-Chan-SDをドラッグ＆ドロップし、Enemy Prefabには Projectウインドウの「IkinokoBattle」－「Prefabs」の下にあるSlime_Greenをドラッグ＆ドロップしてください。

図7.56 ▶ Spawnerの準備

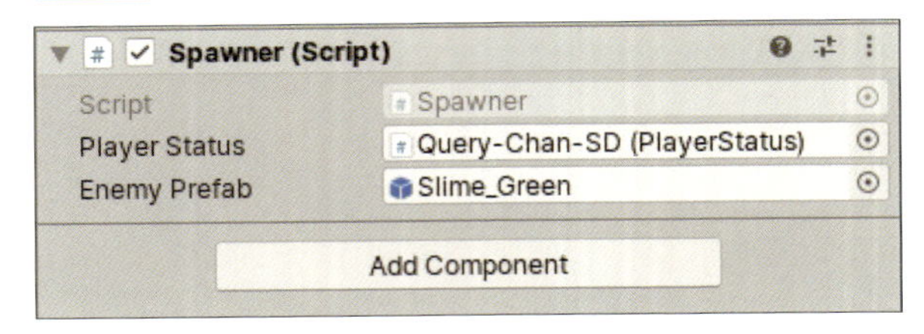

ゲームを実行すると、10秒ごとに新たな敵が出現するようになりました。

図7.57 ▶ 敵が出現

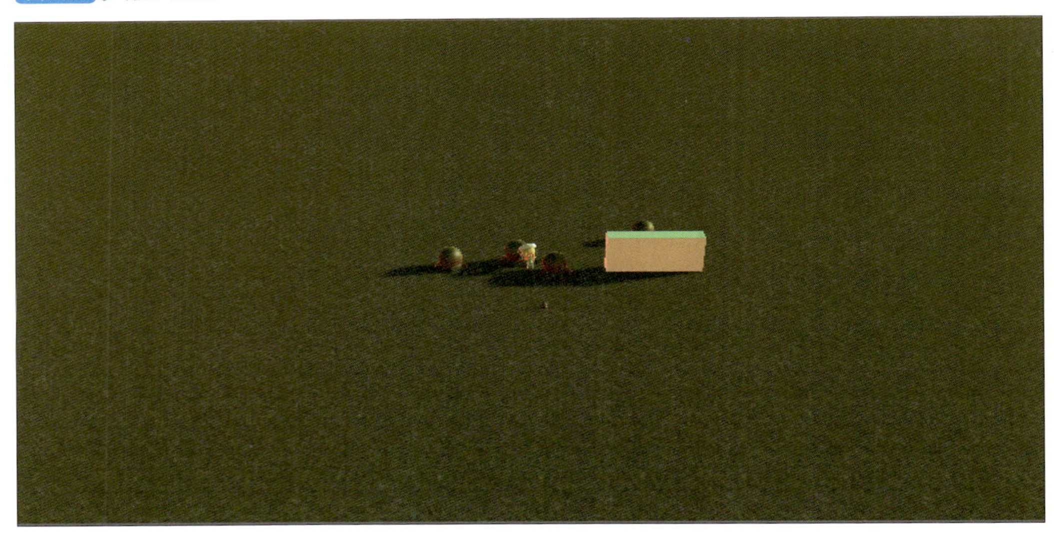

Chapter

8

ユーザーインタフェースを作ってみよう

ゲームが少し遊べるようになったところで、ユーザーインタフェースやシステムを作っていきましょう。Unityでは使いやすいUI作成機能が搭載されていますので、これを使って進めていくことにします。

8-1 タイトル画面を作ろう

ここでは、UIの基本的な機能を使って、タイトル画面を作ってみましょう。

8-1-1 新規シーンの作成

UI（User Interface、ユーザーインタフェース）を編集するには、Sceneビュー上部の「2D」をクリックして2D用の視点にしておきます。こうすることでUIを正面から見た状態となります。

図8.1 ▶ Sceneビューを2Dに変更

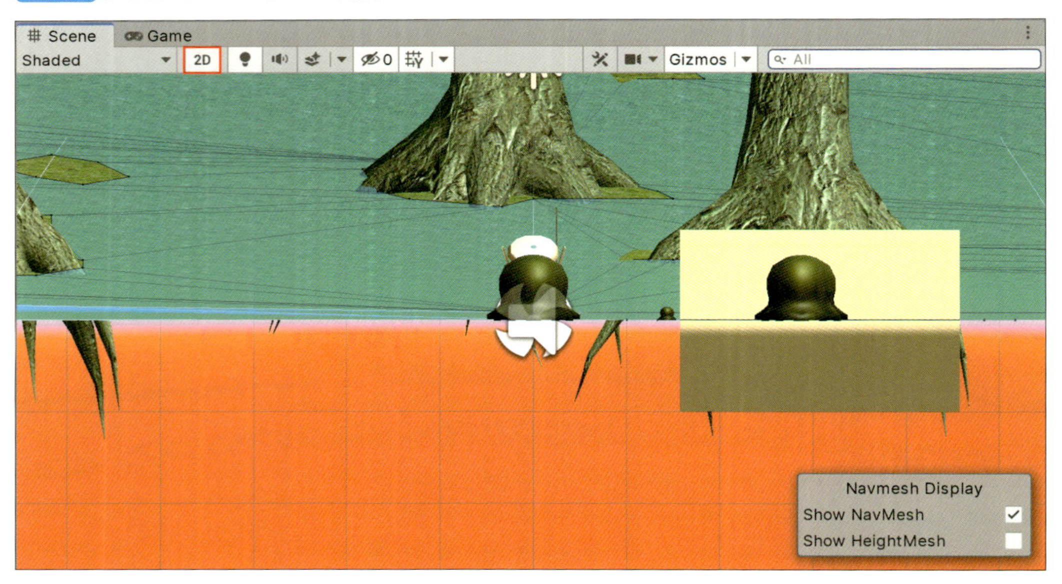

「File」→「New Scene」(ショートカットはCommand＋N)を選択して新しいシーンを作成します。

図8.2 ▶ 新規シーンの作成

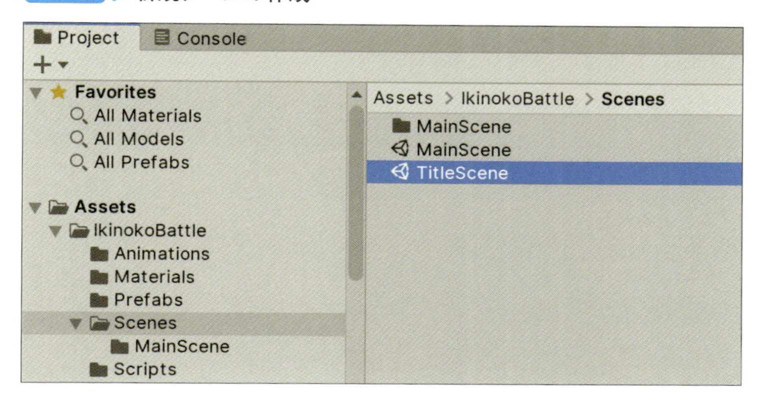

作成したらCommand＋Sを押し、「TitleScene」の名前で保存しておきます。シーンも一ヵ所にまとまっていた方が管理しやすいので、Projectウインドウで「IkinokoBattle」の下にScenesフォルダを作成し、7章までに使用したMainSceneと一緒に入れておくと良いでしょう。

図8.3 ▶ Canvasの作成

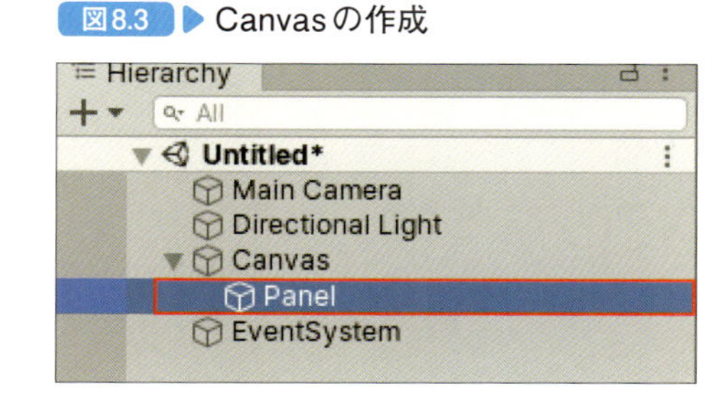

「Assets」－「Scenes」－「MainScene」フォルダにはベイクされたNavMeshが入っていますので、MainSceneを移動する際はMainSceneフォルダも一緒に移動してください。

次にHierarchyウインドウ上で右クリックし、「UI」→「Panel」を選択すると、Canvasとその子オブジェクトのPanelが生成されます。

8-1-2　Canvasとは

Canvasはその名の通りUIを配置するキャンバスのことで、この中にさまざまなUI部品を配置していきます。

Hierarchyウインドウでキャンバスを選択し、InspectorウインドウのCanvasコンポーネントのRender Modeを「Screen Space - Overlay」に設定します。Render Modeはとてもよく使うプロパティですので、その内容を表8.1にまとめています。

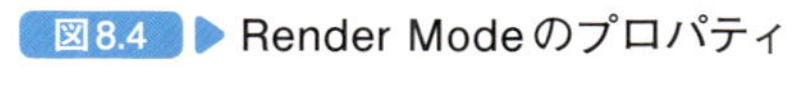
図8.4 ▶ Render Modeのプロパティ

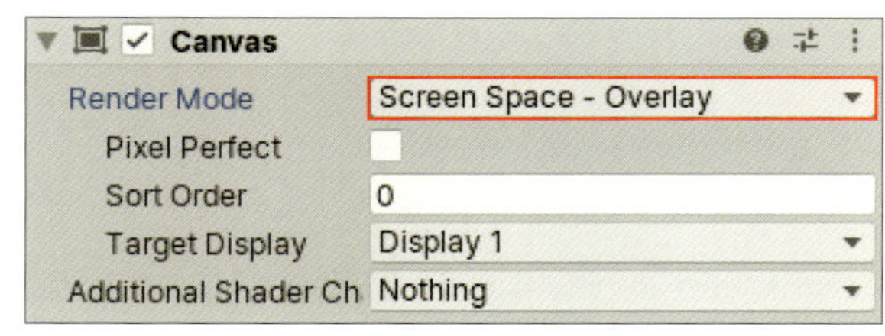

表8.1 ▶ Render Modeのプロパティ

プロパティ	説明
Screen Space - Overlay	Canvas が Scene 上にあるカメラの影響をまったく受けず、常に最前面に表示される。シンプルで扱いやすいが、カメラのエフェクトが適用できない、あらゆるオブジェクトが UI の後ろに隠れるなど描画の制限事項は多い
Screen Space - Camera	指定したカメラの最前面に Canvas が表示される。指定したカメラに対してあらゆるオブジェクトが UI の後ろに隠れるが、Scene に複数カメラを準備して UI カメラの映像を先に描画することで、UI にパーティクルを重ねるなどの演出が可能になる
World Space	Canvas を World 座標に配置する。傾けたり縮小したりと Canvas を他のゲームオブジェクトと同じように扱える

8-1-3　Canvasの解像度を設定する

CanvasScalerコンポーネントは、必ずCanvasと一緒にアタッチされています。これを使ってCanvasの解像度を制御します(ただしRender ModeがWorld Spaceの場合は例外で、Rect TransformコンポーネントのWidthとHeightで解像度を指定します)。今回は、CanvasScalerコンポーネントのUI Scale Modeで「Scale With Screen Size」を指定します。

CanvasScalerコンポーネントのReference Resolutionは、基本画面サイズをピクセル単位で指定します。大きなサイズを指定すれば描画が詳細になりますが、パフォーマンスにも大きく影響しますので、見た目が劣化しない程度に抑えておくと良いでしょう。今回は「960 × 540」とします。

Screen Match Modeは、Reference Resolutionで指定した範囲を画面サイズ(Editor上であれば、Gameビューの大きさ)にどうマッチさせるかの設定となります。今回は、使いやすい「Expand」を選択します。

なお以下に参考として各設定の説明と、Reference Resolutionと同じサイズのImageをCanvasに配置し、Gameビューを横長にして撮影した例を挙げています。

図8.5 ▶ Canvas Scalerのプロパティ

Canvas Scaler
UI Scale Mode　Scale With Screen Size
Reference Resolution
X 960　Y 540
Screen Match Mode　Expand
Reference Pixels Pe　100

Match Width Or Height

Screen Match Modeで「Match Width Or Height」に設定すると、Reference Resolutionで設定した範囲を画面の横もしくは縦のどちらかに合わせるように調整します(これによって一部はみ出る場合があります)。Screen

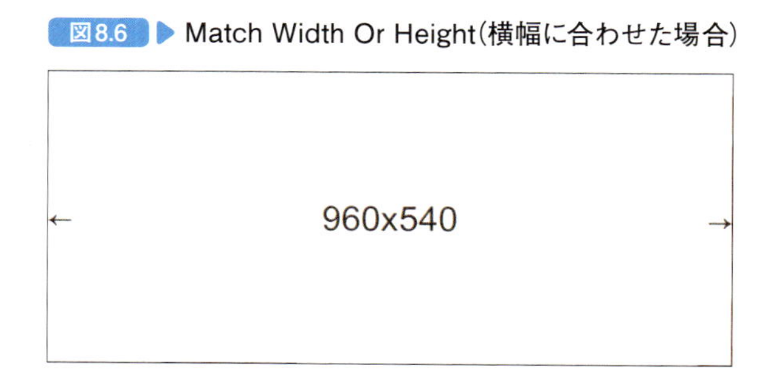

図8.6 ▶ Match Width Or Height(横幅に合わせた場合)

Match ModeのMatchスライダーをWidthに寄せると、横幅に合います。

一方、Screen Match ModeのMatchスライダーをHeightに寄せると、縦幅に合います。

図8.7 ▶ Match Width Or Height(縦幅に合わせた場合)

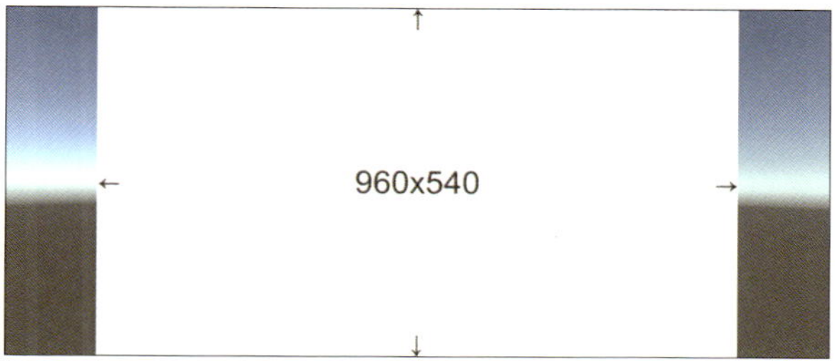

Expand

Screen Match Modeで「Expand」に設定すると、Reference Resolutionの範囲が画面からはみ出ないよう調整されます。

UIが画面からはみ出ないようにできるので、デバイスの画面サイズがまちまちなスマホアプリで大活躍します。今回の場合は図8.7と同じ見た目になります。

Shrink

Screen Match Modeで「Shrink」に設定すると、Reference Resolutionの範囲で画面をピッタリ埋めるよう調整されます(一部はみ出る場合があります)。今回の場合は図8.6と同じ見た目になります。

8-1-4 タイトルの文字を配置する

次にCanvasにタイトルの文字を配置します。

フォントのインポート

Unityでは、.ttfや.otfなどの一般的なフォントファイルを使用できます。今回は、タイトル文字用にRounded M+フォントをダウンロードして使ってみます。

Rounded M+は高品質にも関わらず、商用利用・複製・再配布可能なフォントで、筆者もよく利用しています。まずは以下のURLからRounded M+のフォントファイルをダウンロードします。

・自家製 Rounded M+ (ラウンデッド エムプラス)
http://jikasei.me/font/rounded-mplus/

いくつか種類がありますが、今回はzip形式の「Rounded M+ (標準)」を選択します。

図8.8 ▶ 自家製 Rounded M+ (ラウンデッド エムプラス)

ダウンロード

7-zip, または zip の圧縮形式が選べますが、どちらをダウンロードしても中身は同じです。SourceForge.JP からダウンロードしますが、もし重い場合は ミラーサイト (OneDrive) からのダウンロードをお試しください。

丸さが違う 3 種類のバリエーションがダウンロードできますが、たくさん入れるとごちゃごちゃしますし、わずかな違いしかないので、まず「Rounded M+」の 1 種類だけお使いになることをおすすめします。また、これらの違いについては、このフォントについて をご覧ください。

解凍方法やフォントのインストール手順については、よくある質問集 をご覧ください。

※ 2015/6/3 に最新版 (1.059.20150529) にアップデートしました。

7-zip 形式でダウンロード

解凍には 7-zip 形式に対応した解凍ソフト (Windows は 7-zip、LhaForge、Lhaz、CubeICE、ExpLzh (個人利用のみ無償) など、Mac OS X は The Unarchiver、Keka など) が必要ですが、ダウンロードサイズが大幅に小さくて済みます。

- Rounded M+ (標準) : rounded-mplus-20150529.7z (15.2 MB)
- Rounded-X M+ (丸さ強め) : rounded-x-mplus-20150529.7z (14.0 MB)
- Rounded-L M+ (丸さ弱め) : rounded-l-mplus-20150529.7z (15.6 MB)

zip 形式でダウンロード

ほとんどの環境で何もソフトを入れずに解凍することができますが、圧縮率が高くないのでダウンロードサイズがとても大きいです。

- Rounded M+ (標準) : rounded-mplus-20150529.zip (63.5 MB)
- Rounded-X M+ (丸さ強め) : rounded-x-mplus-20150529.zip (57.1 MB)
- Rounded-L M+ (丸さ弱め) : rounded-l-mplus-20150529.zip (64.6 MB)

ダウンロードが完了したらzipファイルを展開します。多くの.ttfファイルが入っており、それぞれフォントの太さや文字の形に差があります。今回はタイトル文字に使用するため、少し太めの「rounded-mplus-1c-heavy.ttf」を使用します。

図8.9 ▶ フォントの選択

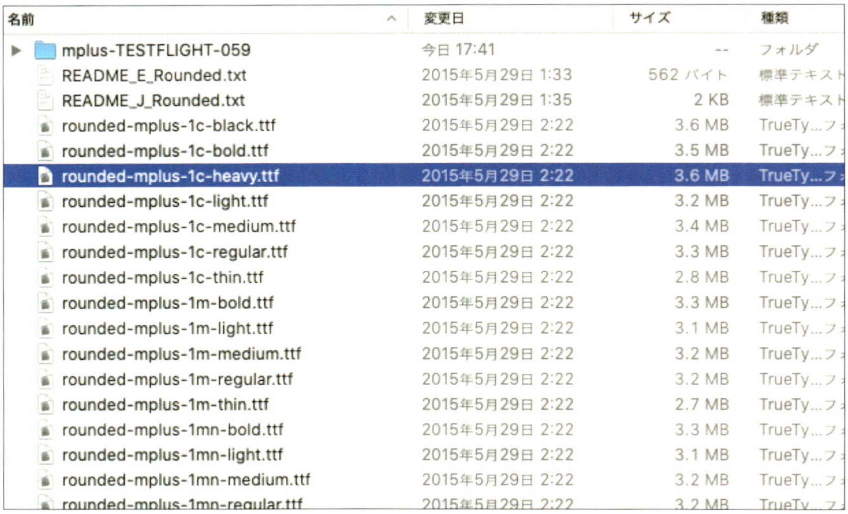

名前	変更日	サイズ	種類
▶ mplus-TESTFLIGHT-059	今日 17:41	--	フォルダ
README_E_Rounded.txt	2015年5月29日 1:33	562 バイト	標準テキスト
README_J_Rounded.txt	2015年5月29日 1:35	2 KB	標準テキスト
rounded-mplus-1c-black.ttf	2015年5月29日 2:22	3.6 MB	TrueTy...フ
rounded-mplus-1c-bold.ttf	2015年5月29日 2:22	3.5 MB	TrueTy...フ
rounded-mplus-1c-heavy.ttf	2015年5月29日 2:22	3.6 MB	TrueTy...フ
rounded-mplus-1c-light.ttf	2015年5月29日 2:22	3.2 MB	TrueTy...フ
rounded-mplus-1c-medium.ttf	2015年5月29日 2:22	3.4 MB	TrueTy...フ
rounded-mplus-1c-regular.ttf	2015年5月29日 2:22	3.3 MB	TrueTy...フ
rounded-mplus-1c-thin.ttf	2015年5月29日 2:22	2.8 MB	TrueTy...フ
rounded-mplus-1m-bold.ttf	2015年5月29日 2:22	3.3 MB	TrueTy...フ
rounded-mplus-1m-light.ttf	2015年5月29日 2:22	3.1 MB	TrueTy...フ
rounded-mplus-1m-medium.ttf	2015年5月29日 2:22	3.2 MB	TrueTy...フ
rounded-mplus-1m-regular.ttf	2015年5月29日 2:22	3.2 MB	TrueTy...フ
rounded-mplus-1m-thin.ttf	2015年5月29日 2:22	2.7 MB	TrueTy...フ
rounded-mplus-1mn-bold.ttf	2015年5月29日 2:22	3.3 MB	TrueTy...フ
rounded-mplus-1mn-light.ttf	2015年5月29日 2:22	3.1 MB	TrueTy...フ
rounded-mplus-1mn-medium.ttf	2015年5月29日 2:22	3.2 MB	TrueTy...フ
rounded-mplus-1mn-regular.ttf	2015年5月29日 2:22	3.2 MB	TrueTy...フ

インポートは、rounded-mplus-1c-heavy.ttfをUnityのProjectウインドウにドラッグ＆ドロップするだけでOKです。1つのゲームで複数フォントを使用することもよくありますので、ここで「Assets」－「IkinokoBattle」の下にFontsフォルダを作成し、このフォルダにフォントを整理しておきます。

図8.10 ▶ Fontsフォルダ

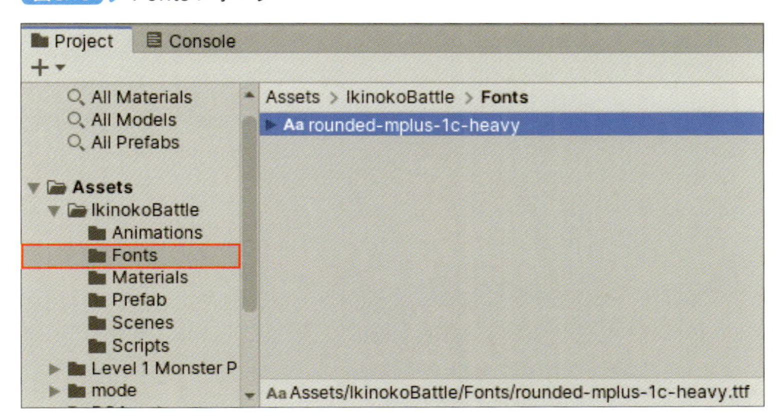

TextMesh Pro

Unity UIには通常のTextとTextMesh ProのTextがあります。TextMesh Proは文字にさまざまなエフェクトを適用できるため、文字の見栄えを良くしたい場合はこちらを選択しましょう。

HierarchyウインドウのPanelで右クリックし、「UI」→「Text - TextMesh Pro」を選択します。初めて起動した際はTMP Importerウインドウが開きます。

「Import TMP Essentials」ボタンをクリックすると、TextMesh Proがインポートされます。これを行わないと文字が表示されませんので、必ず実行しましょう。

図8.11 ▶ TMP Importerウインドウ

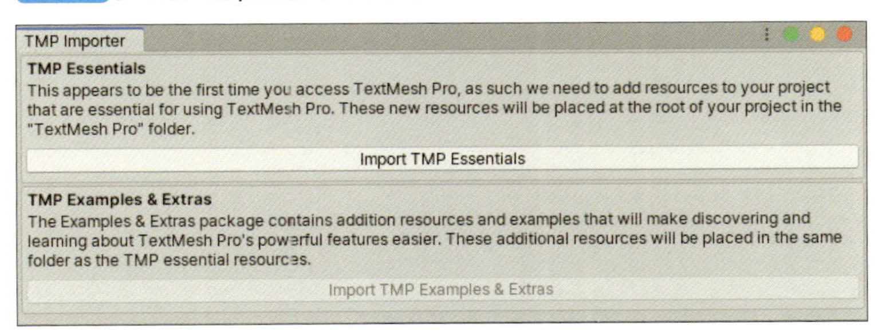

その下の「Import TMP Examples & Extras」ボタンをクリックすると、サンプルなどがインポートされます。使い方の参考になりますので、必要であればインポートしておきましょう。サンプルシーンは、Projectウインドウの「Assets」ー「TextMesh Pro」ー「Examples & Extras」ー「Scenes」に配置されます。

図8.12 ▶ オブジェクト名の変更

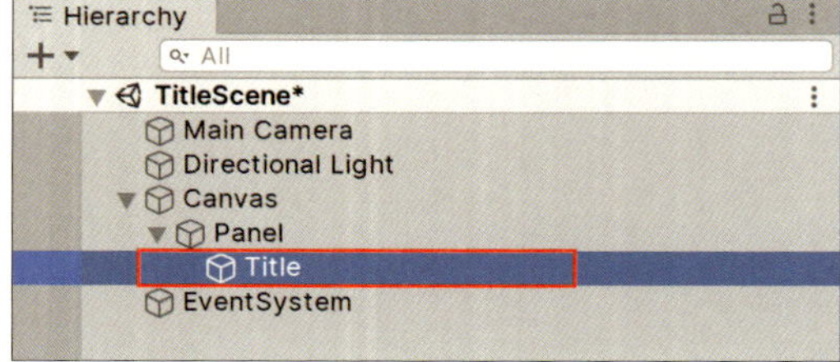

インポートが終了したら、Hierarchyウインドウに作成されたTextMesh Proのオブジェクトの名前を「Title」に変更します。

TextMesh Pro用のフォントを準備する

先ほどインポートしたRounded M+フォントは、そのままではTextMesh Proで使用できません。先にTextMesh Pro用にフォントを変換する必要があります。

「Window」→「TextMeshPro」→「Font Asset Creator」を選択します。フォント変換ツール(Font Asset Creator)が起動しますので、以下のように設定を変更し、「Generate Font Atlas」ボタンをクリックします。

- Source Font Fileに「rounded-mplus-1c-heavy」
- Atlas Resolutionに「256 x 256」
- Character Setに「Custom Characters」
- Custom Character Listに「いきのこバトル」と入力する

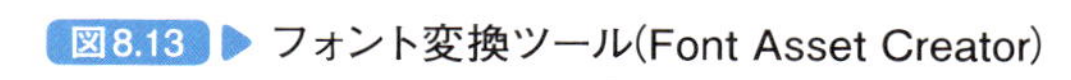
図8.13 ▶ フォント変換ツール(Font Asset Creator)

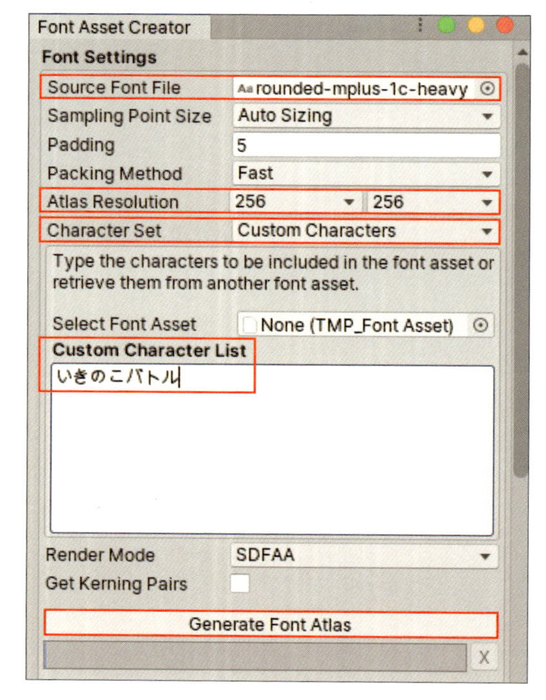

これで、rounded-mplus-1c-heavyのフォントから「いきのこバトル」の7文字を「256×256」の画像に抽出してくれます。

処理が完了したらFont Asset Creatorウインドウを下にスクロールし、「Save」ボタンをクリックして保存します（ファイル名はそのままでかまいません）。

図8.14 ▶ 文字生成後

これで、「いきのこバトル」の7文字はTextMeshProで利用可能になりました。ちなみに、ユーザーに入力させる部分など、使う文字が確定していない場合は「TextMeshPro 常用漢字」でGoogle検索すると、常用漢字をすべてTextMesh Proで使用する方法が見つかります。

ファイルサイズは大きくなりますが、TextMeshProでさまざまな文章を表示する場合はとても有用ですので参考にしてみてください。

タイトルテキストを入力する

次にタイトル部分のテキストを入力します。HierarchyウインドウでTitleを選択し、InspectorウインドウのTextMeshProコンポーネントのTextに「いきのこバトル」と入力します。

Rect TransformのPos X、Pos Y、Pos Zをすべて「0」にしておきます。

図8.15 ▶ タイトルテキストの入力

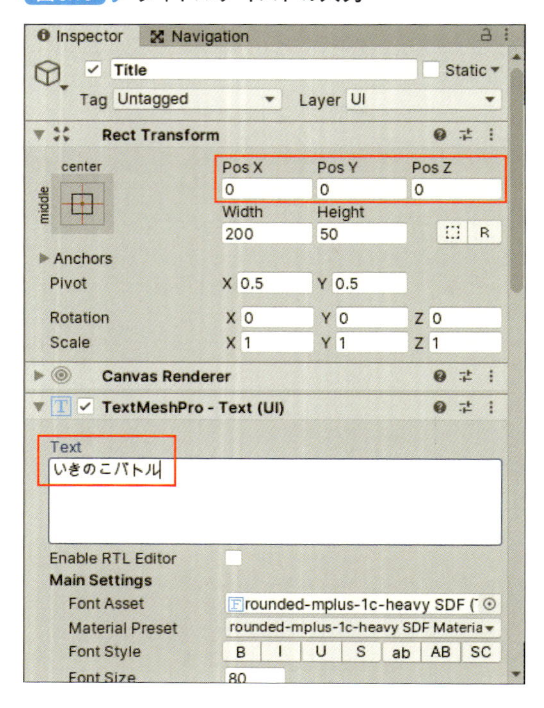

タイトル文字を装飾する

続いてフォントの指定と文字の装飾を行います。

InspectorウインドウのFont Assetで先ほど作成した「rounded-mplus-1c-heavy SDF」を選択します。Font Sizeを「80」、Alignmentを縦横共に「中央」、Wrappingを「Disabled」に変更します。

図8.16 ▶ 文字配置の設定

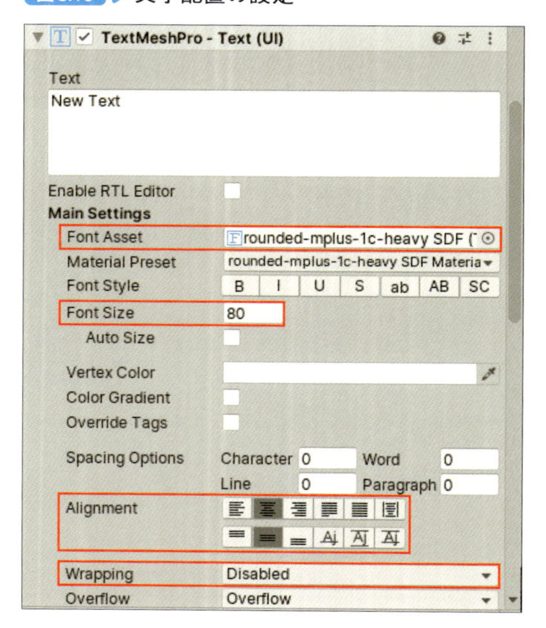

TextMesh Proらしく、文字を装飾してみましょう。InspectcrウインドウのFaceとOutlineでそれぞれ適当なColorとTextureを選択し、OutlineのThicknessを「0.3」に設定します。

この設定変更によって、文字とアウトラインにテクスチャを貼ることが可能になります。

図8.17 ▶ 文字装飾の設定

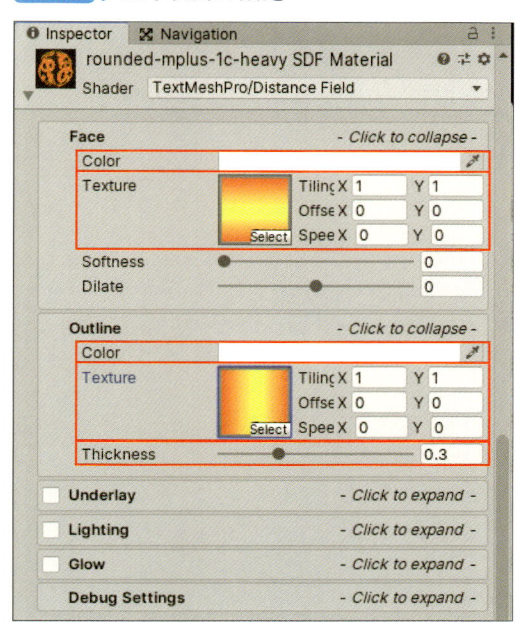

これで素敵な文字を作成できました。

図8.18 ▶ 文字装飾後のSceneビュー

8-1-5　ボタンを配置する

タイトル画面にゲームのスタートボタンを配置してみましょう。Hierarchyウインドウのパネルで右クリックし、「UI」→「Button」を選択します。名前は「StartButton」としておきます。

HierarchyウインドウでStartButtonを選択し、InspectorウインドウでPos Xを「0」、Pos Yを「-100」、Pos Zを「0」に変更し、Widthを「300」、Heightを「60」に変更します。

図8.19 ▶ ボタンの設定

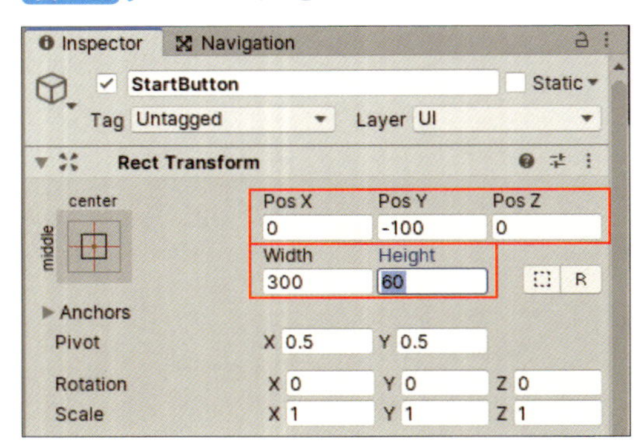

ボタン（StartButton）の子オブジェクトとしてTextが存在しており、ボタンに表示される文字はここで指定します。TextにアタッチされているTextコンポーネントは、TextMesh Proと比べると機能はシンプルですが、インポートしたフォントをそのまま使えるという特徴があります。

HierarchyウインドウでStartButtonのTextを選択し、InspectorウインドウのTextコンポーネントでTextを「スタート」、Fontを「rounded-mplus-1c-heavy」、Font Sizeを「40」に変更します。

図8.20 ▶ ボタン内の文字設定

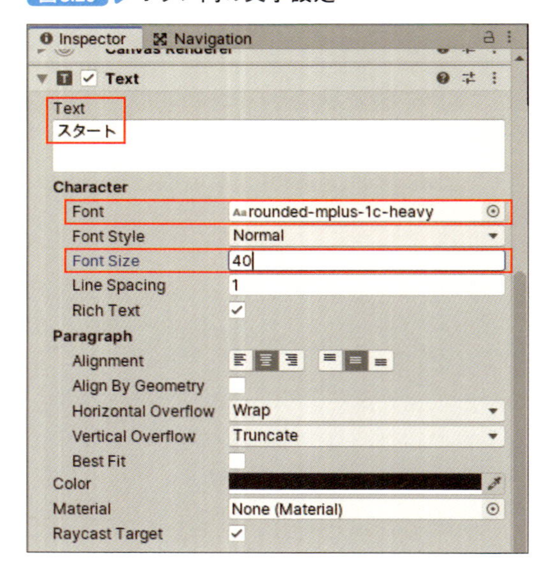

図8.21 ▶ ボタン配置後のSceneビュー

コラム Anchor Presets

UIのゲームオブジェクトには、通常のTransformの代わりにUI用に拡張されたRect Transformコンポーネントがアタッチされています。

Rect Transformコンポーネントには、Anchor（アンカー）の仕組みがあり、Anchor Presetsを使うことで「UIを親要素に対してどのように配置するか」を指定できます。

たとえば、親要素の中央に配置したり、親要素の大きさに併せて子UIのサイズを収縮させたりすることが可能で、使いこなせばUIの作成が格段に早くなります。

図8.a ▶ Anchor Presets

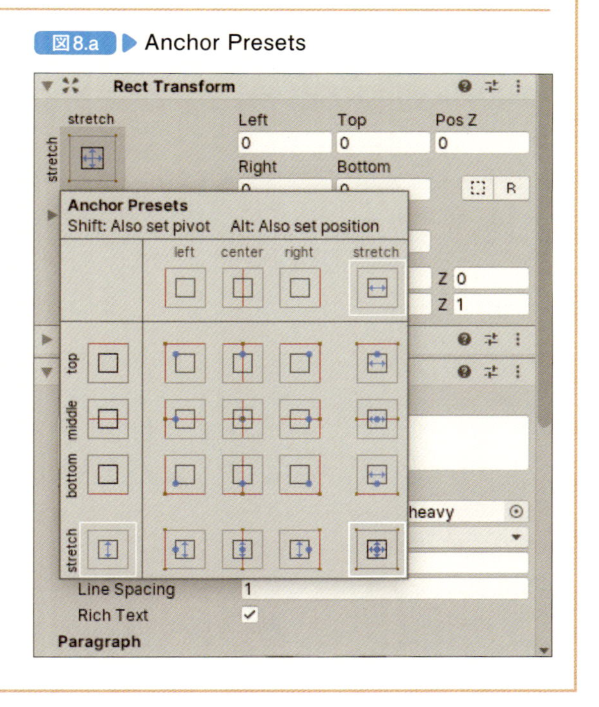

シーン遷移を実装する

次はボタンを押したときの処理を準備します。リスト8.1のスクリプトStartButton.csを作成します。

リスト8.1 ▶ シーンを遷移するスクリプト(StartButton.cs)

```
using UnityEngine;
using UnityEngine.SceneManagement;
using UnityEngine.UI;

[RequireComponent(typeof(Button))]
public class StartButton : MonoBehaviour
{
    private void Start()
    {
        var button = GetComponent<Button>();
        ボタンを押下した時のリスナーを設定
        button.onClick.AddListener(() =>
        {
            シーン遷移の際にはSceneManagerを使用する
            SceneManager.LoadScene("MainScene");
        });
    }
}
```

こちらをStartButtonにアタッチすると、ボタンがクリックされたときにMainSceneに遷移するようになります。

なお、ボタンがクリックされたときの処理はStartButton.csに記載した方法の他にInspectorウインドウのButtonコンポーネントから実行するメソッドを直接指定することも可能です。

コラム ラムダ式

リスト8.1ではbutton.onClick.AddListener()に「ラムダ式」を渡しています。ラムダ式とは、無名関数(名前のついていない関数)を表現する式のことで、その場で定義してすぐ関数として使えるのでとても便利です。ちなみに、AddListener()にラムダ式ではなく普通のメソッドを渡すことも可能です。

シーンをビルド対象に追加する

シーンを遷移するためには、シーンをビルド対象に追加する必要があります。反対に、デバッグ用のシーンなどはビルド対象に含めないようにしましょう。

「File」→「Build Settings」（ショートカットはCommand＋Shift＋B）を選択してBuild Settingsを開き、「Add Open Scene」ボタンをクリックして、開いているシーン（ここではTitleScene）をビルド対象に追加します。

前章までで使用したMainSceneもビルド対象に追加しておきましょう。Projectウインドウの「IkinokoBattle」－「Scenes」に入っているMainSceneを、Build SettingsのScenes In Buildにドラッグ＆ドロップすれば追加できます。

先頭に配置されているシーンがゲームで最初に開かれるシーンとなりますので、TitleSceneをScenes In Buildの先頭に配置しましょう。ドラッグ＆ドロップで順番を入れ替えられます。

図8.22 ▶ シーンをビルド対象に追加

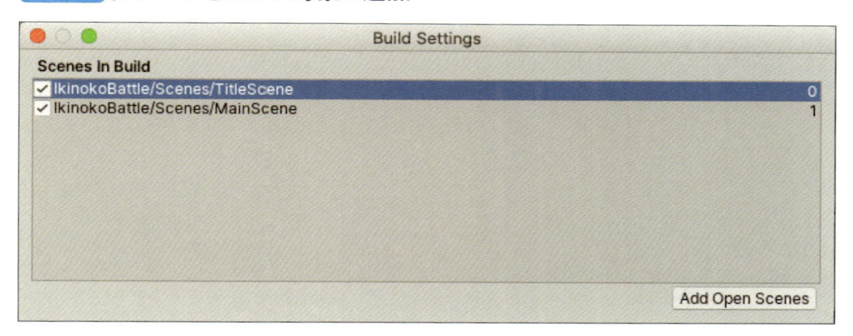

コラム 2Dゲームはどうやって作る？

Unityで2Dゲームを作るための仕組みとして、SpriteやTilemapがあります。これらを使う場合はHierarchyウインドウで右クリック→「2D Object」から2Dゲーム用のオブジェクトを配置し、あとは3Dと同じようにCollider2Dなどのコンポーネントをアタッチしたりボーンを仕込んでアニメーションをつけたりしてゲームを形作っていきます（スーパーファミコン世代の筆者は、Tilemap機能でテンションがアガります）。

別の方法として、2DゲームはUIを使っても作ることが可能です。ImageをSpriteの代わりに使えば画像を表示できますし、Collider2Dなども問題無くアタッチできます。

それでは、2Dゲームを作るときはどちらを使うのが正解でしょうか？ちょっとした2DゲームであればUIで作っても全然かまいませんが、本格的に作るのであればSpriteを使うのがオススメです。

SpriteとUIでは描画方式やポリゴンの扱いなどに違いがあり、「UIは動かさなければ負荷が少ないが、動かすと負荷が高まる」という特徴があるためです。

それぞれ得意不得意があるので、うまく使い分けてゲームを作りましょう。

ゲームオーバー画面を作ろう

続いて、少し演出を入れつつゲームオーバー画面を作ってみましょう。

8-2-1　ゲームオーバー画面シーンの作成

まずはゲームオーバー画面のシーンを作成します。

「File」→「New Scene」を選択して（ショートカットはCommand＋N）で新規シーンを作成し、名前を「GameOverScene」として保存します。次にHierarchyウインドウで右クリックし、「UI」→「Panel」を選択してパネルを作成します。

Canvasの設定も必要となりますが、先ほどと同じ流れとなりますので、8-1-2〜8-1-3を参照して設定を行ってください。

8-2-2　UIに影をつける

UIや2DのSpriteには、コンポーネントで影をつけることができます。デザインのアクセントになったり、同系色の背景に溶け込みづらくすることもできますので、試してみましょう。

まずは影のテストということで、Panelの背景色をわかりやすい色として黄色に変えておきます。HierarchyウインドウでPanelを選択し、InspectorウインドウのImageコンポーネントのColorで設定変更を行ってください。

次にHierarchyウインドウのPanelで右クリックし、「UI」→「Text」でTextを作成します。名前は「GameOver」にしておきましょう。InspectorウインドウのTextコンポーネントのTextを「GAME OVER」、Colorを白に変更し、Fontは「rounded-mplus-1c-heavy」、Font Sizeは「80」、Alignmentは中央寄せにし、Horizontal OverflowとVertical Overflowはどちらも「Overflow」に設定します。

図8.23 ▶ UIのテキスト作成

Text
Text: GAME OVER
Character
Font: rounded-mplus-1c-heavy
Font Style: Normal
Font Size: 80
Line Spacing: 1
Rich Text: ✓
Paragraph
Alignment
Align By Geometry
Horizontal Overflow: Overflow
Vertical Overflow: Overflow
Best Fit
Color
Material: None (Material)
Raycast Target: ✓

UIに影をつけてみましょう。HierarchyウインドウでGameOverを選択し、Inspectorウインドウの「Add Component」ボタンをクリックしてShadowコンポーネントを追加します。

ShadowコンポーネントのEffect DistanceでXを「3」、Yを「-3」に変更すると、文字に影がつきました。

図8.24 ▶ Shadowコンポーネントの設定

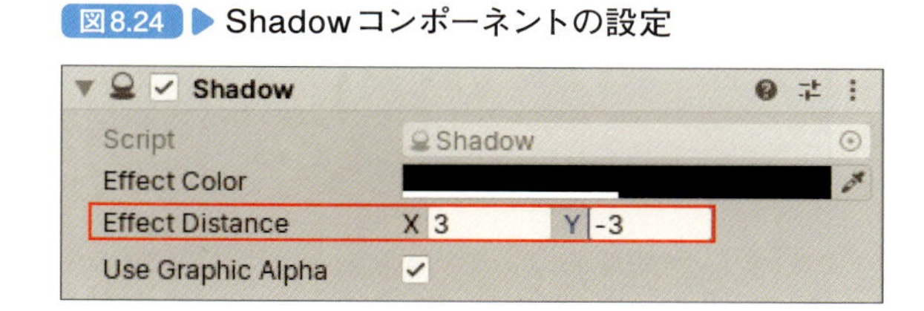

図8.25 ▶ 設定変更後のSceneビュー

コラム　Outlineコンポーネントはちょっとイケてない

Shadowの代わりにOutlineというコンポーネントを使うと、UIやSpriteにアウトラインをつけることができます。

ShadowやOutlineのコンポーネントは、対象のオブジェクトをずらして描画することで影やアウトラインを実現しています。Shadowは影の位置に一度描画するだけですが、Outlineは四方にずらして描画します。太いアウトラインを描きたいときが困りモノで、「四方にずらして描画する」という特性上、ずらす距離を大きくするだけだと角の欠けた汚いアウトラインになってしまいます。

ずらす距離を小さくしたOutlineコンポーネントを複数アタッチすることでアウトラインを滑らかにできますが、描画回数が跳ね上がるのでパフォーマンスに悪影響を及ぼします。

太いアウトラインをつけたい場合はOutlineコンポーネントは使わず、テキストであればTextMesh Proを使用し、画像であれば画像自体を加工することをオススメします。

8-2-3　Tweenアニメーションを使う

「GAME OVER」の文字にアニメーションをつけてみましょう。Unityでアニメーションさせるためには、7章で解説したAnimatorを使う方法の他に、Assetを利用してTweenアニメーションする方法があります。

ボーンを使った本格的なアニメーションにはAnimatorが向いていますが、移動・拡大・回転などのシンプルなアニメーションであればTweenアニメーションを利用することで簡単に実装が可能です。

ちなみに、Tweenアニメーションは中間を意味する「Between」が語源になっています。初期状態とアニメーション後の状態を指定すると、ライブラリがその中間の状態を補完してくれて、その結果滑らかなアニメーションができあがるというわけです。

DOTweenのインポート

Tweenアニメーション用のAssetはいくつかありますが、今回はとても使いやすくて人気のDOTweenを利用します。Asset StoreでDOTweenをダウンロード・インポートしましょう。

図8.26 ▶ DOTween

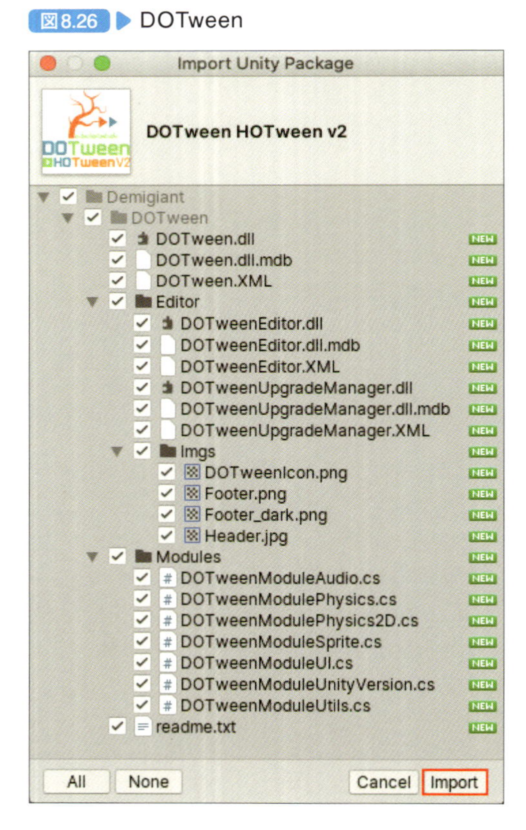

インポートが完了すると、DOTweenのダイアログが開きますので、「Open DOTween Utility Panel」をクリックします。

図8.27 ▶ DOTweenのダイアログ

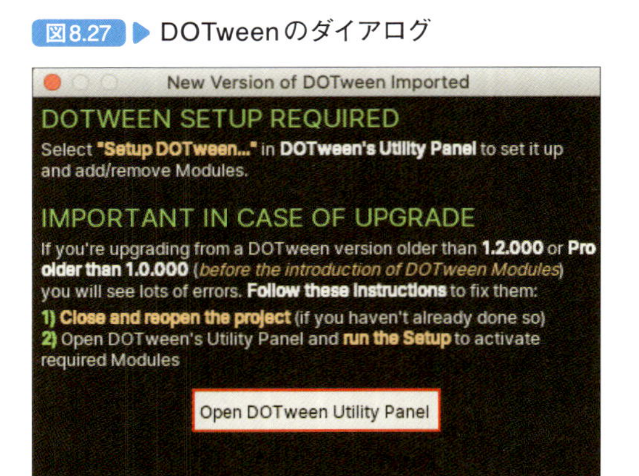

クリックするとDOTween Utility Panelウインドウが開きますので、「Setup DOTween」ボタンをクリックし、次に出てきたウインドウで「Apply」ボタンをクリックすると、必要なモジュールをインストールできます。

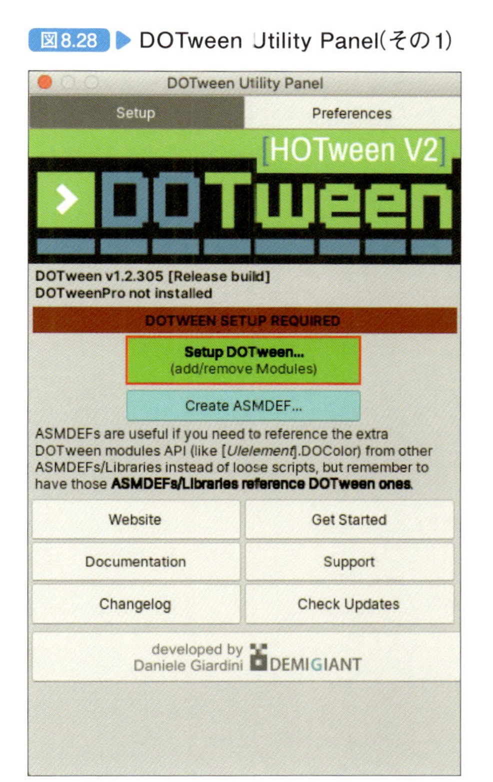

図8.28 ▶ DOTween Utility Panel(その1)

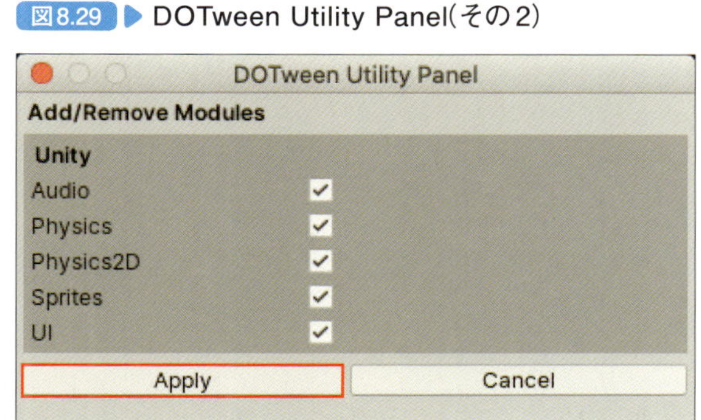

図8.29 ▶ DOTween Utility Panel(その2)

もしパネルを閉じてしまった場合は、「Tools」→「Demigiant」→「DOTween Utility Panel」で開くことができます。

Tweenアニメーションをつける

次にGAME OVERのテキストに以下のアニメーションを付与するため、スクリプトを書きます(リスト8.2)。

・上から現れ、画面中央まで移動する
・移動完了時に振動する

リスト8.2 ▶ Tweenアニメーションをつけるスクリプト(GameOverTextAnimator.cs)

```
using DG.Tweening;
using UnityEngine;
using UnityEngine.SceneManagement;

public class GameOverTextAnimator : MonoBehaviour
{
    private void Start()
    {
        var transformCache = transform;
        終点として使用するため、初期座標を保持
        var defaultPosition = transformCache.localPosition;
        いったん上の方に移動させる
        transformCache.localPosition = new Vector3(0, 300f);
        移動アニメーション開始
        transformCache.DOLocalMove(defaultPosition, 1f)
            .SetEase(Ease.Linear)
            .OnComplete(() =>
            {
                Debug.Log("GAME OVER!!");
                シェイクアニメーション
                transformCache.DOShakePosition(1.5f, 100);
            });

        DOTweenには、Coroutineを使わずに任意の秒数を待てる便利メソッドも搭載されている
        DOVirtual.DelayedCall(10, () =>
        {
            10秒待ってからタイトルシーンに遷移
            SceneManager.LoadScene("TitleScene");
        });
    }
}
```

ちなみに、リスト8.2ではOnComplete()を使って前のTweenアニメーションの実行を待ってから次のアニメーションを仕込んでいますが、アニメーション以外の処理を行わない場合は、Tweenアニメーションを結合できるDOTween.Sequence()を使ってアニメーションを結合する方がスマートです。使い方を詳しく知りたい場合は「DOTween Sqeuence」でGoogle検索してみてください。

また、拡大・縮小や回転を行いたい場合は「DOScale()」や「DORotate()」などのメソッドがありますので、そちらを利用しましょう。

他にもさまざまなメソッドがありますので、公式ドキュメントにも目を通してみてください。英語で読むのが厳しい場合は、「DOTween 使い方」でGoogle検索すると良い記事がたくさん見つかります。

・DOTween公式ドキュメント
http://dotween.demigiant.com/documentation.php

あとはHierarchyでGameOverを選択し、GameOverTextAnimator.csをアタッチすればアニメーションが実行されるようになります。

コラム DOTweenのハマりポイント

DOTweenは2Dゲーム・UIなどでよく利用しますので、ありがちなハマりポイントを紹介します。

・Time.timeScaleを「0」にすると、Tweenアニメーションが動かなくなった
Tweenerに対して .SetUpdate(true) とすることで、Time.timeScaleの値に影響されずアニメーションが実行されるようになります。ポーズ画面でゲームは停止させたいが、UIをアニメーションさせたい場合などに活躍します。
・Tweenアニメーションを設定しているのに、意図と違う動きをする
別のTweenerが生きていて、アニメーションを実行し続けている可能性があります。アニメーションを完全に止めるならば、Tweenerの .DOKill() を実行しましょう。
・アニメーションをループさせたい
Tweenerの .SetLoop() で回数やループ方法を指定することができます。
・コルーチンでTweenアニメーションの完了を待ちたい
Tweenerの.WaitForCompletion() でIEnumerator型の戻り値が得られますので、これをyieldを使って待てばOKです。
・アニメーションを繰り返すとオブジェクトの位置や大きさが少しずつずれる
同じゲームオブジェクトにアニメーションを何度も適用すると、ちょっとしたズレが積み重なってオブジェクトの位置や大きさが思い切りズレてくることがあります。デフォルトの座標や大きさを保持しておいて、アニメーション実行前にセットし直すと安心です。

8-2-4 MainSceneからGameOverSceneに遷移させる

TitleSceneの時と同様に、Build SettingsのScenes In BuildにGameOverSceneを追加します。8-1-5の「シーンをビルド対象に追加する」を参照して設定を行ってください。

次にPlayerStatus.csをリスト8.3のように書き換えれば、プレイヤーのライフが0になった際にゲームオーバー画面に遷移するようになります。

リスト8.3 ▶ PlayerStatus.csの書き換え

```
using UnityEngine;
using System.Collections;
using UnityEngine.SceneManagement;

public class PlayerStatus : MobStatus
{
    protected override void OnDie()
    {
        base.OnDie();
        プレイヤーが倒れたときのゲームオーバー処理
        StartCoroutine(GoToGameOverCoroutine());
    }

    private IEnumerator GoToGameOverCoroutine()
    {
        3秒待ってからゲームオーバーシーンへ遷移
        yield return new WaitForSeconds(3);
        SceneManager.LoadScene("GameOverScene");
    }
}
```

アイテムを出現させよう

アイテム欄などのUIを作成する前にアイテムの実装を行っていきましょう。ここでは、木のアイテムと石のアイテムを敵キャラクターから出現させるようにします。

8-3-1　アイテムのスクリプトを書く

まずはアイテムのスクリプトを作成します（リスト8.4）。アイテムを取った際の処理はいったん後回しにします。

リスト8.4 ▶ アイテムのスクリプト（Item.cs）

```
using DG.Tweening;
using UnityEngine;

[RequireComponent(typeof(Collider))]
public class Item : MonoBehaviour
{
    アイテムの種類定義
    public enum ItemType
    {
        Wood, 木
        Stone, 石
        ThrowAxe 投げオノ（木と石で作る！）
    }

    [SerializeField] private ItemType type;

    初期化処理
    public void Initialize()
    {
        アニメーションが終わるまでcolliderを無効に
        var colliderCache = GetComponent<Collider>();
        colliderCache.enabled = false;
        出現アニメーション
        var transformCache = transform;
        var dropPosition = transform.localPosition +
```

続く

```
                                    new Vector3(Random.Range(-1f, 1f), 0, Random.
Range(-1f, 1f));
        transformCache.DOLocalMove(dropPosition, 0.5f);
        var defaultScale = transformCache.localScale;
        transformCache.localScale = Vector3.zero;
        transformCache.DOScale(defaultScale, 0.5f)
            .SetEase(Ease.OutBounce)
            .OnComplete(() =>
            {
                アニメーションが終わったらcolliderを有効に
                colliderCache.enabled = true;
            });
    }

    private void OnTriggerEnter(Collider other)
    {
        if (!other.CompareTag("Player")) return;

        TODO プレイヤーの所持品として追加

        オブジェクトの破棄
        Destroy(gameObject);
    }
}
```

続いて、敵を倒したときにアイテムを出現させるスクリプトを書いていきます（リスト8.5）。

リスト8.5 ▶ 敵を倒したときにアイテムを出現させるスクリプト(MobItemDropper.cs)

```
using UnityEngine;
using Random = UnityEngine.Random;

[RequireComponent(typeof(MobStatus))]
public class MobItemDropper : MonoBehaviour
{
    [SerializeField] [Range(0, 1)] private float dropRate = 0.1f;
    アイテム出現確率
    [SerializeField] private Item itemPrefab;
    [SerializeField] private int number = 1; アイテム出現個数

    private MobStatus _status;
    private bool _isDropInvoked;
    private void Start()
```

続く

```
    {
        _status = GetComponent<MobStatus>();
    }

    private void Update()
    {
        if (_status.Life <= 0)
        {
            ライフが尽きた時に実行
            DropIfNeeded();
        }
    }

    必要であればアイテムを出現させます
    private void DropIfNeeded()
    {
        if (_isDropInvoked) return;

        _isDropInvoked = true;

        if (Random.Range(0, 1f) >= dropRate) return;

        指定個数分のアイテムを出現させる
        for (var i = 0; i < number; i++)
        {
            var item = Instantiate(itemPrefab, transform.position, 
Quaternion.identity);
            item.Initialize();
        }
    }
}
```


8-3-2 アイテムのPrefabを準備する

アイテムのPrefabを準備します。その前にProjectウインドウでMainSceneを開いておいてください。

木のアイテムは「Assets」－「Scenes」-「Low_Poly_Survival」－「Prefabs」の下にあるStump、石のアイテムは「Prefabs」－「Stone」の下にあるStone_3を使用します。それぞれSceneにドラッグして配置します。木の名前を「Item_Wood」、石の名前を「Item_Stone」に変更しておきます。

そのままだと少しサイズが大きいため、Inspectorウインドウで Transformコンポーネントの Item_Wood の Scale の X を「0.5」、Y を「0.5」、Z を「0.5」に変更します。同様に Item_Stone の Scale の X を「0.1」、Y を「0.1」、Z を「0.1」に変更します。

またデフォルトでは当たり判定が小さくてアイテムを拾いづらくなるため、Hierarchyウインドウで Item_Wood と Item_Stone の両方を選択し、Inspectorウインドウの Mesh Colliderコンポーネントを削除し、Sphere Colliderコンポーネントを追加します。Sphere Colliderコンポーネントの Is Triggerにチェックを入れ、プレイヤーがすり抜けられるようにしておきます。また Item_Wood の Sphere Colliderコンポーネントの Radius を「1」、Item_Stone の Radius を「5」に変更します。

その後、Item_Wood と Item_Stone に先ほど作成した Item.cs をアタッチします。Item_Wood の Itemコンポーネントでは Type を「Wood」、Item_Stone の Itemコンポーネントでは Type を「Stone」に変更します。

図8.30 ▶ Item_Woodの設定

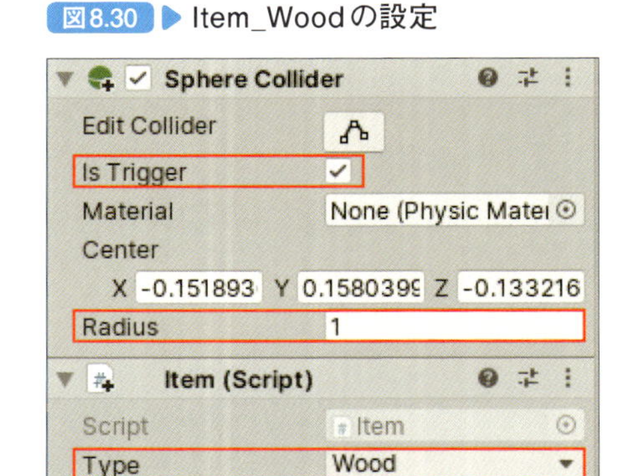

図8.31 ▶ Item_Stoneの設定

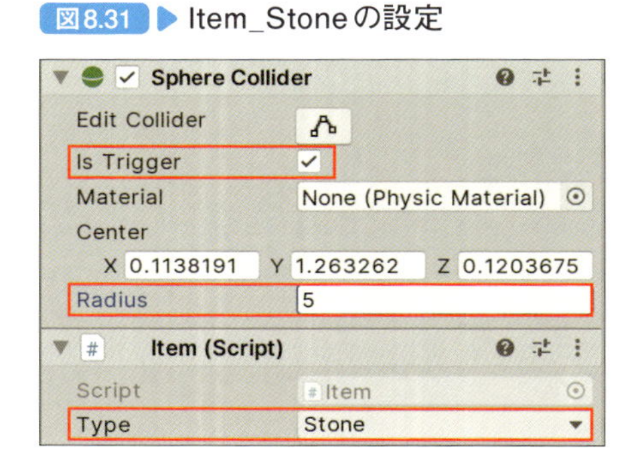

図8.32 ▶ 設定変更後のSceneビュー

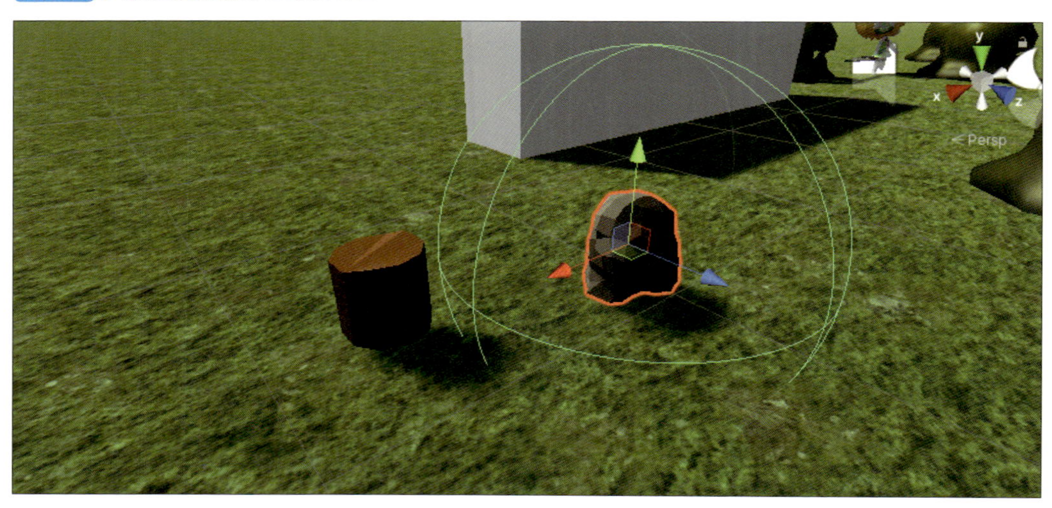

2つのアイテムをProjectウインドウの「IkinokoBattle」－「Prefabs」フォルダにドラッグ＆ドロップしてPrefab化を行います。Create Prefabダイアログが出てきたら「Original prefab」ボタンをクリックし、シーン上からは削除しておきます。

8-3-3　敵を倒したときにアイテムを出現させる

敵を倒したときにアイテムを出現させるために、Projectウインドウの「IkinokoBattle」－「Prefabs」フォルダにあるSlime_GreenのPrefabを選択し、先ほど作成したMobItemDropper.cs（リスト8.5）をアタッチします。

図8.33 ▶ Mob Item Dropperコンポーネントの設定

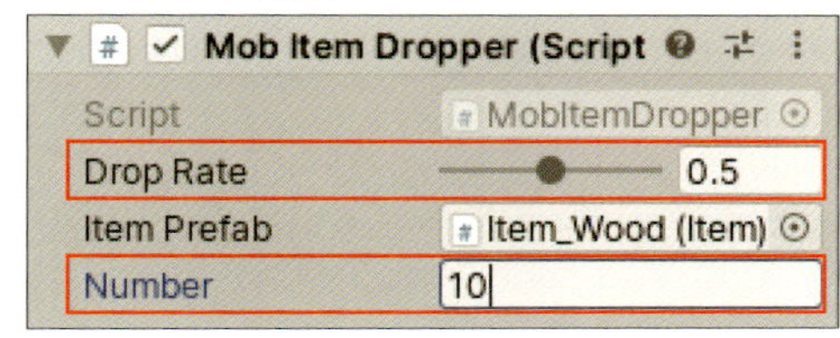

InspectorウインドウのMob Item DropperコンポーネントのDrop Rateを「0.5」（50％）、Item Prefabを「Item_Wood」に変更し、Numberを「10」に変更します。

ゲームを再生すると、敵が50％の確率で木を10本落とすようになりました。

コラム　オブジェクトプールを使うべし

今回のアイテム出現処理には、改善すべき点があります。それは、アイテムの出現時にInstantiate()を使っているという点です。Instantiate()でのゲームオブジェクトの生成は負荷が高いため、たくさんのアイテムを一度に生成しようとすると処理落ちしてしまいます。

これを回避するため、たくさん出現するオブジェクトはシーン開始時に必要な数を生成＆隠しておき、後で使い回す手法があります。これをオブジェクトプールといいます。

オブジェクトプールの仕組みはとても簡単です。まずはシーンの最初にInstantiate()したゲームオブジェクトをSetActive(false)して非表示の状態にします。このとき、ゲームオブジェクトを配列やリストに保持しておきます。

その後ゲームオブジェクトが必要になった時は、配列からactiveSelfがfalseのゲームオブジェクト（非表示状態のオブジェクト）を取り出し、SetActive(true)してから好きな座標に配置します。オブジェクトが不要になった際はDestroy()で破棄するのではなく、再びSetActive(false)して非表示にします。

オブジェクトプールはシンプルながらも効果は絶大で、若干のメモリを消費する代わりに負荷を大幅に抑えることができます。

8-3-4　JSONを利用してデータを保存する

アイテム欄を作るためには「自分がどのアイテムを何個持っているか」の情報が必要です。所持アイテムのデータ（種類・個数）をどのように保存するかを考える必要があります。

Unityでのデータ保存方法

Unityにはさまざまなデータ保存方法があります。主な方法は以下のとおりです。

・PlayerPrefs
Unityには、PlayerPrefsというデータ保存用の機能があります。キーと値を指定して保存・読み込みするだけですので、とても簡単に利用できます。
・ファイル
PlayerPrefを使わず、ファイルとしてデータを保存することも可能です。
・サーバー
クラウドサービスなどを利用して、サーバー側にデータを保存することも可能です。便利で強力ですが、サービスに応じた実装が必要なのに加え、チートやハッキングなどが起こると他のプレイヤーにも大きな影響を与えかねないので注意が必要です。

今回は、Unityで一番メジャーなデータ保存方法であるPlayerPrefsを利用します。

コラム　暗号化でチート対策

PlayerPrefやファイルなどは、簡単にデータを覗き見ることができます。ソロプレイ専用のゲームだったとしても、スコアランキング機能があると、不正行為は他のプレイヤーのモチベーションを下げてしまいかねません。
セーブデータを暗号化して保存すれば、データ改ざんの難易度を大きく上げることができます。無料で使えるシンプルな暗号化Assetもありますので試してみるのも良いでしょう。ちなみに筆者は「AesEncryptor」というAssetを愛用しています。

PlayerPrefsへのデータ保存方法

PlayerPrefsには、以下の3種類の型のデータが保存できます。

- int
- float
- String

使い方はとても簡単で、以下のようにPlayerPrefsクラスのSet○○()、Get○○()、Save()メソッドを呼び出すだけです。

```
using UnityEngine;

public class PlayerPrefsTest : MonoBehaviour
{
    PlayerPrefsのデータ読み書きに使うキーは、タイプミスを避けるために定数などで宣言しておいた方が良い
    private const string TestKey = "TEST";
    private void Start()
    {
        保存するデータ
        var testData = "This is Test!!";

        Stringをセット
        PlayerPrefs.SetString(TestKey, testData);
        保存
        PlayerPrefs.Save();

        保存したStringの読み込み。一度保存したあとは、保存処理をコメントアウトしても「This is Test!!」が読み込める
        var savedData = PlayerPrefs.GetString(TestKey);
        Debug.Log(savedData);
    }
}
```

ただし、所持アイテムのデータは「どのような種類のアイテムを何個持っているか」といった情報を持つ必要があります。前述の3種類の型にそのまま入れようとすると、「アイテムの種類ごとにキーを定義しておき、intで個数を保存する」といったように、管理が非常に面倒になります。

このように複雑なデータを扱う際に役立つのが、オブジェクトをJSONにシリアライズする処理です。Unityではクラスにひと手間加えることで、インスタンスを丸ごとJSONに変換（シリアライズと呼びます）したり、JSONからオブジェクトを復元（デシリアライズと呼びます）したりできます。

JSONとは

JSON (JavaScript Object Notation) とは、ブラウザやサーバー上で動くプログラム言語JavaScriptをベースにしたデータフォーマットです。JSONは下記のように文字列のみで構成されているためわかりやすくかつ軽量で扱いやすいため、JavaScriptに限らずさまざまな言語で利用されています。

```
{
    "キーその1": "データ",
    "キーその2": "データその2"
}
```

オブジェクトとJSONの相互変換

所持アイテムの保存・復元ができるクラスを作ってみましょう（リスト8.6）。サンプルゲームはセーブデータを1つしか持たないため、同じインスタンスをどこからでも呼び出せるシングルトンパターンで実装しています。ゲームオブジェクト用のスクリプトではないため、アタッチする必要はありません。

リスト8.6 ▶ 所持アイテムの保存・復元クラス(OwnedItemsData.cs)

```
using System;
using System.Linq;
using System.Collections.Generic;
using UnityEngine;

[Serializable]
public class OwnedItemsData
{
    PlayerPrefs保存先キー
    private const string PlayerPrefsKey = "OWNED_ITEMS_DATA";

    インスタンスを返します
    public static OwnedItemsData Instance
    {
        get
        {
            if (null == _instance)
            {
                _instance = PlayerPrefs.HasKey(PlayerPrefsKey)
                    ? JsonUtility.FromJson<OwnedItemsData>(PlayerPrefs.
GetString(PlayerPrefsKey))
```

続く

```
                    : new OwnedItemsData();
            }

            return _instance;
        }
    }

    private static OwnedItemsData _instance;

    所持アイテム一覧を取得します
    public OwnedItem[] OwnedItems
    {
        get { return ownedItems.ToArray(); }
    }

    どのアイテムを何個所持しているかのリスト
    [SerializeField] private List<OwnedItem> ownedItems = new 
List<OwnedItem>();

    コンストラクタ
    シングルトンでは外部からnewできないようコンストラクタをprivateにする
    private OwnedItemsData()
    {
    }

    JSON化してPlayerPrefsに保存します
    public void Save()
    {
        var jsonString = JsonUtility.ToJson(this);
        PlayerPrefs.SetString(PlayerPrefsKey, jsonString);
        PlayerPrefs.Save();
    }

    アイテムを追加します
    /// <param name="type"></param>
    /// <param name="number"></param>
    public void Add(Item.ItemType type, int number = 1)
    {
        var item = GetItem(type);
        if (null == item)
        {
            item = new OwnedItem(type);
            ownedItems.Add(item);
        }
        item.Add(number);
    }
```

続く

```
アイテムを消費します
/// <param name="type"></param>
/// <param name="number"></param>
/// <exception cref="Exception"></exception>
public void Use(Item.ItemType type, int number = 1)
{
    var item = GetItem(type);
    if (null == item || item.Number < number)
    {
        throw new Exception("アイテムが足りません");
    }
    item.Use(number);
}

対象の種類のアイテムデータを取得します
/// <param name="type"></param>
/// <returns></returns>
public OwnedItem GetItem(Item.ItemType type)
{
    return ownedItems.FirstOrDefault(x => x.Type == type);
}

アイテムの所持数管理用モデル
[Serializable]
public class OwnedItem
{
    アイテムの種類を返します
    public Item.ItemType Type
    {
        get { return type; }
    }

    public int Number
    {
        get { return number; }
    }

    アイテムの種類
    [SerializeField] private Item.ItemType type;

    所持個数
    [SerializeField] private int number;

    コンストラクタ
    /// <param name="type"></param>
    public OwnedItem(Item.ItemType type)
    {
```

続く

```
            this.type = type;
        }

        public void Add(int number = 1)
        {
            this.number += number;
        }

        public void Use(int number = 1)
        {
            this.number -= number;
        }
    }
}
```

最後に、アイテム実装時に後回しにしていた「所持アイテムへの追加処理」を作りましょう。Item.csを開いて、TODOコメントを書いていた個所をリスト8.7のように書き換えます。

リスト8.7 ▶ Item.csの書き換え

```
略
public class Item : MonoBehaviour
{
略

    private void OnTriggerEnter(Collider other)
    {
        if (!other.CompareTag("Player")) return;

        プレイヤーの所持品として追加
        OwnedItemsData.Instance.Add(type);
        OwnedItemsData.Instance.Save();
        所持アイテムのログ出力
        foreach (var item in OwnedItemsData.Instance.OwnedItems)
        {
            Debug.Log(item.Type + "を" + item.Number + "個所持");
        }

        オブジェクトの破棄
        Destroy(gameObject);
    }
}
```

これで、アイテムを取得した際に所持アイテムの個数が増えるようになりました。

コラム シリアライズできないものに注意！

Dictionary型やDateTime型など、よく使う型でもJSONにシリアライズできないものがあります。また、フィールドをreadonlyにするとシリアライズ対象から外れてしまいますので、注意しましょう。

8-4 ゲーム画面のUIを作ろう

アイテムの準備が整ったところで、ゲーム画面のUIを作っていきましょう。

8-4-1 メニューを追加する

まずゲーム画面に常に表示するメニューボタンを追加します。MainSceneを開いてHierarchyウインドウで右クリックし、「UI」→「Image」を選択します。Canvasの名前を「Menu」、Imageの名前を「Buttons」と指定します。

Hierarchyウインドウで Menuを選択し、Inspectorウインドウの Canvas Scalerコンポーネントで、UI Scale Modeを「Scale with Screen Size」、Reference Resolutionを「960 × 540」に変更して、Screen Match Modeを「Expand」にします。

図8.34 ▶ Canvas Scalerコンポーネント

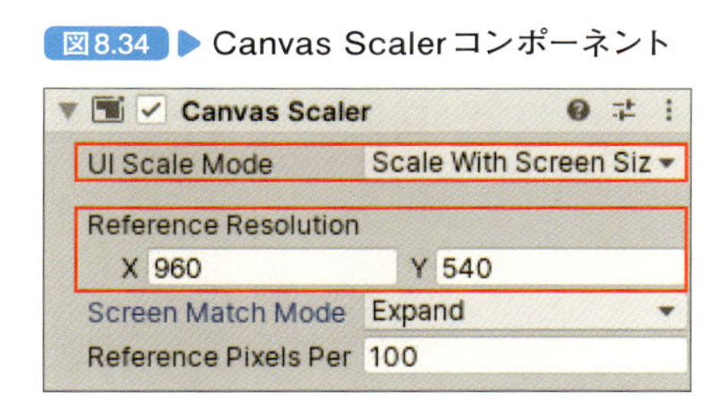

次はButtonsの中に、ボタンを3つ横に並べます。ちなみにButtonsはボタンを入れる枠として使うだけですので、Imageコンポーネントは削除しておきましょう。

Hierarchyウインドウで Buttonsを選択し、Horizontal Layout Groupコンポーネントと Content Size Fitterコンポーネントを追加します。Horizontal Layout Groupコンポーネントは、子UIを横に等間隔で並べるコンポーネントです。Content Size Fitterコンポーネントは、子UIのサイズに応じて親UIのサイズを自動調整するコンポーネントです(縦向きに並べる場合は、Vertical Layout Groupコンポーネントを使用します)。

図8.35 ▶ Horizontal Layout Groupコンポーネント

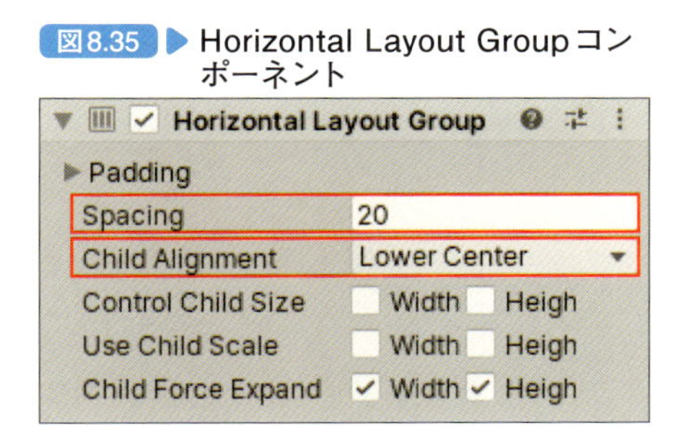

Horizontal Layout GroupコンポーネントのSpacing(UI同士の間隔)を「20」に変更し、Child Alignment(ボタンの配置位置)を「Lower Center」(下段中央寄せ)に変更します。

Content Size FitterコンポーネントのHorizontal Fitで「Min Size」を選択します。これでButtonsの幅が最低限必要な幅に自動的に変化するようになりました。

図8.36 ▶ Content Size Fitterコンポーネント

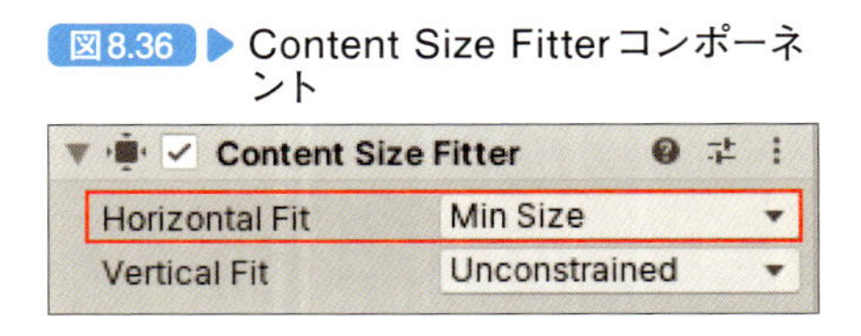

ここまで終わったら、Buttonsの子要素としてボタンを3つ作成します。

Hierarchyウインドウで Buttonsを選択して右クリックし、「UI」→「Button」を選択します。この手順を3回繰り返して3つのボタンを作成し、それぞれの名前を「PauseButton」「ItemsButton」「RecipeButton」に変更します。

図8.37 ▶ Buttonsの子要素の作成

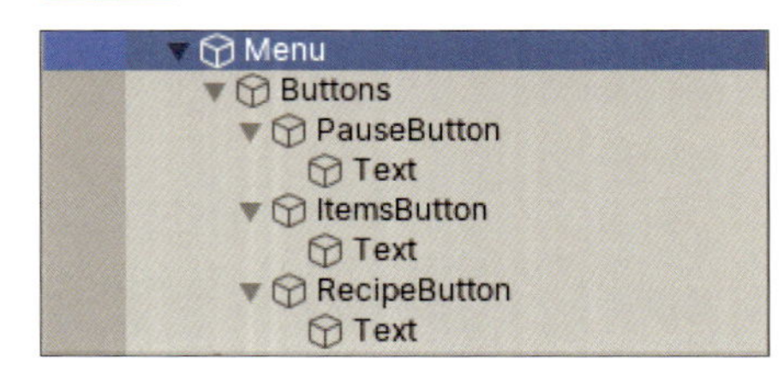

ボタンのTextは、それぞれ「ポーズ」「アイテム」「レシピ」と変更します。ボタンサイズやフォントはお好みの値に調整してください。

続いてレイアウトを調整します。今回はButtonsを左下に配置するようにします。

Hierarchyウインドウで Buttonsを選択し、InspectorウインドウのRect TransformコンポーネントのAnchor Presetsを開いて、「bottom、left」を選択します。またPivotのXを「0」、Yを「0」に変更します。

図8.38 ▶ Anchor Presets

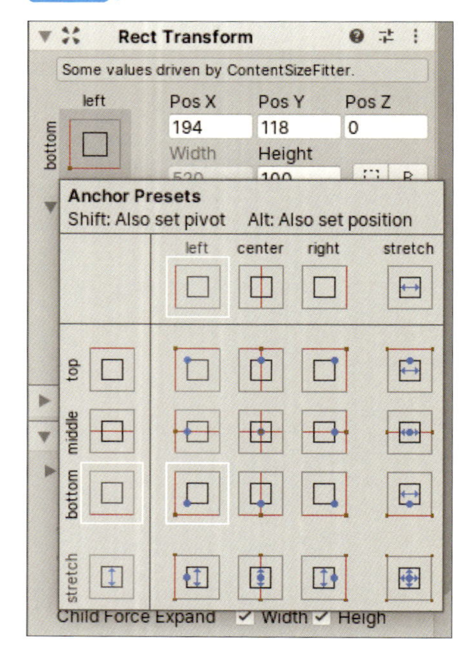

Anchorを変更したことで、Buttonsは親要素の左下を基準として配置されるようになり、かつPivotを変更したことにより、Buttonsの基準点が左下になりました。この状態でRect TransformコンポーネントのPos Xを「20」、Pos Yを「20」と指定すると、画面の左下から(20,

20)の位置にButtonsが配置されました。

このように、AnchorとPivotを使いこなすとUIを自在にレイアウトできます。UIは手で調整するとどうしてもズレが出てきますので、ボタン同士の間隔など、ルールを決めてカッチリと組み立てた方がまとまります。

8-4-2　ポーズ機能の実装

ポーズボタンがクリックされたときに、ゲームが一時停止するように設定します。

まず一時停止中に画面を暗くするためHierarchyウインドウのMenuで右クリックし、「UI」→「Panel」を選択して新規PanelをButtonsと同じ階層に作成します。名前を「PausePanel」とします。

同じ階層にあるUIは、Hierarchyウインドウの下にあるほど前面に表示されます。PausePanelはButtonsの下に並べておきます。PausePanelを選択しInspectorウインドウのImageコンポーネントのColorを半透明の黒に変更します。

HierarchyウインドウのPausePanelで右クリックし、「UI」→「Button」を選択して、PausePanelの中央にポーズ解除用のボタンを配置します。ボタンの名前を「ResumeButton」とし、ボタンのTextを「再開」に変更します。

図8.39 ▶ 設定後のHierarchyウインドウ

続いてスクリプトを作成します。メニューにはポーズ以外にもいくつかの機能を持たせますので、今回はMenu.csを作成してまとめて実装します(リスト8.8)。

リスト8.8 ▶ メニュー制御スクリプト(Menu.cs)

```
using UnityEngine;
using UnityEngine.UI;

public class Menu : MonoBehaviour
{
    [SerializeField] private Button pauseButton;
    [SerializeField] private GameObject pausePanel;
    [SerializeField] private Button resumeButton;

    [SerializeField] private Button itemsButton;
    [SerializeField] private Button recipeButton;

    private void Start()
```

続く

```
    {
        pausePanel.SetActive(false);  ポーズのパネルは初期状態では非表示にしておく

        pauseButton.onClick.AddListener(Pause);
        resumeButton.onClick.AddListener(Resume);
        itemsButton.onClick.AddListener(ToggleItemsDialog);
        recipeButton.onClick.AddListener(ToggleRecipeDialog);
    }

    ゲームを一時停止します
    private void Pause()
    {
        Time.timeScale = 0;  Time.timeScaleで時間の流れの速さを決める。0だと時間が停止する
        pausePanel.SetActive(true);
    }

    ゲームを再開します
    private void Resume()
    {
        Time.timeScale = 1;  また時間が流れるようにする
        pausePanel.SetActive(false);
    }

    アイテムウインドウを開閉します
    private void ToggleItemsDialog()
    {
        TODO 後で実装
    }

    レシピウインドウを開閉します
    private void ToggleRecipeDialog()
    {
        TODO 後で実装
    }
}
```

作成したMenu.csをMenuにアタッチします。Inspectorウインドウのmenuコンポーネントで、例えば、Pause Buttonには先ほど作成した「PauseButton」というように、Panel Button、Resume Button、Items Button、Recipe Buttonに該当のUIオブジェクトをセットします。

これでポーズ機能が動くようになりました。ゲームを実行して試してみましょう。

図8.40 ▶ Menuコンポーネント

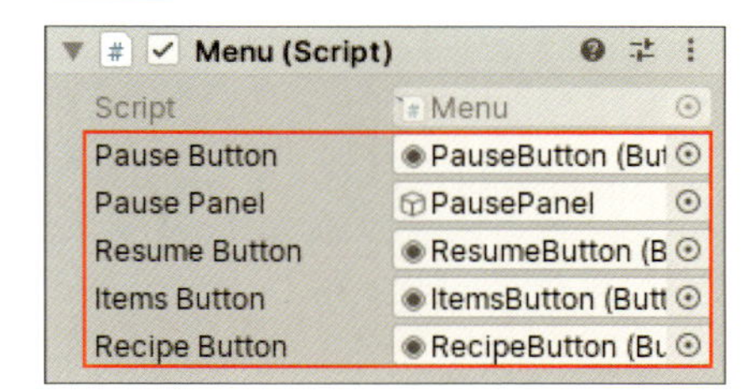

8-4-3　アイテム欄の実装

所持アイテムを一覧表示できる、アイテム欄のUIを実装します。

サンプルSpriteのインポート

本書サポートページ（https://gihyo.jp/book/2020/978-4-297-10973-8/support）を参考に筆者のサポートページからIkinokoBattle8_Sprites.unitypackageをダウンロードしてダブルクリックすると、UIで使う画像データ（Sprite）のインポートを開始します。

UIとスクリプト作成

ポーズ機能と同様にButtonsと同階層にPanelを作成し、名前を「ItemsDialog」とします（手順は8-4-2を参照）。PausePanelを最前面に表示させるために、順番はButtonsとPausePanelの間にしておきます。

Hierarchyウインドウで ItemsDialogを選択し、Inspectorウインドウの Rect Tranform コンポーネントのAnchor Presets（8-4-1参照）を「middle、center」に設定し、Widthを「620」、Heightを「380」に変更します。

図8.41 ▶ Anchor Presets

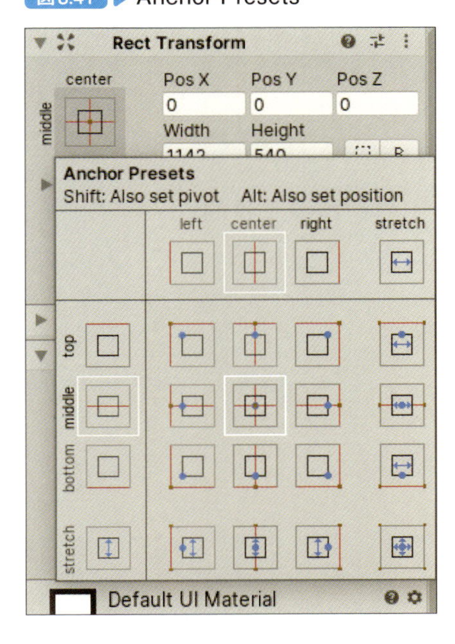

PausePanelが最前面に表示されている状態だとItemsDialogが見えづらいため、Sceneビューでは PausePanelが表示されないようにします。HierarchyでPausePanelの左側の空きスペースをクリックし、目に斜線が入ったマークをつけると、そのゲームオブジェクトはSceneビューでは表示されなくなります。

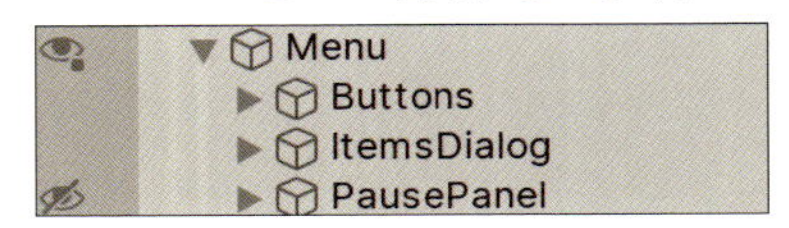

図8.42 ▶ ゲームオブジェクトをSceneビューで表示させなくする

HierarchyウインドウでItemsDialogを選択し、InspectorウインドウのImageコンポーネントのColorを白（RGBAがすべて255）に設定して、透過しないようにします。Inspectorウインドウで「Add Component」ボタンをクリックし、Grid Layout Groupコンポーネントをアタッチします。

Grid Layout Groupコンポーネントは、グリッドレイアウトを実現するためのもので、アイコンやボタンが規則正しく並ぶようなUIを作るのに向いています。

Grid Layout GroupコンポーネントのPaddingをクリックし、Left、Right、Top、Bottomの値をすべて「20」に変更し、Cell SizeのXを「100」、Yを「100」、SpacingのXを「20」、Yを「20」に変更します。

図8.43 ▶ Grid Layout Groupコンポーネント

Grid Layout Group	
Padding	
Left	20
Right	20
Top	20
Bottom	20
Cell Size	X 100　Y 100
Spacing	X 20　Y 20
Start Corner	Upper Left
Start Axis	Horizontal
Child Alignment	Upper Left
Constraint	Flexible

HierarchyウインドウでItemsDialogの子オブジェクトとしてButtonを1つ作成し、名前を「ItemButton」とします。ItemButtonの下にあるTextにアイテムの個数を表示させます。

Textの名前を「Number」に変更し、InspectorウインドウのTextコンポーネントのAlignmentを「右寄せ、下付け」に変更します。フォントやサイズは任意の値に調整してください。文字がアイテム画像とかぶる可能性があるため、Outlineコンポーネントで文字に枠をつけておくと視認性が向上します。

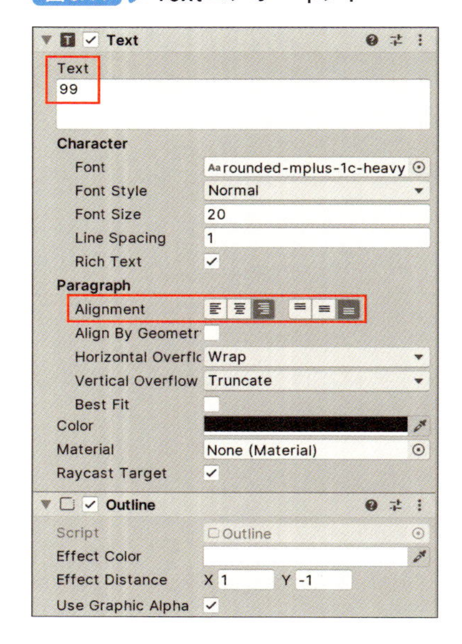

図8.44 ▶ Textコンポーネント

次にHierarchyウインドウでItemButtonの子オブジェクトにImageを追加し、順番はNumberの上に移動しておきます。名前は「Image」のままでかまいません。Inspectorウインドウの Rect Tranformコンポーネントで Width を「90」、Height を「90」に変更します。

続いてアイテム一覧を管理するスクリプトとしてItemsDialog.cs（リスト8.9）、アイテム情報を表示するスクリプトとしてItemButton.cs（リスト8.10）を作成します。

リスト8.9 ▶ アイテム一覧を管理するスクリプト(ItemsDialog.cs)

```
using UnityEngine;

public class ItemsDialog : MonoBehaviour
{
    [SerializeField] private int buttonNumber = 15;
    [SerializeField] private ItemButton itemButton;

    private ItemButton[] _itemButtons;

    private void Start()
    {
        初期状態は非表示
        gameObject.SetActive(false);

        アイテム欄を必要な分だけ複製
        for (var i = 0; i < buttonNumber - 1; i++)
        {
            Instantiate(itemButton, transform);
        }

        子要素のItemButtonを一括取得、保持しておく
        _itemButtons = GetComponentsInChildren<ItemButton>();
    }

    アイテム欄の表示/非表示を切り替えます
    public void Toggle()
    {
        gameObject.SetActive(!gameObject.activeSelf);

        if (gameObject.activeSelf)
        {
            表示された場合はアイテム欄をリフレッシュする
            for (var i = 0; i < buttonNumber; i++)
            {
                各アイテムボタンに所持アイテム情報をセット
                _itemButtons[i].OwnedItem = OwnedItemsData.Instance.
OwnedItems.Length > i
```

続く

```
                    ? OwnedItemsData.Instance.OwnedItems[i]
                    : null;
            }
        }
    }
}
```

リスト8.10 ▶ アイテム情報を表示するスクリプト(ItemButton.cs)

```
using System;
using System.Linq;
using UnityEngine;
using UnityEngine.UI;

[RequireComponent(typeof(Button))]
public class ItemButton : MonoBehaviour
{
    public OwnedItemsData.OwnedItem OwnedItem
    {
        get { return _ownedItem; }
        set
        {
            _ownedItem = value;

            アイテムが割り当てられたかどうかでアイテム画像や所持個数の表示を切り替える
            var isEmpty = null == _ownedItem;
            image.gameObject.SetActive(!isEmpty);
            number.gameObject.SetActive(!isEmpty);
            _button.interactable = !isEmpty;
            if (!isEmpty)
            {
                image.sprite = itemSprites.First(x => x.itemType == _
ownedItem.Type).sprite;
                number.text = "" + _ownedItem.Number;
            }
        }
    }

    [SerializeField] private ItemTypeSpriteMap[] itemSprites;
    各アイテム用の画像を指定するフィールド
    [SerializeField] private Image image;
    [SerializeField] private Text number;
    private Button _button;
    private OwnedItemsData.OwnedItem _ownedItem;
```

続く

```
    private void Awake()
    {
        _button = GetComponent<Button>();
        _button.onClick.AddListener(OnClick);
    }

    private void OnClick()
    {
        // TODO ボタンを押した時の処理はここに書く
    }

    // アイテムの種類とSpriteをインスペクタで紐付けられるようにするためのクラス
    [Serializable]
    public class ItemTypeSpriteMap
    {
        public Item.ItemType itemType;
        public Sprite sprite;
    }
}
```


次にアイテム欄を呼び出すためのMenu.csをリスト8.11のように書き換えます。

リスト8.11 ▶ Menu.csの書き換え

```
略

public class Menu : MonoBehaviour
{
    [SerializeField] private ItemsDialog itemsDialog;
略
    // アイテムウインドウを開閉します
    private void ToggleItemsDialog()
    {
        itemsDialog.Toggle();
    }
略
}
```

作成したItemButton.csをItemButtonにアタッチします。Item ButtonコンポーネントのItem SpritesのSizeを「3」に設定し、Element 0のItem Typeを「Wood」、Spriteを「item_wood」に設定します。Element 1はItem Typeを「Stone」、Spriteを「item_stone」にします。Element 2はItem Typeを「Throw Axe」、Spriteを「item_throwaxe」に変更します。

Item ButtonコンポーネントのImageには、ItemButtonの子オブジェクトとして作成したImageを紐付けます。同様に、Numberには子オブジェクトとして作成したNumberを紐付けます。

図8.45 ▶ Item Buttonの設定

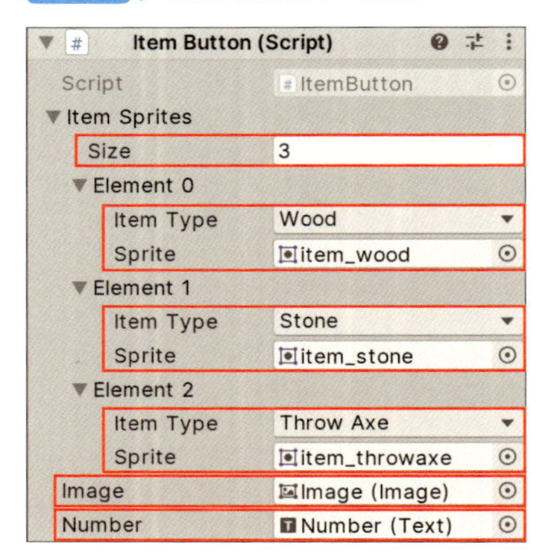

続いて作成したItemsDialog.csをItemsDialogにアタッチします。ItemsDialogはボタン15個分ピッタリのサイズで作成しています。Items DialogコンポーネントのButton Numberは「15」に設定し、Item Buttonには先ほど設定したItemButtonを紐付けます。

図8.46 ▶ Items Dialogの設定

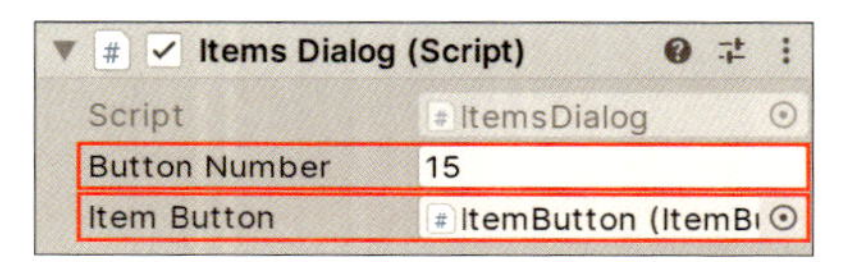

最後にHierarchyウインドウでMenuを選択し、MenuコンポーネントのItems DialogにItemDialog オブジェクトをセットすれば完了です。

図8.47 ▶ MenuとItems Dialogを紐付ける

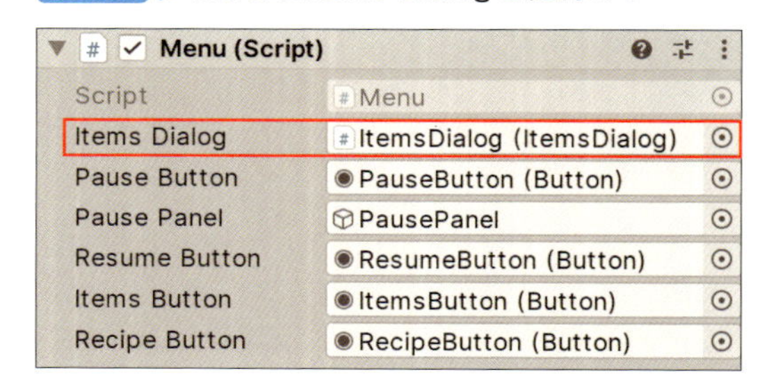

これでアイテム欄が表示できるようになりました。ゲームを実行して試してみましょう。

図8.48 ▶ アイテム欄

応用編：材料を組み合わせて、手投げオノを作る

スクリプトとUIに慣れてきたら、木と石を使って手投げオノを作れるようにしてみるとよいでしょう。

材料を組み合わせるのは複雑な処理のように思えるかもしれませんが、以下のようにアイテム欄のスクリプトとUIを応用すると実装できます。

・レシピボタンを押すと、レシピウインドウが開くようにする
・レシピウインドウに「手投げオノを作る」ボタンを配置する
・「手投げオノを作る」ボタンを押した時、OwnedItemsData.csを使って所持アイテムから木と石を1つずつ減らし、手投げオノを1つ増やすスクリプトを書く
・木または石を所持していない時は、「手投げオノを作る」ボタンを押しても処理を実行しないようにする

手投げオノが作れるようになったら、手投げオノを使って遠距離攻撃できるようにするともっと面白くなります。

こちらは7-5で説明した敵を倒せるようにする処理の応用です。

・Colliderをつけた手投げオノのPrefabを作成する
・「手投げオノを投げる」ボタンを押したとき、手投げオノのPrefabをInstantiate()するスクリプトを書く
・スクリプトから手投げオノのTransformまたはRigidbodyを操作し、手投げオノを任意の方向に移動させる
・キャラクターの攻撃を実装した時と同じように、Colliderによる衝突判定を行って敵にダメージを与える

こういった処理が実装できるようになれば、アイデア次第でさまざまなアイテムを作れます。回復アイテムであれば、アイテムを使った時にライフの値を増やすだけでOKですし、爆弾などの範囲攻撃アイテムであれば、使った時に攻撃用のColliderを出現させるだけでOKです。

なお、上記の処理はサンプルゲーム完成版に組み込んでありますので、作るのが難しければ参照してみてください。

8-4-4　ライフゲージを追加する

プレイヤーや敵キャラクターの残りライフを表示するライフゲージを作成していきます。

UIの表示位置を3Dオブジェクトの位置と連携させる

3DのゲームオブジェクトUの位置に合わせてUIを表示する場合、以下の対応のどちらかが必要です。

- ・CanvasコンポーネントのRender ModeをWorld Spaceに変更し、Canvas自体を3Dのゲームオブジェクトとして扱う
- ・3Dのゲームオブジェクトの3D座標をUI用の2D座標に変換し、UIをその座標に移動させる

ライフゲージはキャラクターごとに配置が必要なため、今回は後者で実装します。3D座標から2D座標への変換方法を覚えておけば、キャラクター名の表示やダメージ数値の表示にも応用できます。

ライフゲージを作る

まずはHierarchyウインドウで右クリックし、「UI」→「Canvas」を選択します。Canvasの名前は「LifeGaugeCanvas」としておきます。続いてHierarchyウインドウでLifeGaugeCanvasを選択して右クリックし、「UI」→「Panel」を選択します。Panelの名前は「LifeGaugeContainer」としておきます。LifeGaugeContainerのImageコンポーネントは使わないので削除しておきましょう。

ライフゲージがメニュー画面に重なると邪魔ですので、LifeGaugeCanvasはMenuのCanvasよりも奥に表示されるようにします。CanvasコンポーネントはSort Orderの数値が小さいほど奥に表示されますので、HierarchyウインドウからLifeGaugeCanvasを選択し、CanvasコンポーネントのSort Orderを「-1」に変更します。

図8.49 ▶ LifeGaugeCanvasの設定

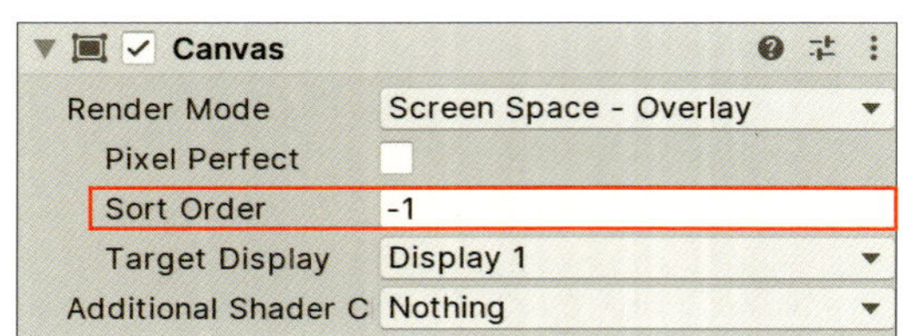

次にHierarchyウインドウでLifeGaugeContainerを選択して右クリックし、「UI」→「Image」を選択します。名前は「LifeGauge」としておきます。HierarchyウインドウでLifeGaugeを選択し、InspectorのRect TransformコンポーネントのWidthを「100」、Heightを「10」に変更し、Source Imageに「lifegauge_bg」を設定します。

図8.50 ▶ LifeGaugeの設定

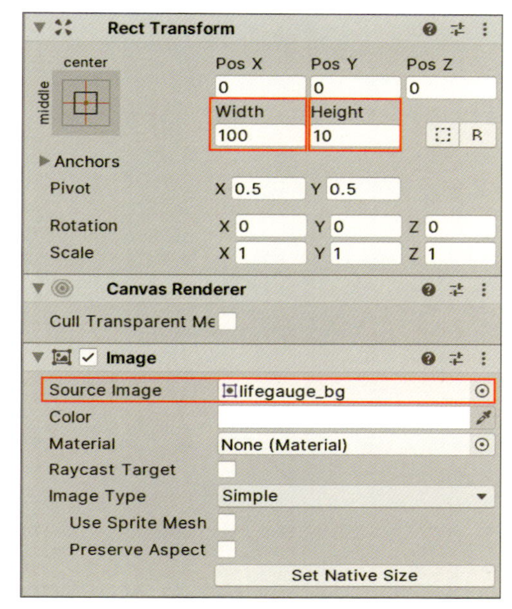

Hierarchyウインドウでに LifeGaugeを選択し、もう一度「UI」→「Image」を選択します。名前は「FillImage」としておきます。

HierarchyウインドウでFillImageを選択し、InspectorウインドウのRect Transformコンポーネントで Anchor Presetsを「stretch、stretch」に、Left、Top、Right、Bottomの値をすべて「0」にします。

InspectorウインドウのImageコンポーネントでSource Imageに「lifegauge_fill」を設定し、ImageコンポーネントのImage Typeを「Filled」に、Fill Methodを「Horizontal」にします。

図8.51 ▶ 赤い部分が変化する

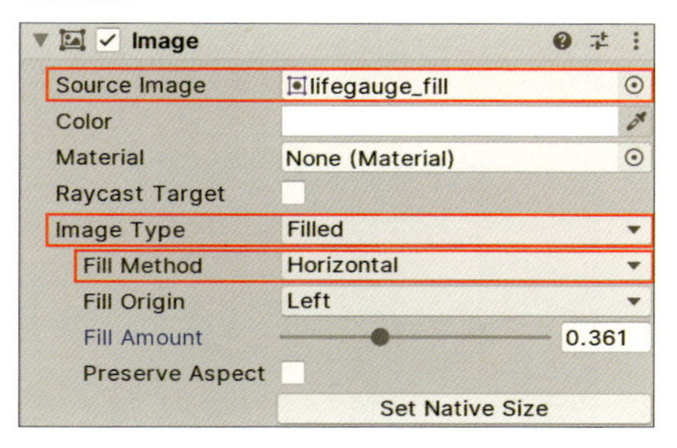

HierarchyウインドウでFillImageを選択し、InspectorウインドウのImageコンポーネントのFill Amountのスライダーを操作しながらSceneビューを確認すると、ゲージの赤い部分が変化する様子が確認できます。

図8.52 ▶ FillImageの設定

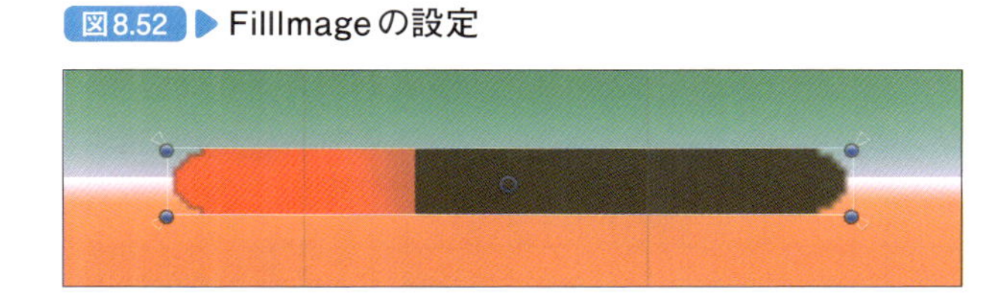

続いてLifeGaugeContainerとLifeGaugeにアタッチするスクリプトを作成します（リスト8.12、リスト8.13）。

リスト8.12 ▶ 複数のライフゲージを管理するクラス(LifeGaugeContainer.cs)

```
using System;
using System.Collections.Generic;
using UnityEngine;

[RequireComponent(typeof(RectTransform))]
public class LifeGaugeContainer : MonoBehaviour
{
    public static LifeGaugeContainer Instance
    {
        get { return _instance; }
    }

    private static LifeGaugeContainer _instance;

    [SerializeField] private Camera mainCamera;
    ライフゲージ表示対象のMobを映しているカメラ
    [SerializeField] private LifeGauge lifeGaugePrefab; ライフゲージのPrefab

    private RectTransform rectTransform;
    private readonly Dictionary<MobStatus, LifeGauge> _statusLifeBarMap =
new Dictionary<MobStatus, LifeGauge>(); アクティブなライフゲージを保持するコンテナ

    private void Awake()
    {
        シーン上に1つしか存在させないスクリプトのため、このような疑似シングルトンが成り立つ
        if (null != _instance) throw new Exception("LifeBarContainer
instance already exists.");
        _instance = this;
        rectTransform = GetComponent<RectTransform>();
    }

    ライフゲージを追加します
    /// <param name="status"></param>
    public void Add(MobStatus status)
    {
        var lifeGauge = Instantiate(lifeGaugePrefab, transform);
        lifeGauge.Initialize(rectTransform, mainCamera, status);
        _statusLifeBarMap.Add(status, lifeGauge);
    }

    ライフゲージを破棄します
    /// <param name="status"></param>
    public void Remove(MobStatus status)
```


続く

```
    {
        Destroy(_statusLifeBarMap[status].gameObject);
        _statusLifeBarMap.Remove(status);
    }
}
```

リスト8.13 ▶ ライフゲージクラス(LifeGauge.cs)

```
using UnityEngine;
using UnityEngine.UI;

public class LifeGauge : MonoBehaviour
{
    [SerializeField] private Image fillImage;

    private RectTransform _parentRectTransform;
    private Camera _camera;
    private MobStatus _status;

    private void Update()
    {
        Refresh();
    }

    ゲージを初期化します
    /// <param name="parentRectTransform"></param>
    /// <param name="camera"></param>
    /// <param name="status"></param>
    public void Initialize(RectTransform parentRectTransform, Camera camera,
MobStatus status)
    {
        座標の計算に使うパラメータを受け取り、保持しておく
        _parentRectTransform = parentRectTransform;
        _camera = camera;
        _status = status;
        Refresh();
    }

    ゲージを更新します
    private void Refresh()
    {
        残りライフを表示
        fillImage.fillAmount = _status.Life / _status.LifeMax;
```

続く

```
        対象Mobの場所にゲージを移動。World座標やLocal座標を変換するときはRectTransformUtility
        を使う
        var screenPoint = _camera.WorldToScreenPoint(_status.transform.
position);
        Vector2 localPoint;
        今回はCanvasのRender ModeがScreen Space - Overlayなので第3引数にnullを指定している。
        Screen Space - Camera の場合は、対象のカメラを渡す必要がある
        RectTransformUtility.ScreenPointToLocalPointInRectangle(_
parentRectTransform, screenPoint, null,
            out localPoint);
        transform.localPosition = localPoint + new Vector2(0, 80);
        ゲージがキャラに重なるので、少し上にずらしている
    }
}
```

プレイヤーや敵キャラクターごとにライフゲージを表示するため、リスト8.14のようにMobStatus.csを書き換えます。

リスト8.14 ▶ MobStatus.csの書き換え(MobStatus.cs)

```
略
public abstract class MobStatus : MonoBehaviour
{
略

    protected virtual void Start()
    {
        _life = lifeMax; 初期状態はライフ満タン
        _animator = GetComponentInChildren<Animator>();

        ライフゲージの表示開始
        LifeGaugeContainer.Instance.Add(this);
    }

    キャラが倒れた時の処理を記述します
    protected virtual void OnDie()
    {
        ライフゲージの表示終了
        LifeGaugeContainer.Instance.Remove(this);
    }

略
}
```

先ほど作成したLifeGauge.csをLifeGaugeにアタッチします。Hierarchyウインドウから LifeGaugeを選択し、InspectorウインドウのLifeGaugeコンポーネントのFill Imageに、LifeGaugeの子オブジェクトである「FillImage」を設定します。

続いてLifeGaugeをProjectウインドウの「Assets」－「IkinikoBattle」－「Prefabs」フォルダにドラッグ＆ドロップしてPrefab化し、シーンからは削除します。

図8.53 ▶ LifeGaugeの設定

続いてLifeGaugeContainer.csをLifeGaugeContainerにアタッチします。Hierarchyウインドウから LifeGaugeContainerを選択し、InspectorウインドウのLifeGaugeContainerコンポーネントのMain Cameraにはシーン上に配置されている「Main Camera」を、Life Gauge Prefabには先ほど作成した「LifeGauge」のPrefabを設定します。

図8.54 ▶ LifeGaugeContainerの設定

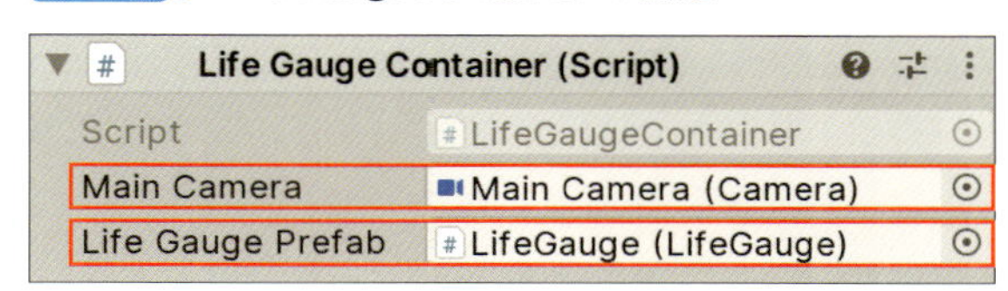

ゲームを実行すると、すべてのキャラクターにライフゲージが表示されます。

図8.55 ▶ ライフゲージが表示された

コラム よく使うUI

Unityには本章で使用した以外にもさまざまなUIがあります。入力用に使うSlider・Dropdown・Input Fieldや、UIをスクロール可能にするためのScrollRectコンポーネントは特に使う機会が多いです。

使い方は公式マニュアルに記載されていますので、試してみましょう。

・インタラクションコンポーネント
https://docs.unity3d.com/ja/2019.1/Manual/comp-UIInteraction.html

Chapter

9

ゲームが楽しくなる効果をつけよう

ゲームが少し形になってきましたが、まだ演出が無いのでプレイしていると寂しい感じがします。音やエフェクトなどの演出を追加して、ゲームを賑やかにしていきましょう。

9-1 BGMやSEを追加しよう

BGMやSE（効果音）のある無しでゲームの印象が大きく変わります。ここでは音声ファイルの扱い方を解説します。

9-1-1　Unityで再生可能な音声ファイル

Unityでは、WAV(拡張子.wav)、MP3(拡張子.mp3)、Vorbis(拡張子.ogg)など、さまざまな音声ファイルを再生することが可能です。音声ファイルはProjectウインドウにドラッグ&ドロップすることでインポートが可能で、Audio Clipとして扱うことができます。

9-1-2　Audio Clipのプロパティ

Audio Clipでよく使う設定がいくつかありますので、把握しておきましょう。

まずは、サンプル配布ページからBGMとSEの音声ファイルが含まれたAsset「IkinokoBattle9_Audios.unitypackage」をダウンロードし、ダブルクリックでインポートします。

Unityにインポートした音声ファイルはAudio Clipとして扱われます。Projectウインドウで「Assets」－「IkinokoBattle」－「Audios」－「BGM」－「arata」を選択し、Inspectorで Audio Clipのプロパティを確認してみましょう。

図9.1 ▶ Audio Clipのプロパティ

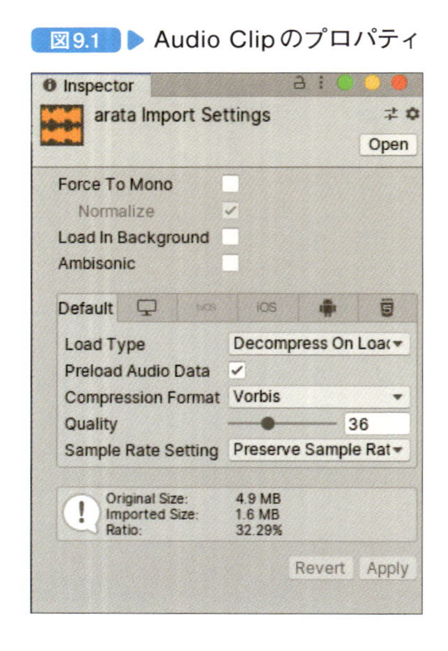

Load Type

Unityの音楽データは圧縮された状態になっています。Load Typeはゲーム実行時に音声ファイルをどう読み込むかを設定するもので、ゲームのパフォーマンスに影響を与えます。

音声ファイルのサイズによってどのLoad Typeを設定すべきかが変わりますので、適宜使い分けましょう(表9.1)。

表9.1 ▶ Load Typeの種類

Load Type	説明
Decompress On Load	音声ファイルを読み込む際にデコードしてメモリ上に保持する。パフォーマンスは良いが、デコードしたデータはサイズが大きくメモリ容量を圧迫するため、サイズの小さいSEなどに使用する
Compressed In Memory	音楽データを圧縮されたままの状態でメモリに保持し、再生時にデコードする。メモリ消費は抑えられるが、再生開始時の負荷は大きくなる。Decompress On LoadとStreamingの中間にあたる設定
Streaming	音楽データをメモリに展開せず、随時デコードしながら再生する。再生時にメモリをほとんど消費しない代わりに、再生中に負荷がかかり続ける。BGMなどサイズが大きい音声を再生する場合に使用する

Quality

Qualityは音声ファイルの品質に影響するプロパティで、値が大きいと音質が良くなり、小さいと音質が悪くなります。この設定は音声ファイルのサイズにも影響します。

9-1-3　Audio Sourceを使用する

Audio Clipを再生するには、Audio Sourceコンポーネントが必要です。ここでは、Audio Sourceを使って武器を振る音を鳴らしてみましょう。

Audio Sourceのアタッチ

まずクエリちゃんから音が出るようにしましょう。HierarchyウインドウのMainSceneでQuery-Chan-SDを選択して右クリックし、「Audio」→「Audio Source」を選択すると、Audio Sourceコンポーネントがアタッチされたゲームオブジェクトが生成されます。名前は「SwingSound」とします。

なお、今回はゲームオブジェクトを作成しましたが、Audio SourceコンポーネントをQuery-Chan-SDにアタッチする形でもかまいません。

図9.2 ▶ Audio Sourceの追加

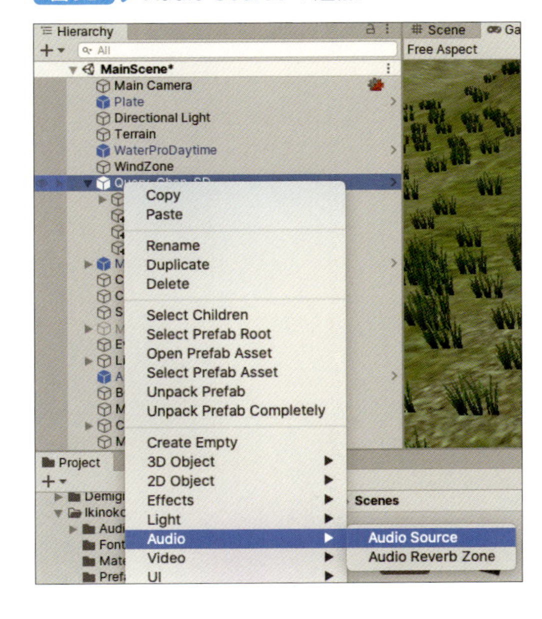

Audio Clipに、武器を振る音をセットします。Hierarchyウインドウで SwingSoundを選択し、InspectorのAudio SourceコンポーネントでAudioClipに「swing」を設定します。

InspectorウインドウのAudio Sourceコンポーネントで、デフォルトでPlay On Awakeにチェックがついていますが、これはゲームオブジェクトがAwakeされた際に音を自動的に鳴らす設定ですので、今回はチェックを外しておきます。これでAudio Sourceの準備はOKです。

図9.3 ▶ Audio Sourceコンポーネントの設定

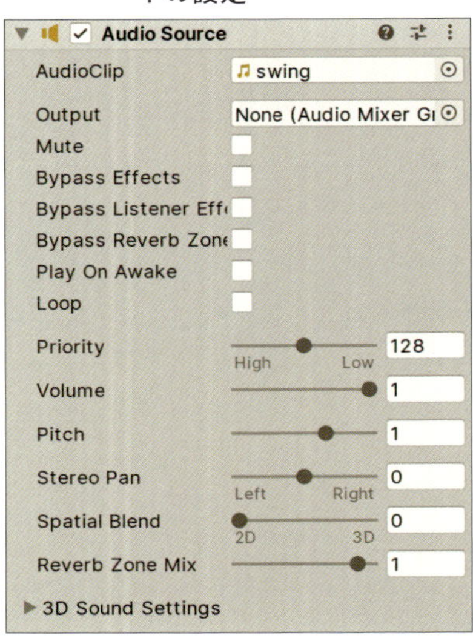

Audio Sourceで音を鳴らす

Audio Sourceの再生や停止はスクリプトから行います。MobAttack.csを改変して、音を鳴らしてみましょう。まず「Assets」−「IkinokoBattle」−「Scripts」−「Main」にあるMobAttack.csを開き、リスト9.1のように変更します。

リスト9.1 ▶ 音を鳴らすスクリプト(MobAttack.cs)

```
略
public class MobAttack : MonoBehaviour
{
    [SerializeField] private float attackCooldown = 0.5f; 攻撃後のクールダウン(秒)
    [SerializeField] private Collider attackCollider;
    [SerializeField] private AudioSource swingSound; 武器を振る音
略
    攻撃の開始時に呼ばれます
    public void OnAttackStart()
    {
        attackCollider.enabled = true;

        if (swingSound != null) {
            武器を振る音の再生。pitch(再生速度)をランダムに変化させ、毎回少し違った音が出るようにしている
            swingSound.pitch = Random.Range(0.7f, 1.3f);
            swingSound.Play();
        }
    }
略
```

スクリプトを修正したあとHierarchyウインドウでQuery-Chan-SDを選択し、InspectorウインドウでMobAttackコンポーネントのSwing Soundに先ほど追加したSwingSoundをドラッグして準備完了です。ゲームを再生すると、武器を振った時に音が鳴るようになりました。

図9.4 ▶ Mob AttackにSwing Soundを設定

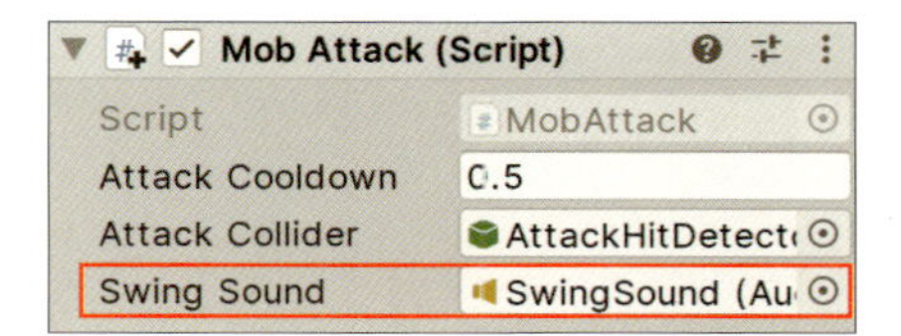

9-1-4 Audio Mixerを使用する

UnityにはAudio Mixerという機能が搭載されています。Audio Mixerには複数の「グループ」を定義でき、各Aucio Sourceはこの「グループ」を経由して音を出力させることが可能です。

たとえば、BGMグループとSEグループを作成し、BGMおよびSEのAudio Sourceの出力先をそれぞれ相応しいものに振り分けることによって、BGMやSEの音量を一括で変更できます。また、グループごとにディストーションやディレイなどの音声エフェクトをかけることも可能なため、音を使った演出も一括で追加できます。

Audio Mixerの作成

Audio Mixerを作成するには、Projectウインドウで「IkinokoBattle」－「Audios」フォルダを右クリックして「Create」→「Audio Mixer」を選択します。ここでは名前を「MainAudioMixer」に変更します。

図9.5 ▶ Audio Mixerの作成

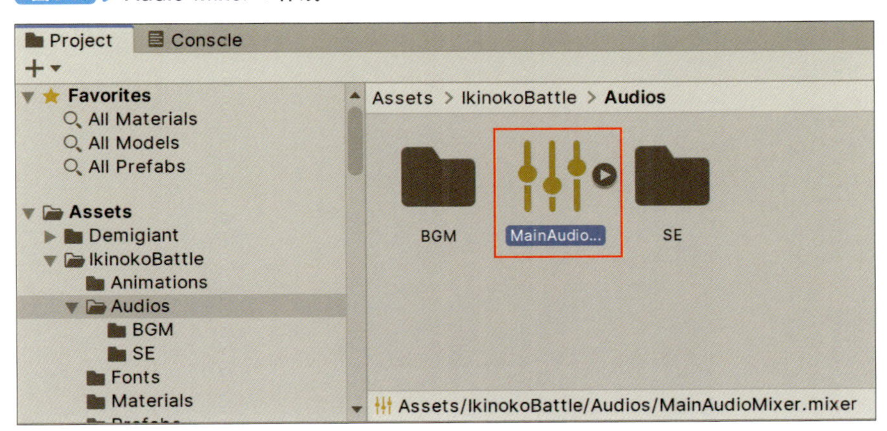

グループの作成

続いてAudio MixerにBGMとSEグループを作成しましょう。

先ほど作成したMainAudioMixerを選択し、「Window」→「Audio」→「Audio Mixer」でAudio Mixerビューを開きます。ショートカットの場合はCommand + 8を実行します。

図9.6 ▶ Audio Mixerビュー

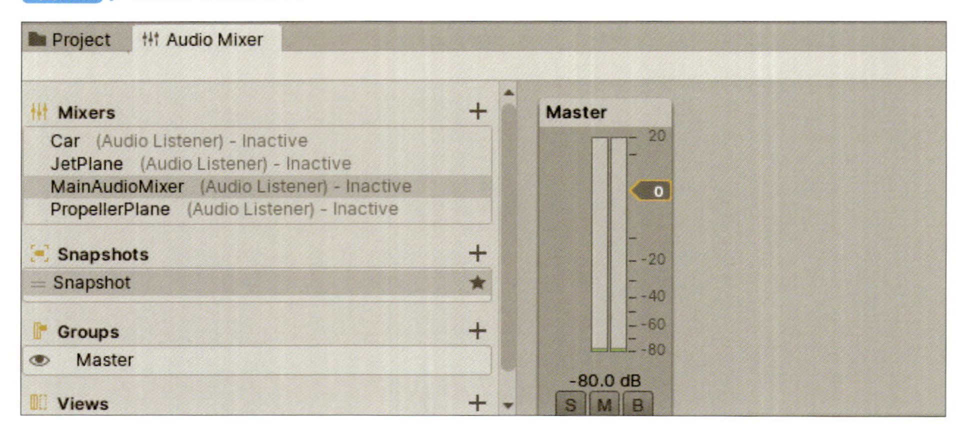

デフォルトでは、GroupsにはMasterのグループだけが存在しています。Masterを選択して右クリックして「Add Child Group」を選択すると、新規のMaster子グループが作成されますので、名前を「BGM」とします。

同じ手順で「SE」グループも作成します。これでグループの作成は完了です。Audio Mixer右側に表示されているスライダーを動かすことで、各グループの音量を調整できます。

図9.7 ▶ グループの作成

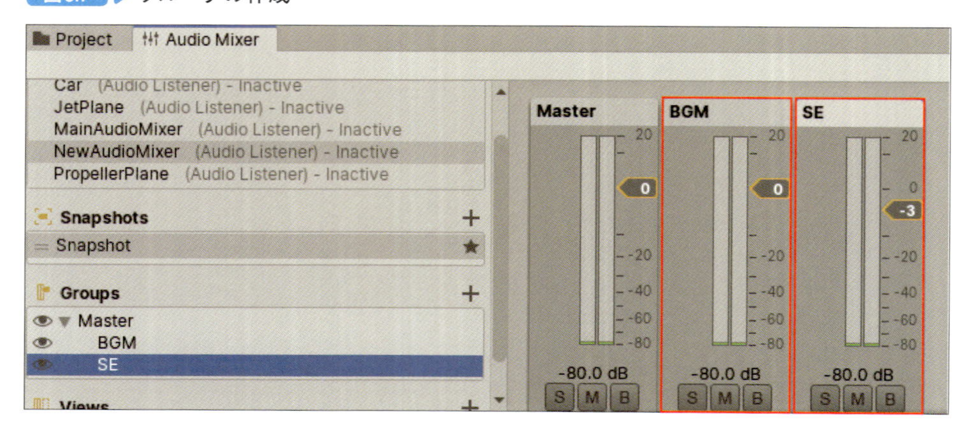

Audio Sourceの出力先を変更する

試しにBGM用のAudio Sourceを準備して、出力先をBGMグループに変更してみましょう。Audio Sourceコンポーネントはどのゲームオブジェクトにでもアタッチできますが、今回はMain CameraにBGM再生用のAudio Sourceをアタッチします。

Hierarchyウインドウで Main Cameraを選択し、InspectorウインドウでAudioSourceコンポーネントをアタッチし、Audio Sourceコンポーネントの「Audio Clip」に「arata」をセットし、Output に「BGM」のグループを指定します。BGMとして使用するため、「Play On Awake」はチェックしたままにして自動再生にし、Loopにもチェックをつけてループ再生されるようにします。

図9.8 ▶ Audio Sourceコンポーネントの設定

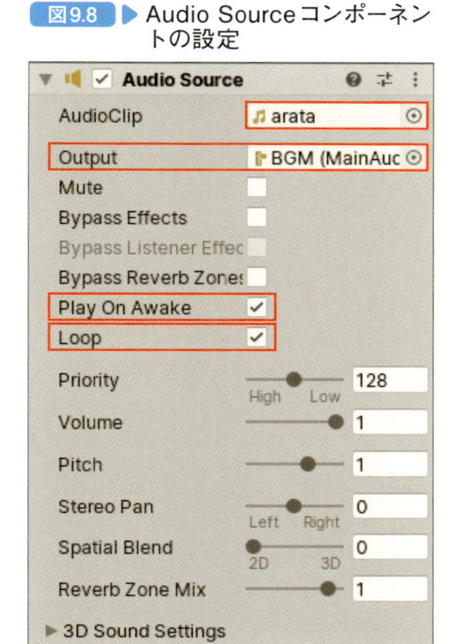

これで、Audio MixerのBGMグループでBGMが再生されるようになります。ゲーム再生中に音量を調整したい場合は、Audio MixerビューでBGMグループを選択し、Audio Mixerウインドウで「Edit in Playmode」をクリックすると、音量を変更できるようになります。

図9.9 ▶ ゲーム再生中の音量の変更

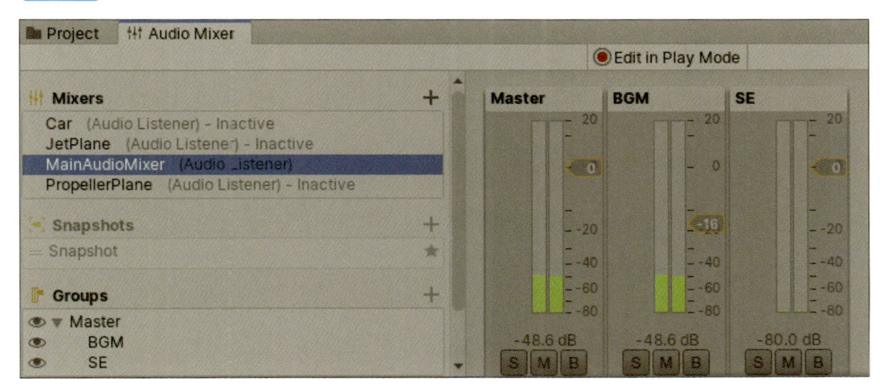

なおBGM「arata.mp3」は、「SHWフリー音楽素材」で公開されている、再配布OKな音声ファイルです。

・SHWフリー音楽素材
http://shw.in/sozai/orc.php

スクリプトから音量を変更する

Audio Mixerの各値をスクリプトから変更するためには、少々わかりにくい設定が必要です。BGMグループの音量変更を例として記載します。

まずはAudio MixerビューでBGMグループを選択します。Inspectorにグループの情報が表示されますので、AttenuationのVolumeで右クリックします。表示されるメニューから「Expose 'Volume (of BGM)' to script」を選択します。すると、Volumeの右に矢印が表示され、Audio Mixerビューの右上にある表示が「Exposed Parameters (1)」に変わります。

図9.10 ▶ Audio Mixerの値をExpose

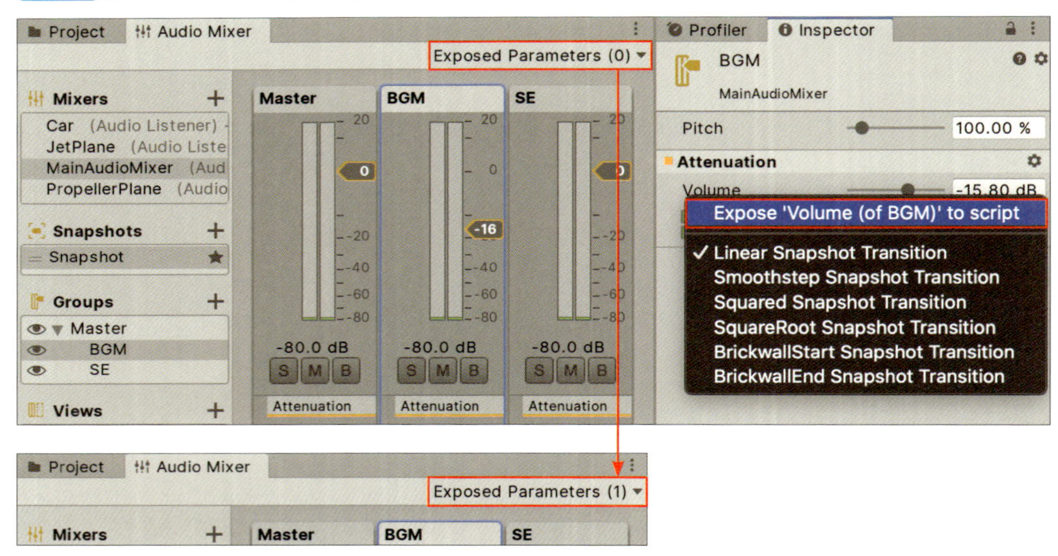

次にExposed Parameters (1)をクリック、表示される項目を2回クリックして「BGMVolume」にリネームします。

図9.11 ▶ Exposeしたパラメータのリネーム

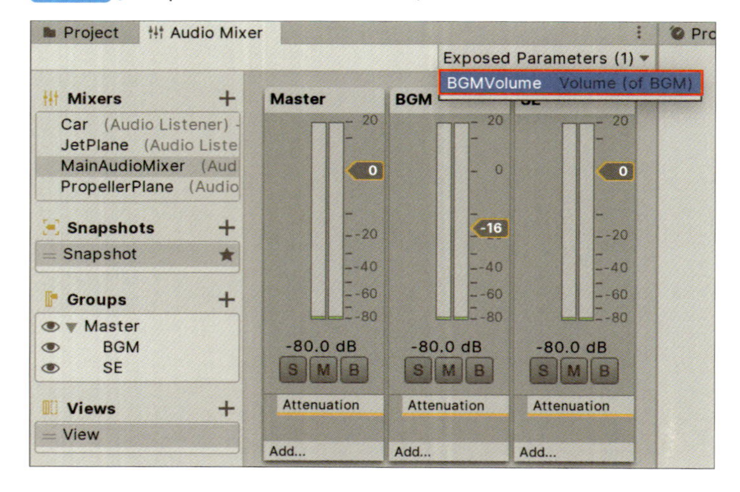

これでスクリプトからBGMVolumeの値にアクセスできるようになりました。あとは以下のようなスクリプトを記述することで、音量を自由に変更できます。

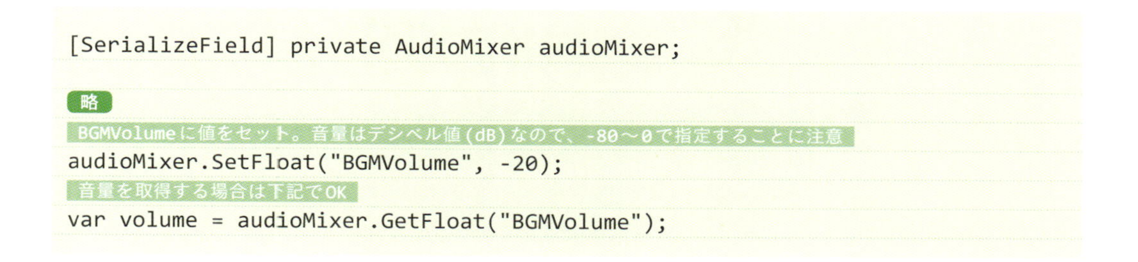

```
[SerializeField] private AudioMixer audioMixer;

略
BGMVolumeに値をセット。音量はデシベル値(dB)なので、-80～0で指定することに注意
audioMixer.SetFloat("BGMVolume", -20);
音量を取得する場合は下記でOK
var volume = audioMixer.GetFloat("BGMVolume");
```

フィルタをかける

Audio Mixerはグループの管理や音量の調整の他に、さまざまな音声フィルタをかけることも可能です。ここではBGMにHighpassフィルタをかけて高い音だけが鳴るようにしてみましょう。

Audio Mixerビューで「BGM」を選択してInspectorウインドウの「Add Effect」ボタンをクリックし、「Highpass」を選択します。

Inspectorウインドウに Highpassフィルタのスライダーが追加されました。これを増減させることで、フィルタのかかり具合を調整することが可能です。

図9.12 ▶ Highpassフィルタの追加

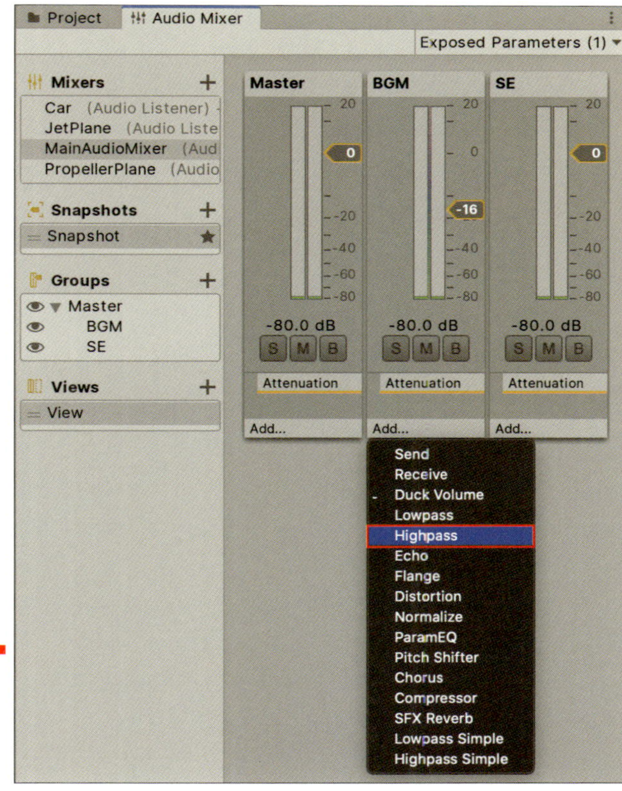

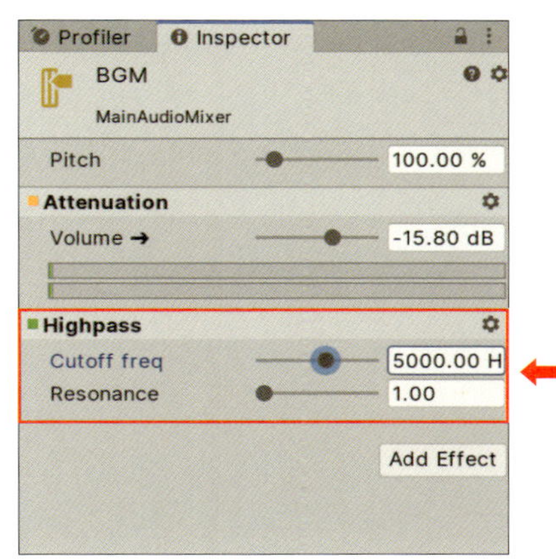

9-1-5　2Dサウンドを管理するクラスを作る

3Dサウンドと2Dサウンドの違い

Unityのサウンドには、3Dオブジェクトの位置によって音の聞こえ方が変わる3Dサウンドと、どこで鳴らしても同じように音が聞こえる2Dサウンドがあります。3Dサウンドと2Dサウンドは、Audio SourceコンポーネントのSpacial Blendパラメータで切り替えることが可能です。

3Dサウンドは、Audio Sourceから発された音をAudio Listenerが聞き取り、音声出力します。Audio Listenerコンポーネントは、初期状態ではMain Cameraにアタッチされています。要は、ビデオカメラにマイクがついているイメージです。

距離による音の減衰や移動によるドップラー効果（救急車が近くを通り過ぎていくときや、近づいてくるときはサイレンが高く聞こえ、遠ざかるときは低く聞こえる現象）などの設定も可能です。

一方、2Dサウンドはオブジェクトの位置や速度に関わらず毎回同じように音を鳴らすことができますので、2DゲームやUIの効果音、BGMなどに向いています。

2Dサウンドを管理するクラスを作る

2Dサウンドはどこで鳴らしても同じように聞こえますので、2Dサウンドを一元管理していつでも鳴らせるスクリプトを作っておくと便利です。

まず2Dサウンド用の音声ファイルを準備しましょう。ダウンロードページから「IkinokoBattle9_2D_SE.unitypackage」をダウンロードし、ダブルクリックでインポートします。

「Resources」－「2D_SE」フォルダに音声ファイルがいくつか追加されますので、これらのファイルをスクリプトで読み込み、音を鳴らせるようにしてみます。

次にリスト9.2のようなスクリプトを作成し、名前はAudio Managerとします。

リスト9.2 ▶ 音を鳴らすスクリプト（AudioManager.cs）

```
using System;
using System.Collections.Generic;
using UnityEngine;

/// <summary>
/// Audio管理クラス。シーンをまたいでも破棄されないシングルトンで実装。
/// </summary>
public class AudioManager : MonoBehaviour
{
    private static AudioManager instance;

```

続く

```
    [SerializeField] private AudioSource _audioSource;
    private readonly Dictionary<string, AudioClip> _clips = new
Dictionary<string, AudioClip>();

    public static AudioManager Instance
    {
        get { return instance; }
    }

    private void Awake()
    {
        if (null != instance)
        {
            既にインスタンスがある場合は自身を破棄する
            Destroy(gameObject);
            return;
        }

        シーンを遷移しても破棄されなくする
        DontDestroyOnLoad(gameObject);
        インスタンスとして保持
        instance = this;

        Resources/2D_SEディレクトリ下のAudio Clipをすべて取得
        var audioClips = Resources.LoadAll<AudioClip>("2D_SE");
        foreach (var clip in audioClips)
        {
            Audio ClipをDictionaryに保持しておく
            _clips.Add(clip.name, clip);
        }
    }

    /// <summary>
    /// 指定した名前の音声ファイルを再生します。
    /// </summary>
    /// <param name="clipName"></param>
    /// <exception cref="Exception"></exception>
    public void Play(string clipName)
    {
        if (!_clips.ContainsKey(clipName))
        {
            存在しない名前を指定したらエラー
            throw new Exception("Sound " + clipName + " is not defined");
        }

        指定の名前のclipに差し替えて再生
        _audioSource.clip = _clips[clipName];
        _audioSource.Play();
```

続く

```
    }
}
```

MainSceneを開いてHierarchyで右クリックして「Create Empty」を選択し、空のゲームオブジェクトを作ります。名前は「AudioManager」とします。先ほど作成したAudioManager.csと、AudioSourceコンポーネントをアタッチします。AudioManagerコンポーネントのAudioSourceに、いまアタッチしたAudioSourceコンポーネントをドラッグ&ドロップします。

AudioSourceコンポーネントのOutputで「SE」のグループを指定し、Play On AwakeはOffにしておきます。

図9.13 ▶ シーンにAudioManagerを追加

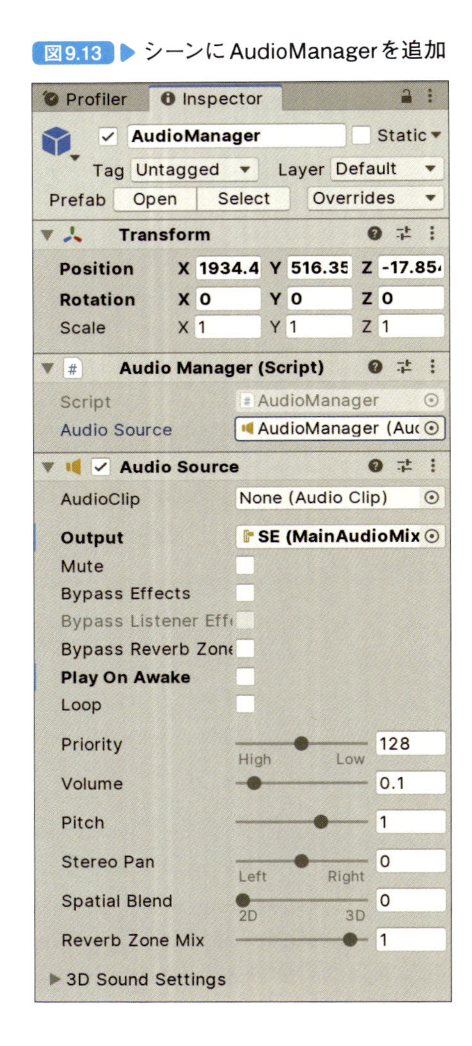

「Resources」−「2D_SE」にはOKボタン音（ok.wav）とキャンセルボタン音（cancel.wav）が入っています。UIのボタンをクリックされたとき、これらの音をAudioManagerで呼び出すスクリプトを作ってみましょう（リスト9.3、リスト9.4）。

リスト9.3 ▶ OKがクリックされたときの音(OKButton.cs)

```
using UnityEngine;
using UnityEngine.UI;

[RequireComponent(typeof(Button))]
public class OKButton : MonoBehaviour
{
    private void Start()
    {
        ボタン押下時にOKの音が鳴るようにする
        GetComponent<Button>().onClick.AddListener(() =>
        {
            AudioManager.Instance.Play("ok");
        });
    }
}
```

リスト9.4 ▶ キャンセルがクリックされたときの音(CancelButton.cs)

```
using UnityEngine;
using UnityEngine.UI;

[RequireComponent(typeof(Button))]
public class CancelButton : MonoBehaviour
{
    private void Start()
    {
        ボタン押下時にキャンセルの音が鳴るようにする
        GetComponent<Button>().onClick.AddListener(() =>
        {
            AudioManager.Instance.Play("cancel");
        });
    }
}
```

あとは音を鳴らしたいボタンにOKButton.csまたはCancelButton.csをアタッチするだけで、それぞれの音が鳴るようになります。

パーティクルエフェクトを作成しよう

ここでは、炎や雨など規則的な動きがつけるものに使用するパーティクルエフェクトの作成方法について解説します。

9-2-1　パーティクルエフェクトとは

UnityにはParticle Systemという機能があります。Particleとは粒子のことで、Particle Systemは粒子を生成して規則的に動かす仕組みです。このParticle Systemを使うと、炎や爆発、雨や雷などの天候、キャラクターから発されるオーラなど、さまざまなエフェクト（パーティクルエフェクト）が作成可能になります。

9-2-2　攻撃がヒットしたときのエフェクトの作成

プレイヤーの攻撃が敵にヒットしたとき、エフェクトが発生するようにしてみましょう。

Particle Systemを作成するには、Hierarchyウインドウで右クリックし、「Effects」→「Particle System」を選択します。名前は「HitEffect」としておきます。

HierarchyウインドウでHitEffectを選択すると、Sceneビューで白いモノが上に向かって放出されている様子が確認できます。この白いモノがParticleです。

図9.14 ▶ エフェクト作成後のSceneビュー

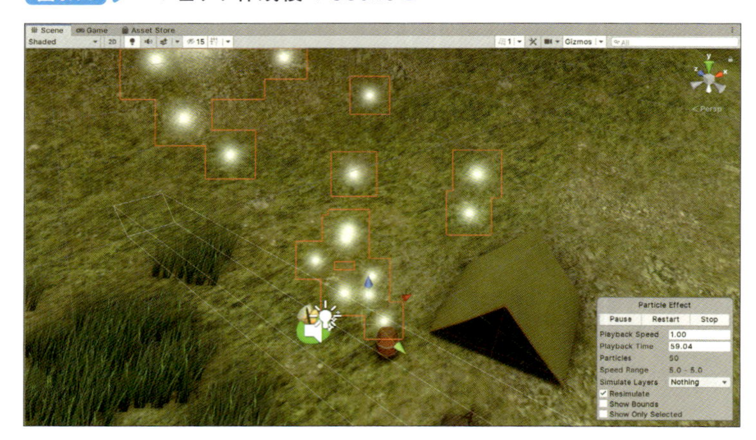

Inspectorウインドウでプロパティを調整し、エフェクトの見た目を変えてみましょう。プロパティの種類は非常に多いため、詳細は公式ドキュメントを参照してください。

・パーティクルシステム
https://docs.unity3d.com/ja/current/Manual/class-ParticleSystem.html

ここでは、以下のプロパティについて調整を行います。

基本設定

基本設定はParticle Systemコンポーネントの最上部に位置し、Particle Systemの基本的な設定を行います。今回は以下のように設定します。

・エフェクト1回あたりの再生時間(Duration)を「0.1」に変更する
・ループ再生(Looping)のチェックを外す
・粒子の生存時間(Start Lifetime)を「0.3」に変更する
・粒子の速度(Start Speed)を「Random Between Two Constants」(ランダム)に設定し、最小を「3」、最大を「8」に変更する
・Start Sizeを「0.2」に変更する
・粒子の色(Start Color)を「Random Between Two Colors」に設定し、上側を赤色、下側をオレンジ色に変更する
・粒子が重力の影響をどの程度受けるかの設定(Gravity Modifier)を「3」に変更する
・粒子の配置場所(Simulation Space)を「World」に変更する
・Hit Effectオブジェクトが生成された直後に再生するかどうかの設定(Play on Awake)を「OFF」に変更する

図9.15 ▶ 基本設定

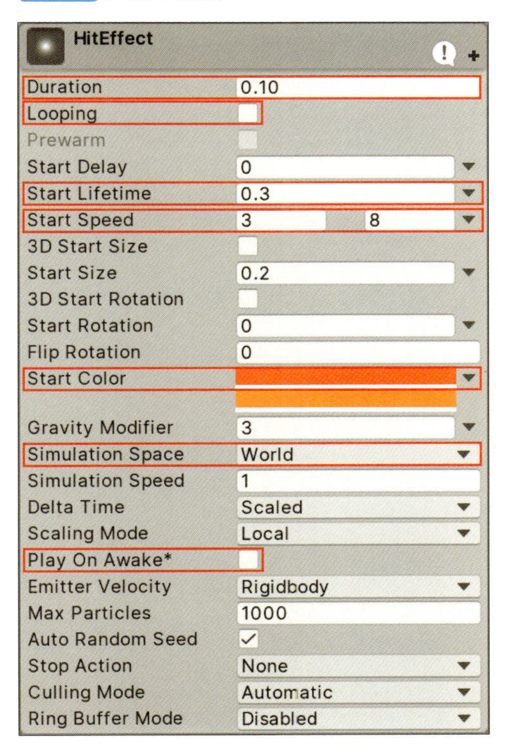

Emission

Emissionでは、パーティクルの生成数に関する設定を行います。

・時間あたりに放出されるパーティクル数（Rate over Time）を「1000」に変更する

Shape

Shapeでは、パーティクル放出元の形の設定を行います。

・パーティクル放出元の形（Shape）を「Sphere」に変更する
・放出元の半径（Radius）を「0.0001」に変更する（0を指定すると自動的にこの値になる）

Size over Lifetime

Size over Lifetimeでは、パーティクルが生成された後のサイズ変化を制御するための設定を行います。

・チェックをつけて有効化する
・Sizeのグラフを右肩下がりに変更する（時間経過で小さくなっていく）

Hit Effectを選択した状態で、SceneビューのPatricle Effectの「Play」ボタンをクリックすると、赤色のパーティクルが飛び散るエフェクトが再生されます。

図9.16 ▶ エフェクトの再生

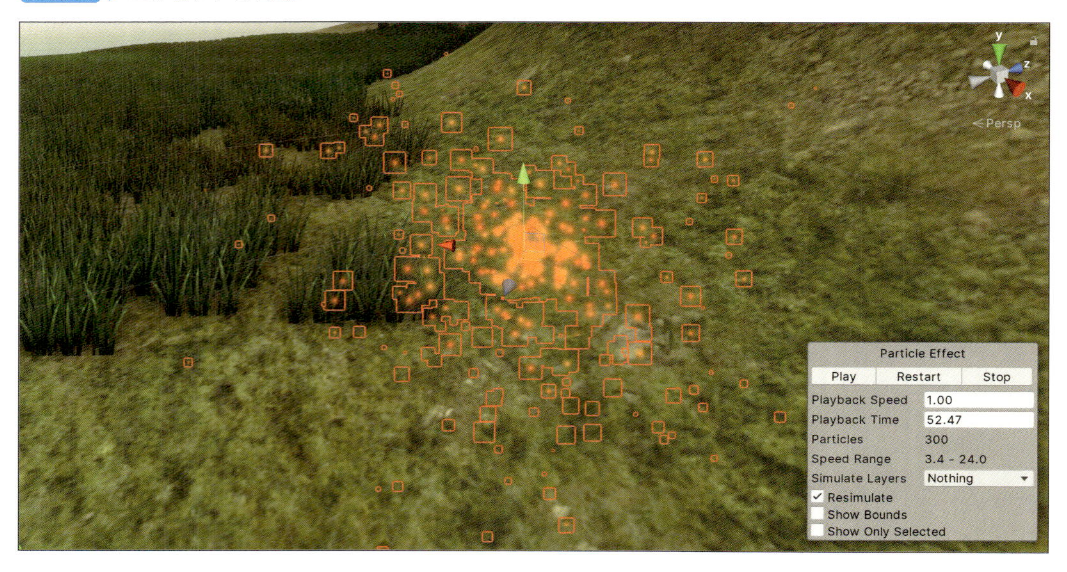

9-2-3　エフェクトの実装

作成したエフェクトを、攻撃のヒット時に再生してみましょう。作成したHitEffectを、Hierarchyビューの「Query-Chan-SD」－「AttackHitDetector」の中にドラッグし、InspectorでTransformのPositionの値をすべて「0」に変更し、親要素の中央に配置します。

図9.17 ▶ Hit Effectの配置

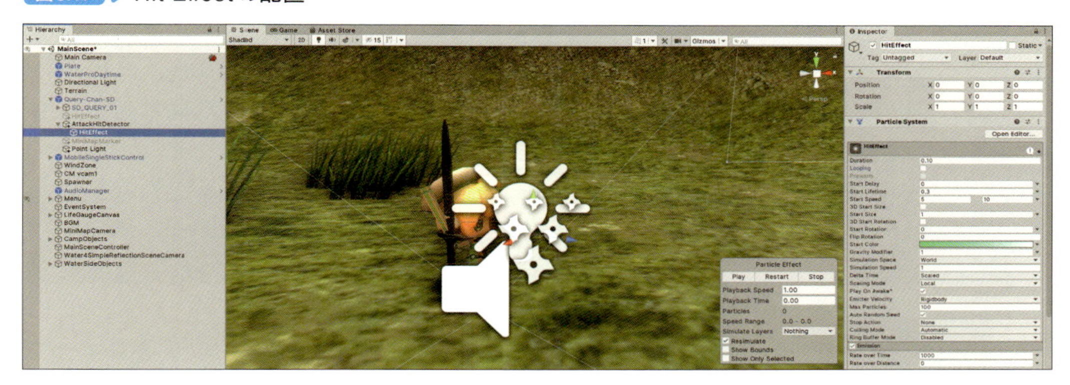

プレイヤーキャラクター（Query-Chan-SD）の下にあるAttackHitDetectorを選択し、InspectorウインドウのCollision DetectorコンポーネントのOn Trigger Enterで「＋」ボタンをクリックし、攻撃ヒット時の処理を新規追加します。処理内容にはHitEffectのParticleSystem.Play()メソッドを指定します。

図9.18 ▶ 攻撃ヒット時の処理の追加

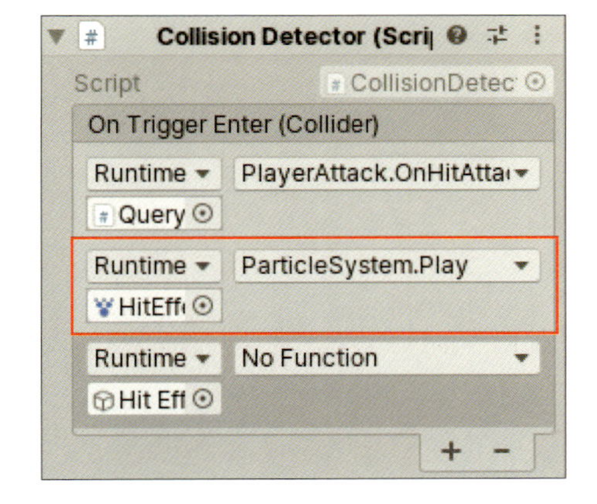

これでゲームを再生すると、攻撃がヒットした際にエフェクトが再生されるようになります。

ちなみに、サンプルプロジェクト完成版では武器の軌跡を表示するTrail Particleも使用していますので、参考にしてみてください。

9-2-4　Assetを活用する

Particle Systemでエフェクトを作成するのはとても楽しい作業ですが、自分の思い描いた通りのエフェクトを作成するまでにはかなりの慣れと時間、そしてセンスも不可欠です。

Asset Storeではたくさんのエフェクトをセットにしたパックが販売されています。クオリティが高いものばかりで、中にはパラメータ調整でパラメータ調整で自分好みのエフェクトを簡単に生成できるAssetもあります。

Asset Storeには、Unity公式のUnity Particle Packをはじめ、無料のエフェクトパックもたくさん用意されていますので、気軽に試してみましょう。

図9.19 ▶ Unity Particle Pack

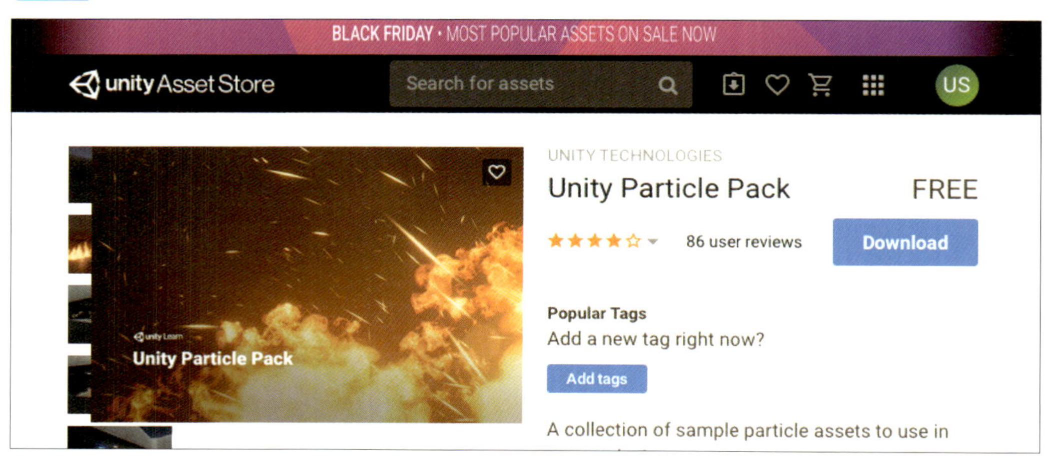

コラム　Visual Effect Graph はスゴイ

Unity2019.3でVisual Effect Graph（VFX Graph）が正式リリースされました。これはParticle Systemと同じようにパーティクルエフェクトを作成するための機能で、これまでのParticle Systemよりも機能が豊富で、パフォーマンスも大幅に高くなっています。

使用方法はやや複雑ですが、ぜひチャレンジしてみましょう！以下の公式ページのデモ動画を見るとその表現力の凄さがわかるかと思います。

・Visual Effect Graph
https://unity.com/ja/visual-effect-graph

ゲーム画面にエフェクトをかけてみよう

Unity では、カメラで映した映像に Post Processing を使ってさまざまなエフェクトをかけることが可能です。エフェクトによってゲームの印象が大きく変わってきます。

9-3-1　Post Processingのインストール

Post Processingは、ゲーム画面にエフェクトをかけるためのAssetで、Package Managerからインストールを行います。「Window」→「Package Manager」を選択し、「Post Processing」を選択して「Install」ボタンをクリックするとインストールが開始します。

図9.20 ▶ Post Processingのインストール

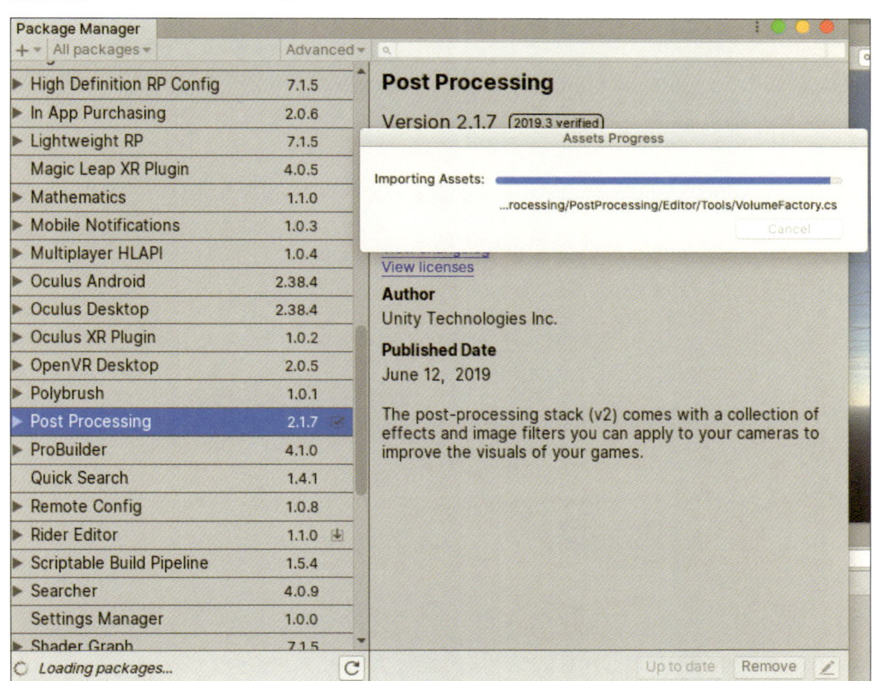

9-3-2　カメラの準備

カメラにエフェクトをかける準備を行います。

MainSceneを開いてHierarchyウインドウのMain Cameraを選択し、InspectorウインドウでPost-process Layerコンポーネントを追加します。

図9.21 ▶ Post Process Layerコンポーネントを追加

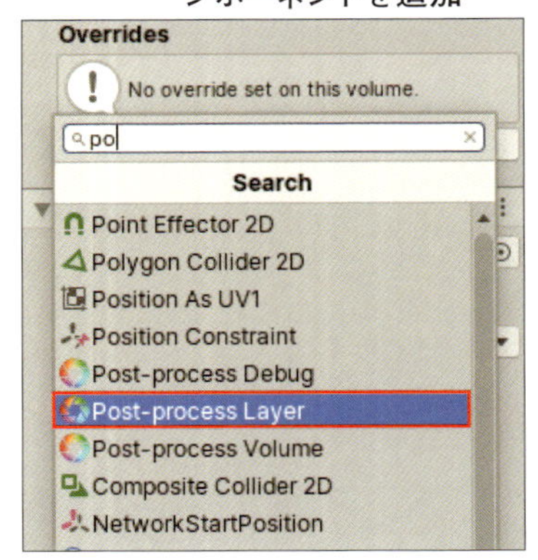

エフェクトの設定

Post-process LayerコンポーネントのLayerのプロパティで指定したレイヤーに対してエフェクトがかかります。エフェクトは負荷が高いため、EverythingやDefaultを選択すると「処理が重くなるのでやめた方が良いよ」というニュアンスの警告が出ます。今回は「Default」を選択して進めますが、パフォーマンスを考慮する場合はレイヤーを絞って適用するようにしましょう。

図9.22 ▶「処理が重くなる」というメッセージ

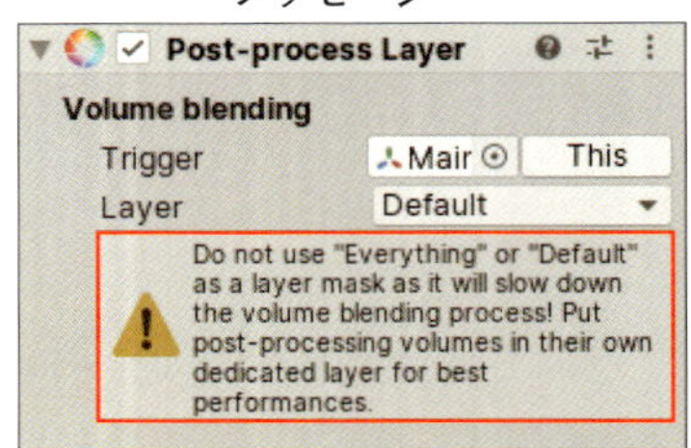

アンチエイリアスの設定

Post-process LayerコンポーネントのAnti-aliasingでは、アンチエイリアスの設定が可能です。アンチエイリアスとは、描画物のフチのギザギザ（ジャギーと呼ばれます）を滑らかにする処理です。これだけでもかなり見た目が変わりますので、Anti-aliasingのModeで「Fast Approximate Anti-aliasing (FXAA)」を選択し、見た目の変化を比べて見ましょう。

図9.23 ▶ アンチエイリアスの設定

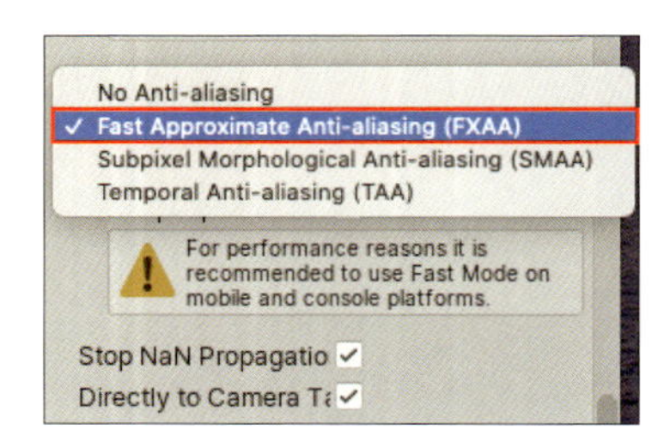

図9.24 ▶ アンチエイリアス設定前と設定後

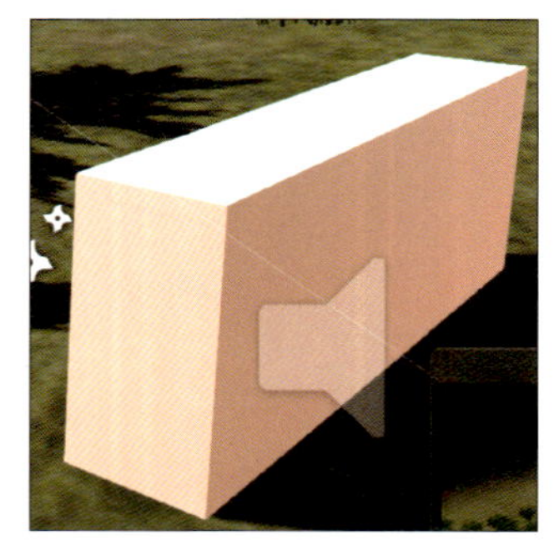

新規カメラプロファイルの作成

続いて、カメラに対してどのようなエフェクトをどの程度かけるかを設定する新規プロファイルを作成します。

HierarchyウインドウでMain Cameraを選択し、Inspectorウインドウで「Post-process Volume」コンポーネントをアタッチします。

初期状態ではPost-process VolumeコンポーネントのIs GlobalがOFFになっています。これだとPost-process Volumeがアタッチされているゲームオブジェクトのollider範囲内に、カメラが入った時のみエフェクトが適用されます。今回は常にエフェクトを適用したいので、Is GlobalをONにしておきましょう。

続いてProfileの横にある「New」ボタンをクリックすると、新規にMain Camera Profileが作成されます。

図9.25 ▶ 新規カメラプロファイルの作成

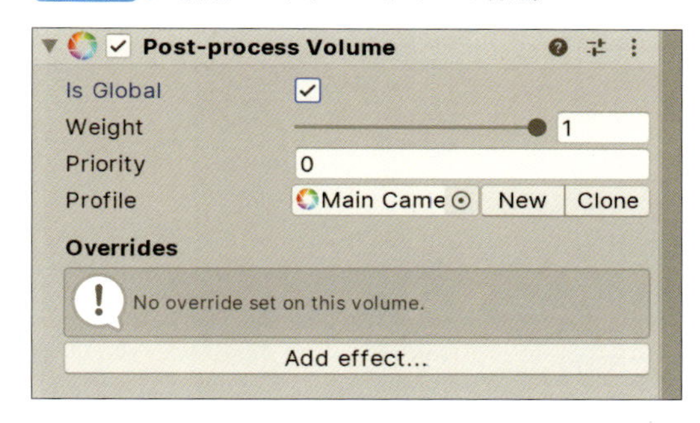

9-3-3　エフェクトをつける

Projectウインドウで「Assets」—「IkinokoBattle」—「Scenes」—「MainScene_Profiles」に作成された「Main Camera Profile」を選択します。

InspectorウインドウのPost-process Volumeの「Add effect...」ボタンをクリックします。一覧から任意のエフェクトを選択すると、Inspectorウインドウにそのエフェクトが追加され、各種設定を調整できるようになります。

設定項目は各エフェクトで異なりますので、詳しくは公式マニュアルを参照してください。

図9.26 ▶ エフェクトメニューの追加

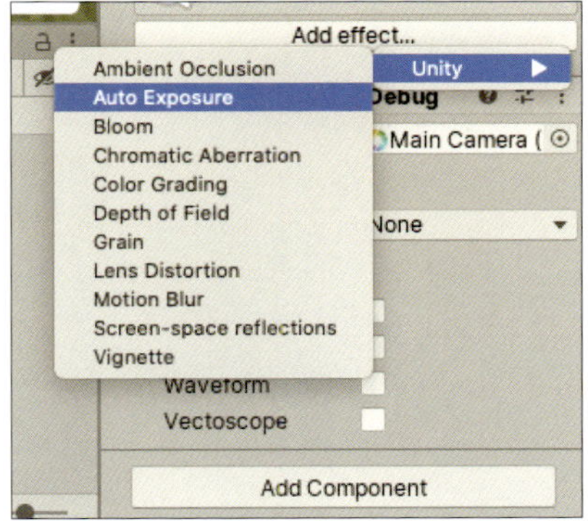

・Post-processing
https://docs.unity3d.com/ja/2019.3/Manual/PostProcessingOverview.html

参考として、効果のわかりやすい3種類のエフェクトをかけた画面を並べてみました。

・Ambient Occlusion（3Dモデルの折り目や穴などを暗く表示して、リアル感を出す）
・Color Grading（画面の色合いを変更）
・Grain（画面にノイズを乗せる）

図9.27 ▶ Ambient Occlusion

図9.28 ▶ Color Grading

図9.29 ▶ Grain

Attention! サンプルプロジェクト完成版について

ここまでで作成したサンプルプロジェクトは、ある程度ゲームとして動かすことができます。あとはほとんどがこれまで学んだ内容をもとに手を動かしていく作業です。

もう少しゲームらしく調整したものをサンプルプロジェクト完成版（IkinokoBattle_complete.zip）としてダウンロードできるようにしました。Asset StoreのAssetは5～9章で使用したものだけを使用し、実装のテクニックもここまでの内容の応用となっています。

なお、9章までの内容からサンプルプロジェクト完成版への主な変更点は以下のとおりです。本書で解説していないミニマップや飛び道具などは、スクリプト内になるべく詳しいコメントを入れていますので、参考にしてください。

- 投げオノなどのアイテムを追加
- ミニマップを追加
- 逃げ回る敵キャラクターを追加
- ゲームのルール変更
- スコアを追加
- 敵の攻撃範囲表示を追加
- 夜のライティング処理調整
- エフェクトの調整
- Assetの整理

Chapter 10

ゲームのチューニングを行おう

ゲームを作ったあとは、ゲームをより良くするためのチューニングを行い、そのあとにゲームを一般に公開するための手順を説明します。

10-1 パフォーマンスを改善しよう

ゲームの実装が一通り終わると、動作のチェックを行っていきます。きちんと動かない部分はその都度直すとして、ゲームの負荷が高すぎて画面がカクカクする場合は、パフォーマンスの調整が必要です。

10-1-1　フレームレートを設定する

フレームレート（FPS、Frames Per Second）とは「画面が1秒間に更新される回数」のことです。アクションゲームなどの動きが多いゲームにおいて、動きを滑らかに見せたい場合はフレームレートを高く設定しておかなければなりません。

フレームレートの設定を行うには、「Edit」→「Project Settings...」を選択し、Project Settingsウインドウで「Quality」を選択します。

画質品質の設定

まずウインドウ上部のQualityでは、AndroidやiOSなど、任意のプラットフォーム画質設定を行います。チェックボックスが緑色になっているのがDefaultの設定です。

Texture QualityやAnti Aliasingなどパフォーマンスに大きく影響する設定がたくさんありますので、必要に応じて調整しましょう。

Default右側にある▼でゲームに適用される設定を切り替えることが可能で、それだけでもパフォーマンスが大きく変わります。

・Quality
https://docs.unity3d.com/ja/2019.3/Manual/class-QualitySettings.html

図10.1 ▶ 画質品質の設定

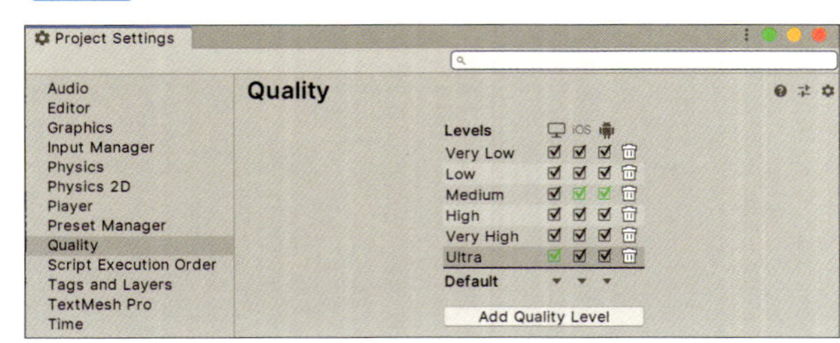

垂直同期の設定

下にスクロールすると、「VSync Count」の項目があります。これは垂直同期（ディスプレイのリフレッシュレートとフレームレートを同期するかどうか）の設定です。垂直同期を行うことで画面の描画が安定します。

この設定に応じてフレームレートが変動します。VSync Countに設定できる値は、表10.1の3種類があります。

表10.1 ▶ 垂直同期の設定(VSync Count)

設定	説明
Don't Sync	垂直同期を行わず、フレームレートは可能な限り高くなる。スクリプトで任意のフレームレートを指定する場合はこれに設定する（詳細は後述）
Every V Blank	垂直同期を行う。ディスプレイのリフレッシュレートが60Hzである場合は、フレームレートも60になる。ちなみに、一般的なディスプレイはリフレッシュレートが60Hzのものが多い
Every Second V Blank	垂直同期を半分の周期で行う。ディスプレイのリフレッシュレートが60Hzである場合は、フレームレートは30になる。動きの滑らかさは落ちるが、負荷を抑えたい場合に設定する

図10.2 ▶ 垂直同期の設定

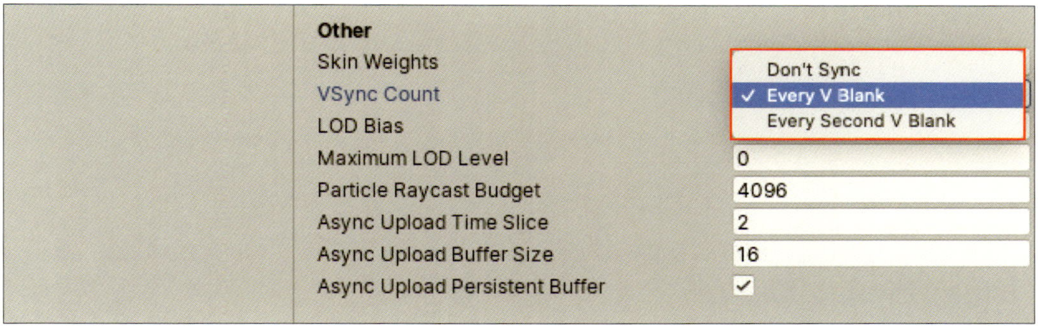

Other
Skin Weights
VSync Count
LOD Bias
Maximum LOD Level 0
Particle Raycast Budget 4096
Async Upload Time Slice 2
Async Upload Buffer Size 16
Async Upload Persistent Buffer ✓
Don't Sync
✓ Every V Blank
Every Second V Blank

垂直同期をスクリプトで設定

Qualityからは表10.1の3種類しか設定できません。デバイスの負荷に応じてフレームレートを調整するなど、フレームレートの値を細かく指定したい場合は、以下のようなスクリプトを書いて設定できます。

```
QualitySettings.vSyncCount = 0; 前述のQualityにあった「Vsync Count」。0: Don't
                                 Sync、1: Every V Blank、2: Every Second V Blank
Application.targetFrameRate = 45; フレームレートの値。60を越える値も指定可能。
```

vSyncCountはtargetFrameRateより優先されるため、値を0にしないと、targetFrameRateの値を指定しても反映されません。targetFrameRateを指定する場合は、「vSyncCount = 0」を忘れないようにしましょう。

なお、フレームレートを上げると描画処理の回数が増えるのに加え、MonoBehaviourのUpdate()が呼ばれる回数も同じだけ増えます。Update()には負荷の高い処理を書かないよう気をつけてください。

10-1-2 Profilerでパフォーマンスを計測する

ゲームを公開する前に必ず行う作業の1つに、パフォーマンスチューニングがあります。手元のデバイスでは普通にプレイできるのに性能が低いデバイスでは動作がカクカクしてプレイできないのは、スマホなどの種類が多いデバイスでは起こり得る問題です。気づかずリリースすると、プレイヤーから「動作が重くてまともに遊べない！」と酷評されてしまいます（筆者も何度か経験があります……）。リリース前にパフォーマンスチューニングを行って、ゲームの負荷をできるだけ下げておきましょう。

パフォーマンスチューニングは、Profilerウインドウを確認しながら行います。「Window」→「Analysis」→「Profiler」でProfilerウインドウを開きます。ショートカットキーの場合は Command + 7 を実行します。

図10.3 ▶ Profiler

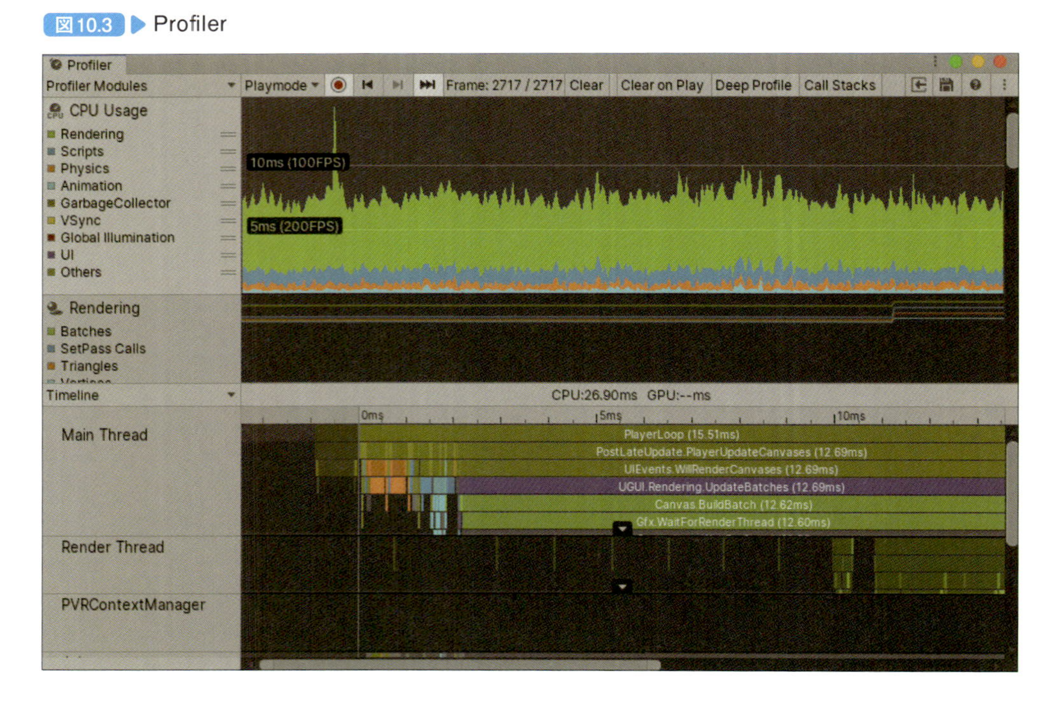

Profilerウインドウを開いた状態でゲームを再生すると、CPUやメモリに対するゲームの負荷がProfilerに表示されます。FPSも表示されますので、まずはエディタ上で安定して60FPS以上をキープできるよう調整しましょう。

エディタ上での動作が問題なくなったら、スペックが低めのデバイスでデバッグ実行してProfilerを確認しましょう。恐らく絶望が待っています（そして不死鳥のごとく立ち上がりましょう）。

なお、AndroidやiOSデバイスとProfilerの接続方法は公式マニュアルを参照してください。

・Profiler ウィンドウ
https://docs.unity3d.com/ja/2019.2/Manual/ProfilerWindow.html

また、何らかの処理で瞬間的に負荷が高まる場合があります。これをスパイクと呼びます。大きなスパイクが発生するとその瞬間にゲームの動作がカクカクします。後述のチューニングを行い、できるだけ原因を潰しておきましょう。

図10.4 ▶ スパイクの発生時

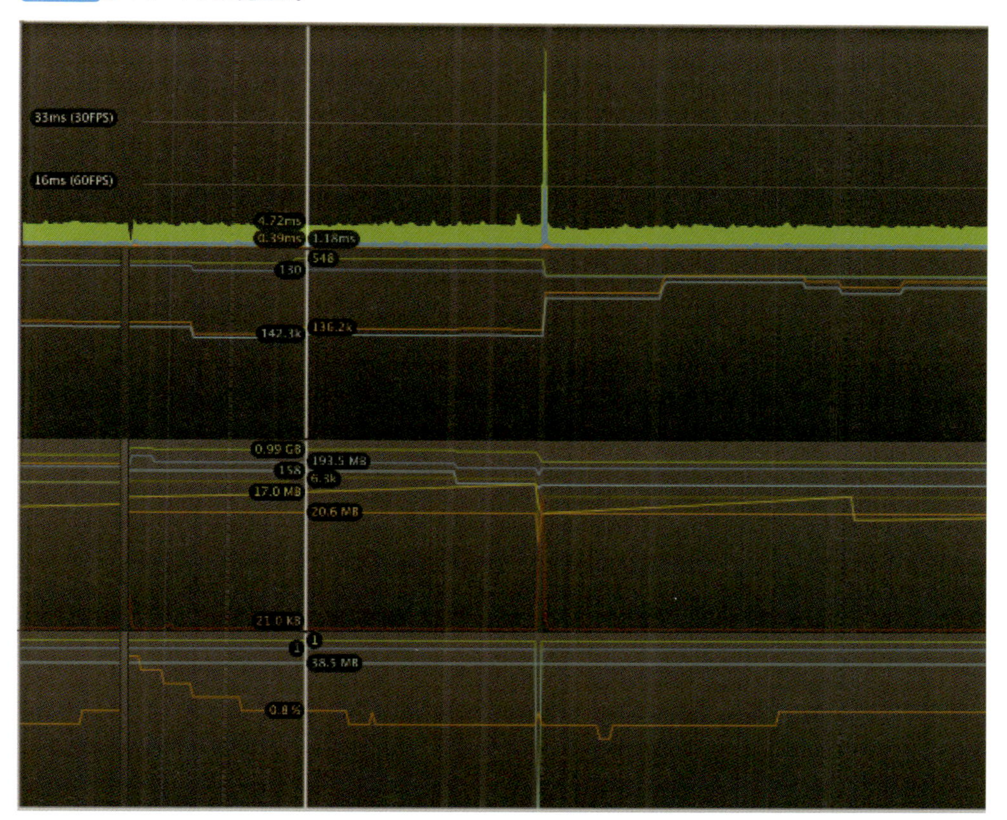

10-1-3　Scriptのチューニング

CPU UsageのProfilerのグラフ表示をクリックすると、グラフの下にその時点で実行されている処理が表示されます。Profiler左側の上下中ほどにあるプルダウンで「Hierarchy」を選択すると、どういった処理にどの程度時間がかかったかが一覧表示されますので、負荷の原因となっているスクリプトを見つけて対処しましょう。

図10.5 ▶ その時点の処理を確認

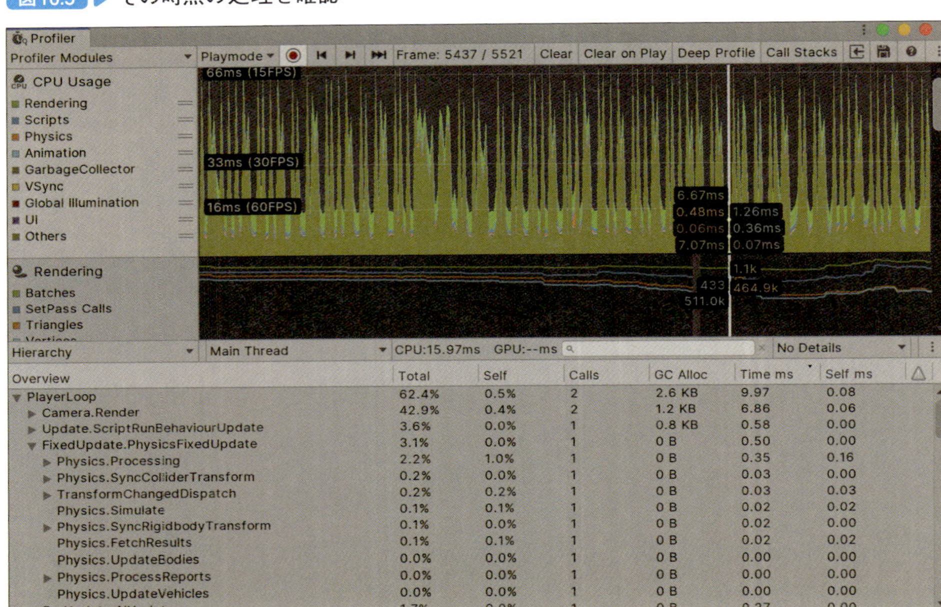

よくやってしまいがちな負荷の原因として、以下のようなことがあります。

- Update()の中でInstantiate()している
- Update()の中でコンポーネントを使うとき、毎回GetComponent()している

これらの処理は意外と負荷が高く、ゲームのパフォーマンスに影響を及ぼします。対策として、オブジェクトプールでオブジェクトを再利用して、Instantiate()の回数を減らしたり、Update()で使うコンポーネントはStart()の中で先にGetComponent()し、キャッシュしておくなどの対策が有効です。

また、サイズの大きいListや配列を扱う処理も負荷の原因になりやすいので気をつけましょう。

Update()や常に実行され続けているコルーチンなど、実行される頻度が高い処理を中心にチューニングしていくと効果的です。

10-1-4　Renderingのチューニング

Renderingのグラフを選択すると「SetPass Calls」という値が下部に表示されます。SetPass CallsはGPUに描画のための情報を伝える処理で、これをできるだけ低く抑えることで負荷を抑えられます。

図10.6 ▶ Renderingのグラフ

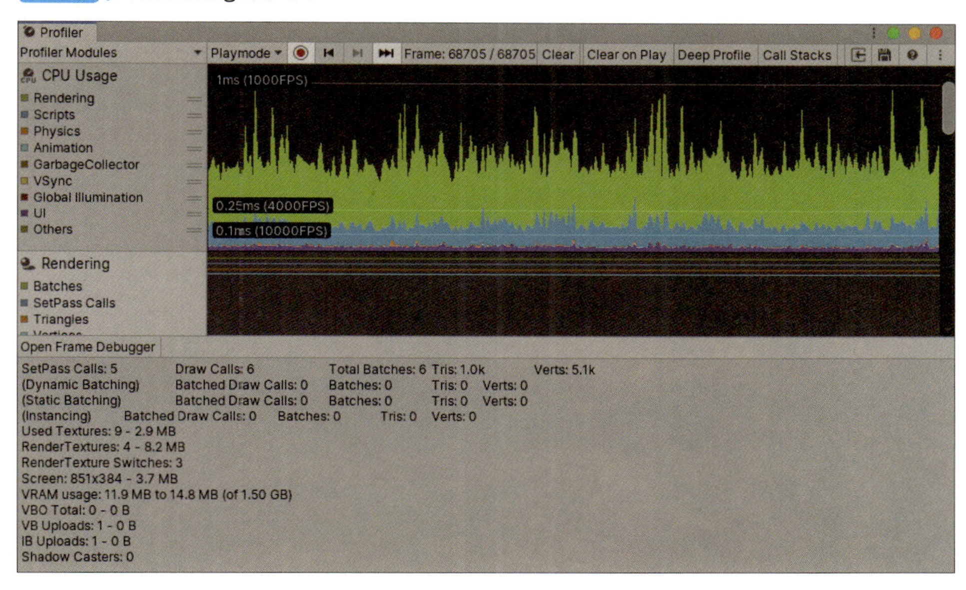

SetPass Callsを抑えるには以下の方法があります。

・光と影を調整する
・画像AssetをAtlas化する
・描画処理をさらに詳しくチェックする

光と影を調整する

光（ライティング）と影（シャドウ）の設定は、SetPass Callsに大きな影響を及ぼします。

少しでも負荷を下げるために、建物などの動かないオブジェクトは、Inspectorウインドウの右上にあるStaticにチェックをつけておきましょう。こうすることで「Static Batching」という複数オブジェクトを一気に描画する処理の対象となりますので、SetPass Callsを

図10.7 ▶ SetPass Callsを減らす

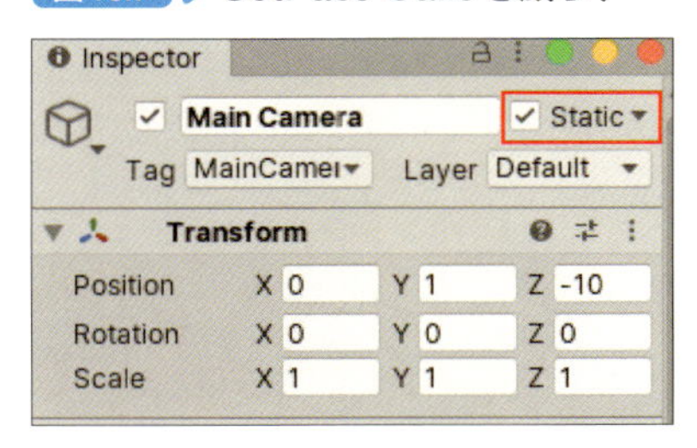

減らすことができます。

厳密にはマテリアルが同じでないとStatic Batchingの対象になりませんが、岩などの同じマテリアルを使ったオブジェクトを画面内に複数配置することはよくありますので、Staticにする習慣をつけておきましょう。

そして、Staticなオブジェクトはライトマップのベイク対象となり、ベイクすることでSetPass Callsを下げることが可能です。ライトマップを自動的にベイクするには、「Window」→「Rendering」→「Lighting Settings」を選択し、Lightmap Settings の「Auto Generate」にチェックをつけておきましょう。

図10.8 ▶ SetPass Callsを下げる

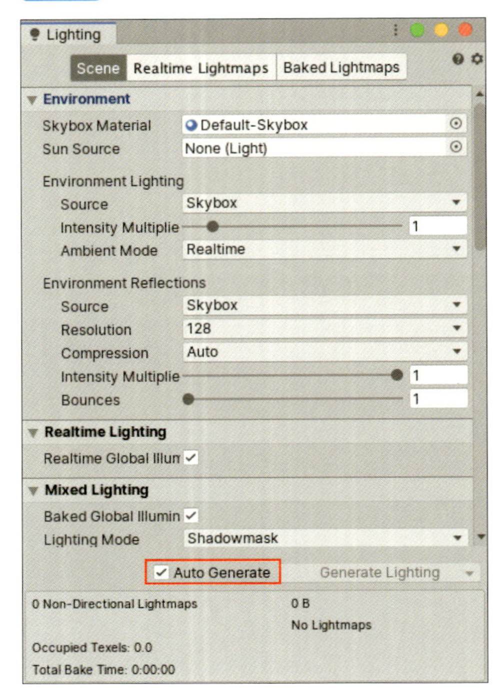

続いて、シャドウの設定も調整しましょう。シャドウの設定は「Edit」→「Project Settings...」→「Quality」で行うことができます。

Shadow Resolutionで影の解像度を下げたり、Shadow Distanceで影の描画距離を縮めたりしてみて、それでも重いようであれば、Shadowsを「Disable Shadow」にして影を非表示にする方法もあります。

図10.9 ▶ シャドウの設定

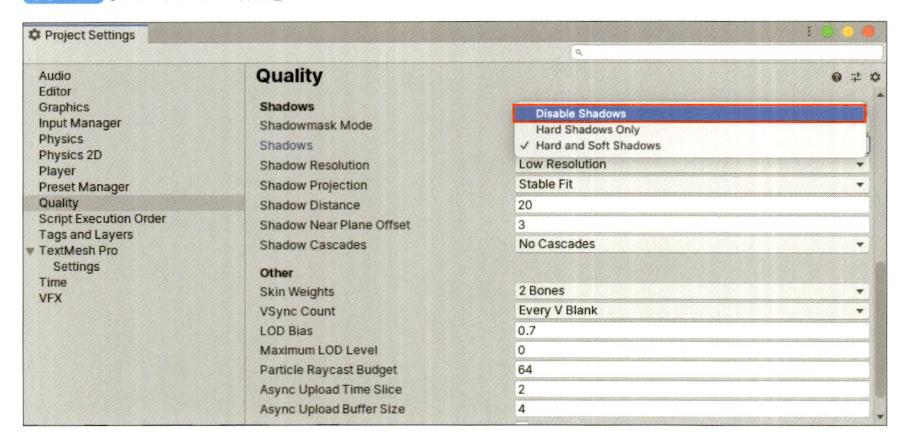

画像AssetをAtlas化する

Unityには、複数の画像Assetを「Atlas」という1つのファイルにまとめる機能があります。SetPass Callsは画像Assetを読み込むたびに増えますので、複数の画像をまとめて1つのAtlasにすることでSetPass Callsを大幅に抑えられます。

Atlasは、Projectウインドウで右クリックし、「Create」→「Sprite Atlas」で作成できます。

図10.10 ▶ Atlasの作成

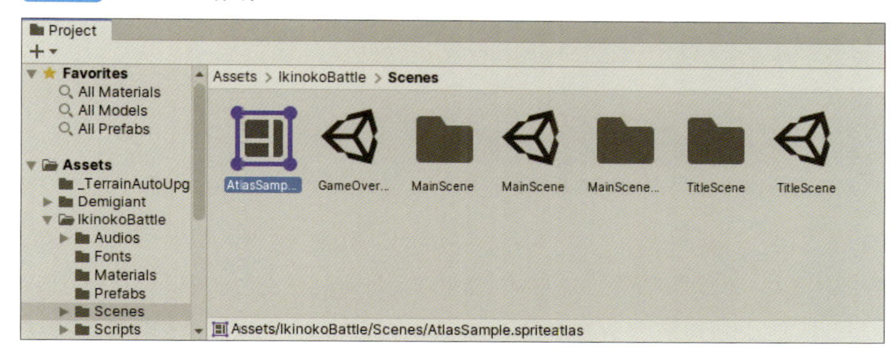

Atlasを選択し、Inspectorウインドウの「Object for Packing」に任意の画像ファイルやディレクトリを設定すると、Atlasにまとめる対象となります。

Tight Packingにチェックが入っていると、画像ファイルの隙間をギュッと詰めてAtlas化するためファイルサイズの削減に繋がります。ただし、画像の透明部分に他の画像が映り込む場合がありますので注意が必要です。映り込んでしまった場合は、Tight Packingのチェックを外してください。

ちなみに、設定でAtlasが無効になっていると、Inspectorウインドウに「Sprite Atlas packing is disabled.」のメッセージが表示されます。これが表示されていた場合は、「Edit」→「Project Settings...」→「Editor」を選択し、Sprite PackerのModeを「Always Enabled」に変更しましょう。

図10.11 ▶ Object for Packing

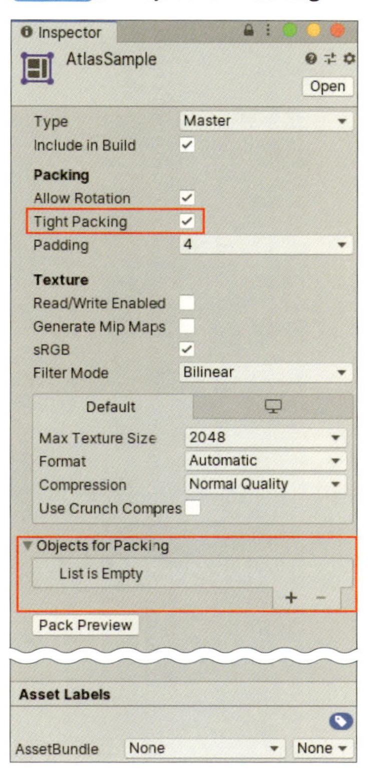

図10.12 ▶ Always Enabledに変更

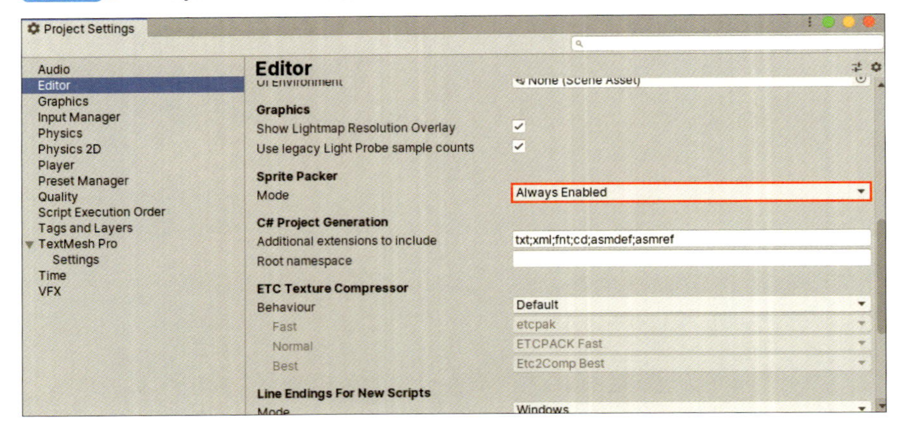

Atlasを有効にすると、InspectorウインドウにPack Previewボタンが表示され、Atlasのプレビューが可能になります。

注意点として、ゲームのすべての画像を1つのAtlasに詰め込むと、Atlasのファイルサイズが肥大化します。Atlasは使用する際メモリ上に展開されるため、巨大なAtlasはメモリを大幅に消費してしまいます。Atlasは複数あってもかまいませんので、同じ場面で描画される画像ごとにAtlas化しましょう。

図10.13 ▶ Pack Previewボタンが表示される

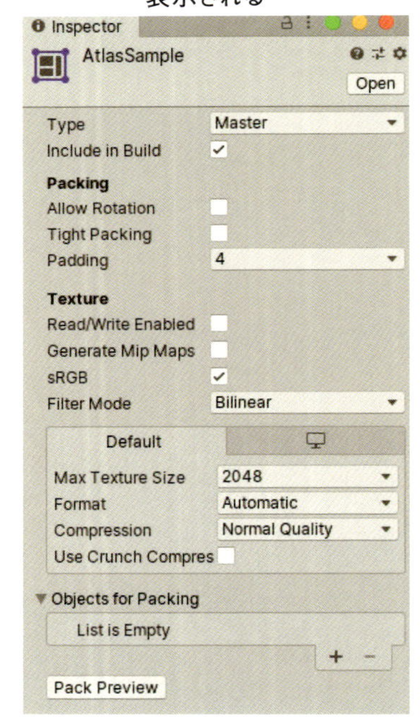

描画処理をさらに詳しくチェックする

負荷の高い描画処理がないかさらに詳しく確認する場合は、ProfilerウインドウでRenderingをクリックし、その下に表示される「Open Frame Debugger」ボタンをクリックして、Frame Debuggerウインドウを開きます。

Frame Debuggerウインドウでは、Unityがゲーム画面をどのような順番で描画しているかを確認できます。また、表示された描画ツリーの各項目を選択することで、該当する描画部分をGameビューに表示することが可能です。不要なものが描画されていないか、描画の負荷が高すぎるオブジェクトが無いかなどチェックしてみましょう。

図10.14 ▶ Frame Debugger

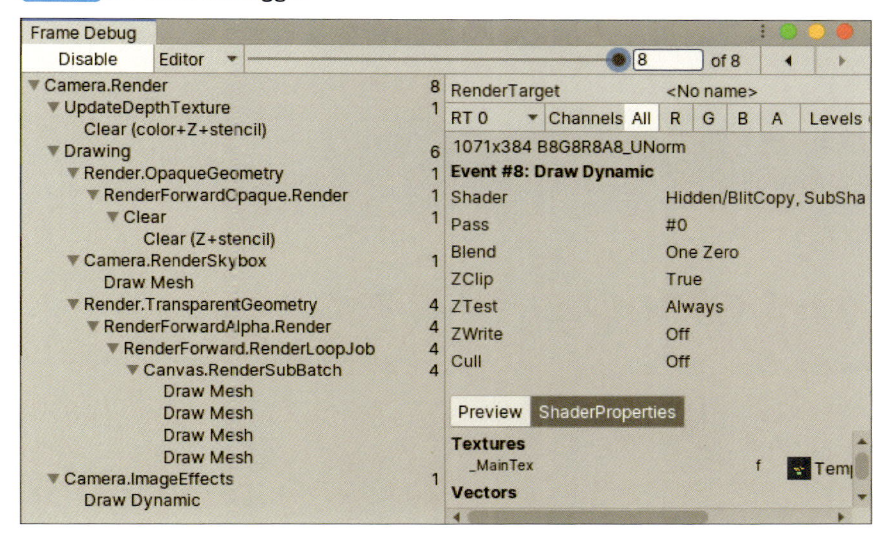

コラム Unity Remote

Unityエディタ上でゲームを実行し、スマホデバイス上で簡単な画面表示と操作ができるツールとしてUnity Remoteがあります。このツールを利用すると、ビルドせずにデバイスでチェックをすることが可能です。使い方は以下のとおりです。

①スマホにUnity Remoteアプリをインストールして起動する
②スマホとPCをUSBで接続する
③「Edit」→「Project Settings」→「Editor」を選択し、Unity Remote対象のデバイスを選択する
④エディタ側でゲームを再生する

なお、Unity Remoteは以下のようになっており、画質は粗く多少のラグも発生します。

・Unityエディタで再生中のゲーム画面をリアルタイムでスマホに転送する
・スマホ側のタッチ入力をエディタ側に伝える

また、デバイス側でゲームを実行しているわけではないため、デバイス特有の不具合などは確認できません。あくまでタッチ操作のチェックや、レイアウトのバランスの確認などに使用してください。

10-2 ゲームの容量を節約しよう

やみくもにゲームを作ってもそれだけで遊んでもらえるとは限りません。注意すべき点に1つにゲーム容量の節約があります。

10-2-1　ゲームのファイルサイズに注意

最近のPCやスマホのディスクは大容量ですが、それでもゲームの容量（ファイルサイズ）は気にした方が良いでしょう。特にスマホ向けのゲームではその影響が顕著です。たとえば、iOSでは150MB以上のアプリをダウンロードするには、WiFi接続が必要です。またAndroidでは100MBを越えるアプリをストアで公開しようとするとファイルを分割する必要があります。

アプリのサイズが大きい場合は、プレイヤーがインストールするのをためらってしまうことにも繋がりますし、容量不足の際には優先的にアンインストールされてしまいます。サイズをできるだけ抑えて、遊んでもらうためのハードルを少しでも下げましょう。

10-2-2　肥大化の原因と基本的な対策

ゲーム容量の肥大化の原因のほとんどは、画像ファイルと音声ファイルです。まずはこれらの状況を確認するところから始めましょう。

Unityでビルドを実行すると、どのような種類のリソースがどの程度の容量を占めているかが記載されたBuild Reportが生成されます。

Build Reportを確認する手順として、Consoleウインドウ右上のボタンからOpen Editor Logを選択すると、Editor.logが開きます。

図10.15 ▶ ConsoleウインドウからEditor.logを開く

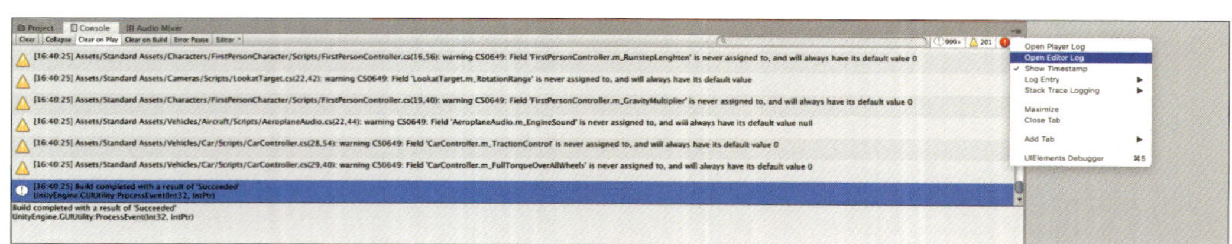

このEditor.logの中にBuild Reportが含まれていますので、「Build Report」でファイル内を検索してみましょう。

図10.16 ▶ Editor.logの内容

```
Build Report
Uncompressed usage by category (Percentages based on user generated assets only):
Textures               48.5 mb    44.9%
Meshes                 3.3 mb     3.0%
Animations             233.1 kb   0.2%
Sounds                 2.5 mb     2.3%
Shaders                27.3 mb    25.3%
Other Assets           8.5 mb     7.9%
Levels                 2.6 mb     2.4%
Scripts                1.6 mb     1.5%
Included DLLs          13.2 mb    12.2%
File headers           417.7 kb   0.4%
Total User Assets      108.1 mb   100.0%
Complete build size    339.1 mb
Used Assets and files from the Resources folder, sorted by uncompressed size:
 26.4 mb 7.8% Resources/unity_builtin_extra
 8.0 mb  2.4% Packages/com.unity.ads/Editor/Resources/Editor/landscape.jpg
 8.0 mb  2.4% Packages/com.unity.ads/Editor/Resources/Editor/portrait.jpg
 3.7 mb  1.1% Assets/New Terrain.asset
 3.4 mb  1.0% Assets/IkinokoBattle/Fonts/rounded-mplus-1c-heavy.ttf
 2.7 mb  0.8% Assets/Level 1 Monster Pack/Images/Slime/SlimeGreen.jpg
 2.7 mb  0.8% Assets/Level 1 Monster Pack/Images/Bat/Bat_Color4.jpg
 2.3 mb  0.7% Assets/IkinokoBattle/Scenes/MainScene/NavMesh.asset
 1.6 mb  0.5% Assets/IkinokoBattle/Audios/BGM/arata.mp3
 1.5 mb  0.4% Assets/Standard Assets/Environment/SpeedTree/Broadleaf/Broadleaf_Desktop.spm
 1.3 mb  0.4% Assets/Standard Assets/Environment/SpeedTree/Broadleaf/Broadleaf_Desktop_Atlas_Billboards.tga
 1.3 mb  0.4% Assets/Standard Assets/Environment/SpeedTree/Palm/Palm_Desktop_Atlas_Billboards.tga
 1.3 mb  0.4% Assets/Standard Assets/Environment/SpeedTree/Conifer/Conifer_Desktop_Atlas_Billboards.tga
 1.3 mb  0.4% Assets/Standard Assets/Environment/SpeedTree/Conifer/Conifer_Desktop_Atlas.tga
 1.3 mb  0.4% Assets/Standard Assets/Environment/SpeedTree/Broadleaf/Broadleaf_Desktop_Atlas.tga
 1.3 mb  0.4% Assets/Standard Assets/Environment/SpeedTree/Palm/Palm_Desktop_Atlas.tga
 1.3 mb  0.4% Assets/Standard Assets/Environment/SpeedTree/Conifer/Conifer_Desktop.spm
 1.0 mb  0.3% Assets/TextMesh Pro/Resources/Fonts & Materials/LiberationSans SDF.asset
 1.0 mb  0.3% Assets/TextMesh Pro/Examples & Extras/Resources/Fonts & Materials/Roboto-Bold SDF.asset
 1.0 mb  0.3% Assets/TextMesh Pro/Examples & Extras/Resources/Fonts & Materials/Electronic Highway Sign SDF.asset
 1.0 mb  0.3% Assets/TextMesh Pro/Examples & Extras/Resources/Fonts & Materials/Bangers SDF.asset
 926.8 kb    0.3% Assets/PQAssets/Query-Chan-SD/Sounds/Voice/01_Greetings/Greeting_01.wav
 682.8 kb    0.2% Assets/Standard Assets/Environment/SpeedTree/Broadleaf/Broadleaf_Desktop_Atlas_Billboards_Normal.tga
 682.8 kb    0.2% Assets/Standard Assets/Environment/SpeedTree/Conifer/Conifer_Desktop_Atlas_Billboards_Normal.tga
 682.8 kb    0.2% Assets/Standard Assets/Environment/SpeedTree/Palm/Palm_Desktop_Atlas_Billboards_Normal.tga
 682.8 kb    0.2% Assets/Standard Assets/Environment/SpeedTree/Broadleaf/Broadleaf_Desktop_Atlas_Normal.tga
 682.8 kb    0.2% Assets/Standard Assets/Environment/SpeedTree/Palm/Palm_Desktop_Atlas_Normal.tga
 682.8 kb    0.2% Assets/Standard Assets/Environment/SpeedTree/Conifer/Conifer_Desktop_Atlas_Normal.tga
 682.8 kb    0.2% Assets/PQAssets/Query-Chan-SD/Models/SD_QUERY_01/Textures/Tex_Body_Defo.png
```

10-2-3　画像のサイズを減らす

SpriteやTextureなどの画像ファイルは、Inspectorウインドウで設定を行うことでサイズを減らすことが可能です。

Inspectorウインドウ下部に画像のサイズが表示されますので、各種パラメータを調整し、できるだけサイズを減らしましょう。当然ですが、画像の設定を変えるとゲームの見た目にも影響しますので、ちょうど良い設定を探してみましょう。

図10.17 ▶ 画像サイズの変更

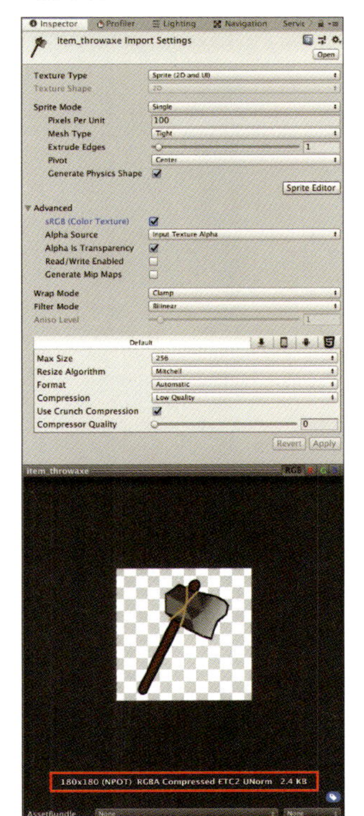

画像は表10.2の設定項目で調整します。

表10.2 ▶ 画像に関する設定項目

Generate Mip Maps	テクスチャが画面上で小さく表示される時に使われる、縮小版テクスチャを生成するか否かの設定。チェックをつけると、小さく表示されるときの見た目がきれいになるが、サイズは増加する。画像が無圧縮の状態でチェックをつけるとサイズが多少増える程度だが、後述のパラメータで画像を圧縮している状態の場合はサイズが極端に増えるため注意
Max Size	画像の縦横サイズの最大値。たとえば、横180pxの画像を小さくする場合は、Max Sizeで128以下の値を指定して、Applyボタンをクリックすると、画像がそのサイズに縮小される
Compression	画像の圧縮設定。Noneは圧縮無しで、Low Qualityの場合はサイズは最小になるが、画質はかなり劣化する
Use Crunch Compression	Crunch圧縮を使うかどうかの設定。チェックをつけるとCompression Qualityのスライダーが表示される。この値が小さいほど画像が劣化する代わりに、圧縮率が上がる

コラム Atlas化した場合の圧縮設定

圧縮して低画質にした画像AssetをAtlas化すると、低画質の画像がAtlasに反映されてしまいます。また、Atlas側でも圧縮の設定が可能ですが、画像Asset側とAtlas側で二重に圧縮しても画像が余計に劣化してしまうだけでサイズは小さくなりません。

画像AssetではMax Texture Sizeのみ設定し、圧縮はAtlas側で行うのが良いでしょう。

10-2-4 音声ファイルのサイズを減らす

BGMなどの長めの音声ファイルはサイズが大きく、ゲームの容量に影響を与えます。

Unityでは音声ファイルを簡単に圧縮できるようにAudioClipのQualityを下げることで圧縮率を上げてファイルサイズを抑えることが可能です(Inspectorウインドウに表示されるImported Sizeが、ゲームの容量に影響するファイルサイズになります)。ただし、Qualityを下げると音質が劣化しますので、違和感のない程度に調整しましょう。

参考までに、筆者はサイズの小さな効果音はQuality100%のままにしておき、BGMなどサイズの大きなものはQualityを36%ほどに設定して使っています。

10-2-5　Resourcesの中身を減らす

9-1-5でも触れた通り、Assetsフォルダ直下のResourcesフォルダは特殊な扱いとなっており、この中にAssetを配置するとスクリプトから以下のように読み込めるようになります。

```
Resources/icon.pngファイルをSpriteとして取得する例
var icon = Resources.Load<Sprite>("icon");
Resources/bgm.mp3ファイルをAudioClipとして取得する例
var bgm = Resources.Load<AudioClip>("bgm");
```

しかし、Resoucesフォルダは便利な反面、使い過ぎるとアプリサイズの肥大化を招きます。これはビルドの際のAssetの取捨選択がうまく働かなくなることが原因です。

Unityのビルド対象となるAssetは、基本的にゲーム内で使用するものだけです。もし使っていないAssetがたくさんあっても、Unityが自動的に必要なものだけに絞ってビルドしてくれるため、ゲーム容量を最小限に抑えられます。ただし、Resourcesフォルダの中にあるAssetは、使っているかどうかに関わらずすべてビルドの対象となります。

また、ResourcesにPrefabを配置した場合は、そのPrefabで使用しているAssetもすべてビルドの対象となります。

Resourcesフォルダにはスクリプトから読み込まなければならないAssetだけを配置し、それ以外のものは含めないようにしましょう。

10-2-6　不要なシーンをビルド対象から外す

デバッグ用のシーンや使わなくなったシーンはビルド対象から外しましょう。ビルド対象のシーンで使われているAssetはすべてビルドの対象となるため、ゲームの容量に影響を及ぼします。

10-2-7　AssetBundle

ゲームの容量を減らす方法として、AssetBundleを活用する方法があります。Unityエディタ上で設定を行うことで、任意のAssetをAssetBundleというファイルに分離することが可能です。

AssetBundleをサーバーに配置し、ゲーム中にダウンロードして使用することで、ゲーム本体の容量を削減できるというわけです。

・AssetBundle
https://docs.unity3d.com/ja/current/ScriptReference/AssetBundle.html

容量削減以外に、コンテンツを追加配信するゲームでも活躍します。なお、スクリプトはAssetBundleに含められないため、注意が必要です。

10-3 ゲームをビルドしよう

パフォーマンスと容量の調整が終わったら、ゲームのビルドを行ってみましょう。

10-3-1 ビルドの共通操作と設定

ビルドの設定を行うBuild Settingsウインドウを開くには、「File」→「Build Settings」を選択します。この設定はよく使用しますので、ショートカットキーのShift＋Command（WindowsはCtrl）＋Bを覚えておくと便利です。

ウインドウ左側のリストからプラットフォームを選択して「Switch Platform」ボタンをクリックすると、プラットフォームが切り替わります。切り替えが終わったら、「Build」または「Build And Run」ボタンをクリックするとビルドが開始します（Build And Runは、ビルド後ゲームが起動します）。

図10.18 ▶ Build Settingsウインドウ

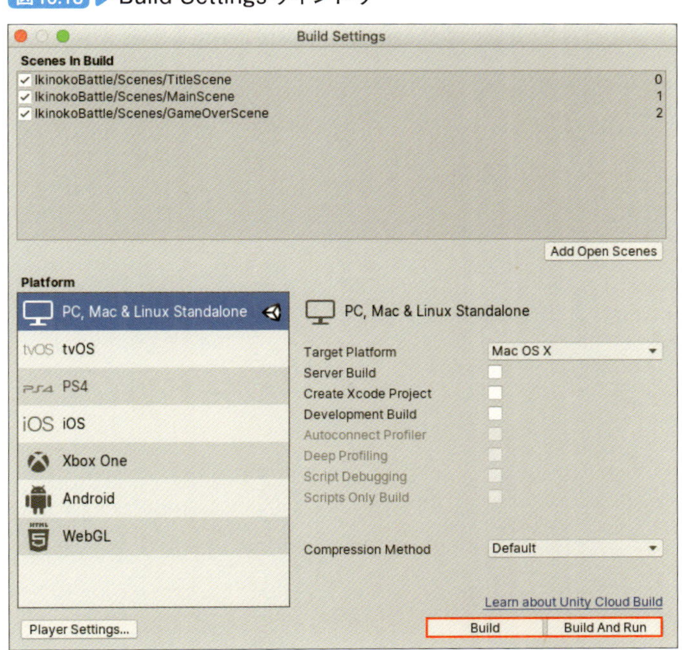

10

ビルド対象のシーンについて

8章でも説明しましたが、Build SettingsウインドウのScenes In Buildで指定されているシーンがビルド対象となります。また、この中で一番上に配置されたシーンがゲーム起動時に最初に読み込まれるシーンとなります。

Development Buildの設定

Development Buildにチェックをつけると開発版のゲームがビルドできます。

開発版はデバッグのためのさまざまな機能（詳しくは後述）が使用可能になるのに加え、以下のようなスクリプトを書くことで、開発版でのみ実行される処理も記述可能です。

```
if (Debug.isDebugBuild) {
    この中の処理は開発版の時しか実行されない
}
```

Autoconnect Profilerの設定

Autoconnect Profilerは、Development Buildにチェックを入れると選択可能になります。AndroidやiOSデバイスで開発版のゲームを起動したとき、Unityエディタのプロファイラーに接続を試みます。AndroidやiOSは機種によって性能（または動作）が異なりますので、プロファイラで負荷をチェックしましょう。

Script Debuggingの設定

Script Debuggingは、Development Buildにチェックをつけると選択可能になります。これにチェックをつけると、Visual Studioなどでスクリプトの中にブレークポイントを仕込み、処理がそこに差し掛かったらプログラムを一時停止することが可能になります。

一時停止したときの各種変数にどのような値が入っているかを確認したり、続きの処理を1行ずつ実行したりと、デバッグにとても役立ちます。

コラム　プラットフォームの切り替えを早くする

プロジェクトのAssetが多くなると、プラットフォームの切り替えにかなりの時間がかかります。これは各Assetをプラットフォームに合わせて圧縮し直しているためです。Assetをキャッシュするように設定しておけば、2回目以降は切り替え時間の大幅短縮が可能です。

この設定を行うには、「Unity」→「Preferences」→「Cache Server」を選択し、Cache Server Modeを「Local」に変更します。これでPC内に各プラットフォーム向けのAssetがキャッシュされます。なお、最大でMaximum Cache Size (GB)で指定した分だけディスク容量を消費しますので、注意してください。

図10.19 ▶ Cache Server Modeの設定

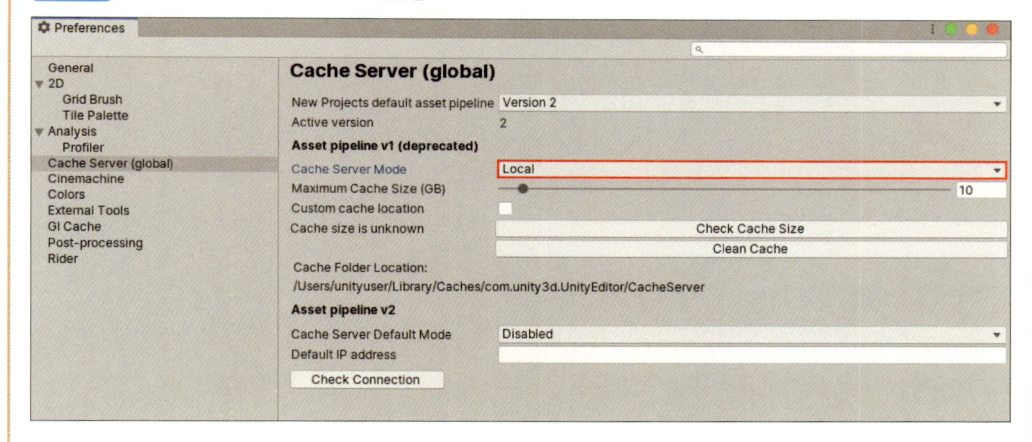

10-3-2　Windows/macOS向けのビルド

Windowsもしくはmac OS用向けにビルドしたい場合は、「PC, Mac & Linux Standalone」を選択し、Target Platformで「Windows」もしくは「Mac OS X」を選択します。

10-3-3　Android向けのビルド

Android向けのビルドの場合、初期設定ではAndroidのアプリであるapkファイルをビルドされます。Export Projectにチェックをつけると、Androidのアプリ開発ツール「Android Studio」でビルド可能なプロジェクトをエクスポートしてくれます。

図10.20 ▶ Android向けのビルド設定

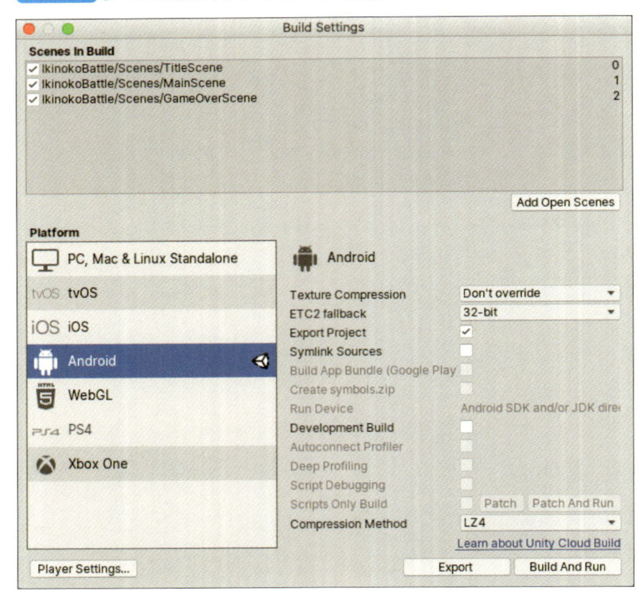

Android端末をPCに接続している状態で「Build And Run」ボタンをクリックすると、ゲームがその端末に直接インストールされます。

AndroidとiOS向けにビルドする場合は、「Player Settings...」ボタンをクリックし、Package Nameを設定する必要があります。Package Nameはアプリに割り当てるユニークなIDで、Androidアプリのアプリケーション IDにあたります。ドットで1個以上区切られている、半角英数と一部の記号のみ使えるなどのルールに沿っていれば何でもOKですが、アプリリリース後には変更できません。

また、他のアプリとの重複がNGであるため、「自分の持っているドメイン名を逆順にしたもの.アプリの名前」の命名規則に従ったアプリが多いです。

コラム Google Playにアップロードするときはaabファイルを使おう

Google Playの仕組みが変更になり、アプリをアップロードする際はaab（Android App Bundle）ファイルが必要になりました。

aabファイルはapkファイルにする前の状態のデータで、これをアップロードするとGoogle Play側でアプリサイズを抑えたapkファイルをビルドしてくれます。Unityでもaabファイルはビルド可能ですので、こちらを使うようにしましょう。

なお、以下のURLには明記されていませんが、aabはx86のアーキテクチャを含めるとビルドできません。ビルドする前にProject SettingsのTarget Architecturesでx86のチェックを外しておきましょう。

・Unity 2018.3 ベータ版での Android App Bundle（AAB）サポート
https://blogs.unity3d.com/jp/2018/10/03/support-for-android-app-bundle-aab-in-unity-2018-3-beta/

10-3-4　iOS向けのビルド

iOS向けのアプリ（ipaファイル）をビルドするには、Xcodeが必要です（XcodeはmacOS専用であるため、iOS向けゲームのビルドにはmacが必要です）。また、デバッグの際はDevelopment Build（10-3-3参照）の設定に加え、Run in Xcode asで「Debug」を選択しておきましょう。

ちなみに、iOSは実機用とシミュレータ用で異なる設定が必要です。シミュレータでゲームを動かしたい場合は、「Player Settings...」ボタンをクリックし、Target SDKの値を「Simulator SDK」に変更してからビルドしましょう。

図10.21 ▶ シミュレータ向けの設定

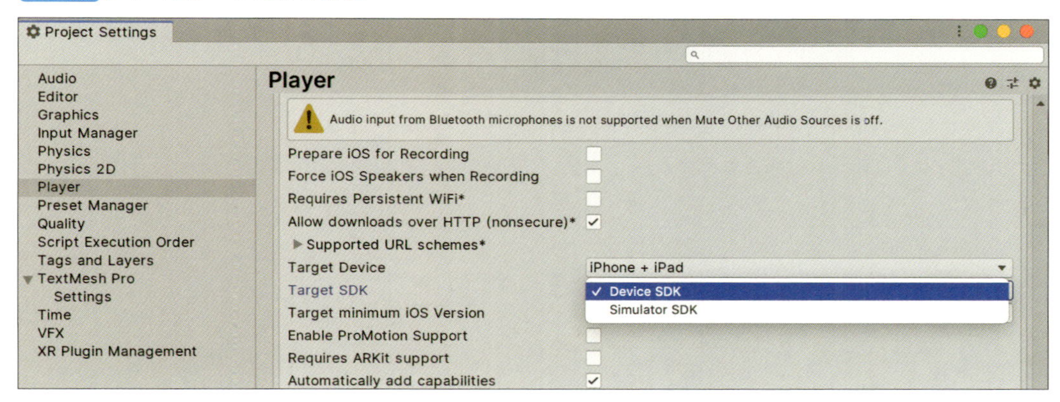

またAndroidの場合と同様に、iOSの場合はアプリごとのユニークなIDであるBundle Identifierの設定が必要です。

図10.22 ▶ Bundle Identifierの設定

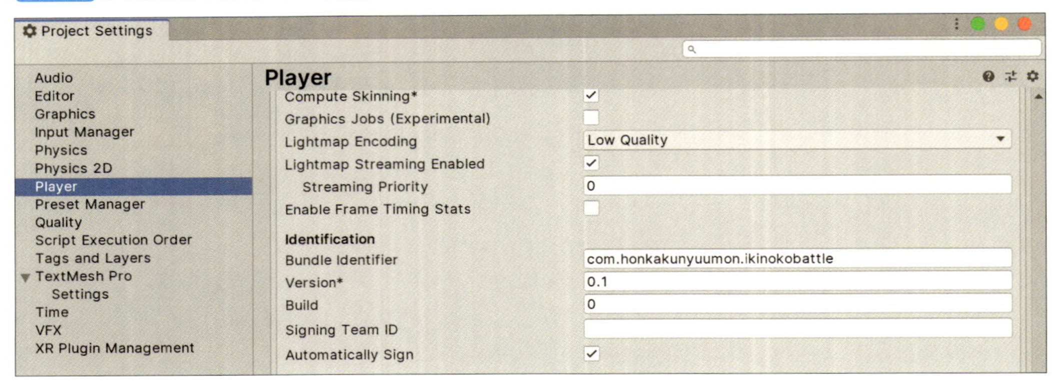

10-3-5 WebGL向けのビルド

ブラウザ上で遊べるゲームとしてビルドする場合は、WebGLを選択します。出力されたフォルダのindex.htmlをChromeなどのモダンなブラウザで開くとゲームが遊べます。もちろん、ファイル一式をサーバー上にアップロードしても動作します。

ちなみに、WebGLはスレッドやグラフィックス、オーディオなどに制限があり、Unityのすべての機能は使用できません。(PlayerPrefに保存できるデータサイズも5MB以内となっています)。「WebGLに出力したら音が出なくなった」などのトラブルも起こりますので注意しましょう。

ゲームをインストールしなくても良いお手軽さは魅力ですが、ブラウザの種類やバージョンによってはゲームが動作しない場合もあり、スマホのブラウザはサポート外となっています。詳しくは以下のURLを参照してください。

・WebGLのブラウザー間での互換性
https://docs.unity3d.com/ja/current/Manual/webgl-browsercompatibility.html

10-3-6 ビルドしたいプラットフォームが選べない場合

ビルドしたいプラットフォームを選択してもビルドできない場合は、対応したUnityコンポーネントの追加インストールが必要です。

図10.23 ▶ 対応コンポーネントがインストールされていない場合

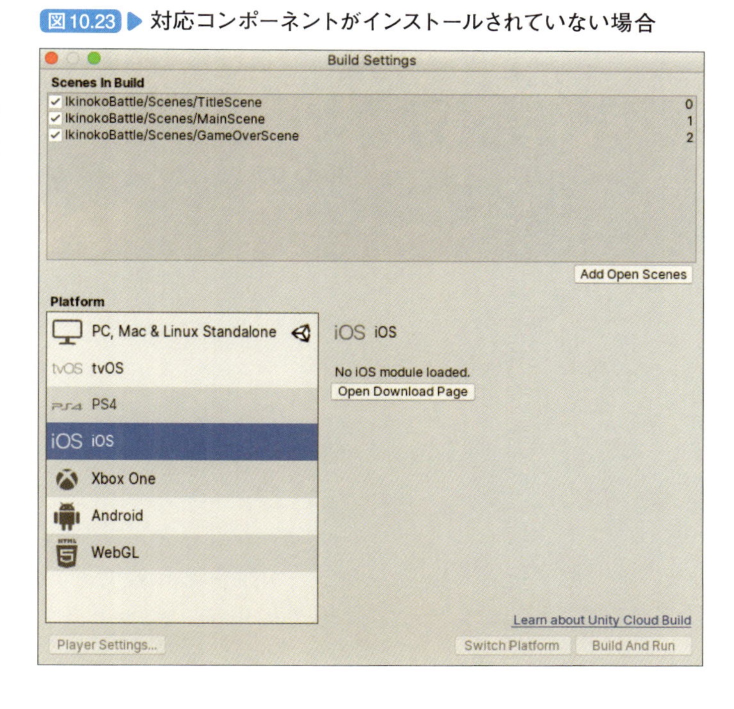

追加インストールはUnity Hubで行います。「インストール」を選択し、追加インストールを行いたいバージョンの右上の⋮を選択します。「モジュールを加える」を選択すると出てくるウインドウで追加コンポーネントを選択し、「実行」を選択するとインストールが開始します。

図10.24 ▶ モジュールを加えるウインドウ

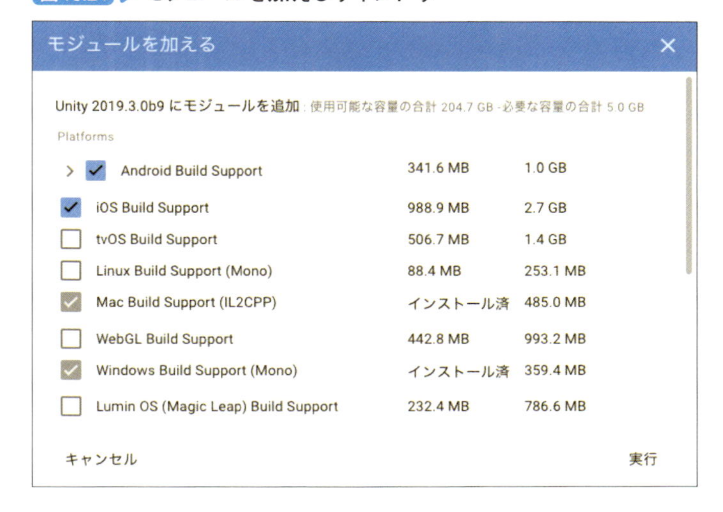

ゲームを公開しよう

ゲーム完成したら、いろんな人に遊んでもらいたいものでです。ここでは、主要なゲーム公開プラットフォームをいくつか紹介します。

ゲームの公開手順はプラットフォームごとに異なります。誌面の都合上本書では詳細は割愛します。公式ドキュメントやWebの情報や「プラットフォーム名 公開手順」などで検索すると、手順を示したサイトが見つかります。これらの情報を元にチャレンジしてみてください。

10-4-1 Google Play

Google Playは、Androidアプリの公式ストアです。Google Playでゲームを公開するにはデベロッパーアカウントの登録が必要です。

・Googleデベロッパーアカウント
　https://play.google.com/apps/publish/signup/

デベロッパーアカウントを登録する際に約25ドルのお金がかかりますが、それ以外の費用はかかりませんので参入のハードルは低いプラットフォームといえるでしょう。また以前は特に審査も無くアプリをリリースできましたが、2019年の夏ごろから審査を受けて通過しないとリリースできなくなりました。

図10.25 ▶ Googleデベロッパーアカウント

10-4-2　App Store

App Storeは、iOS向けにゲームアプリを公開するための唯一のプラットフォームです。App Storeでゲームを公開するには、Apple Developer Programの登録が必要です。

・Apple Developer Program
https://developer.apple.com/jp/programs/

Apple Developer Programには年間99ドル必要になるのに加え、iOSアプリのビルドにはmacOSが必要となります。よってゲーム公開のハードルという意味ではAndroidよりも高めです。また、Androidに比べてストアでの申請も面倒で、かつ審査も厳しめです。

ただし、全体のクオリティが厳密に保たれているためか、日本国内ではGoogle PlayよりもApp Storeの方が課金利用がされやすいという特徴があります。質の良いゲームを作ってより多くの収益を得たいのであれば、App Storeを外すことはできません。

図10.26 ▶ Apple Developer Program

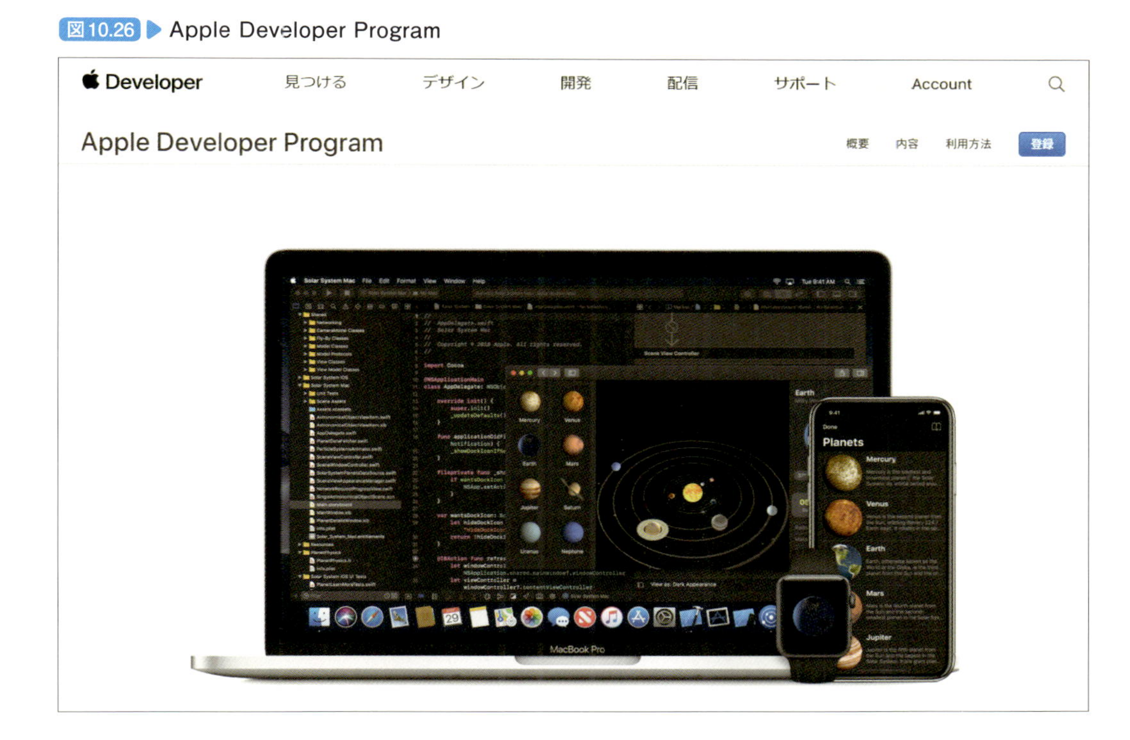

10

10-4-3　Steam

Steamは、Valveが提供するサービスで、PCやmac向けのゲーム配信で大きなシェアを握っています。PS4などでも発売されているメジャーなゲームの他に、インディーズゲームもたくさん配信されています。

Steamでゲームを配信する場合は、Steamアカウントを登録したあとにSteamworksに参加する必要があります。

・Steam
https://store.steampowered.com/

Steamでは、アカウント登録の費用はかかりませんが、ゲームを公開する際に1本100ドルのお金が必要になります。ただしこの100ドルは、公開したゲームの売り上げが1,000ドル以上になれば返金されます。

図10.27 ▶ Steam

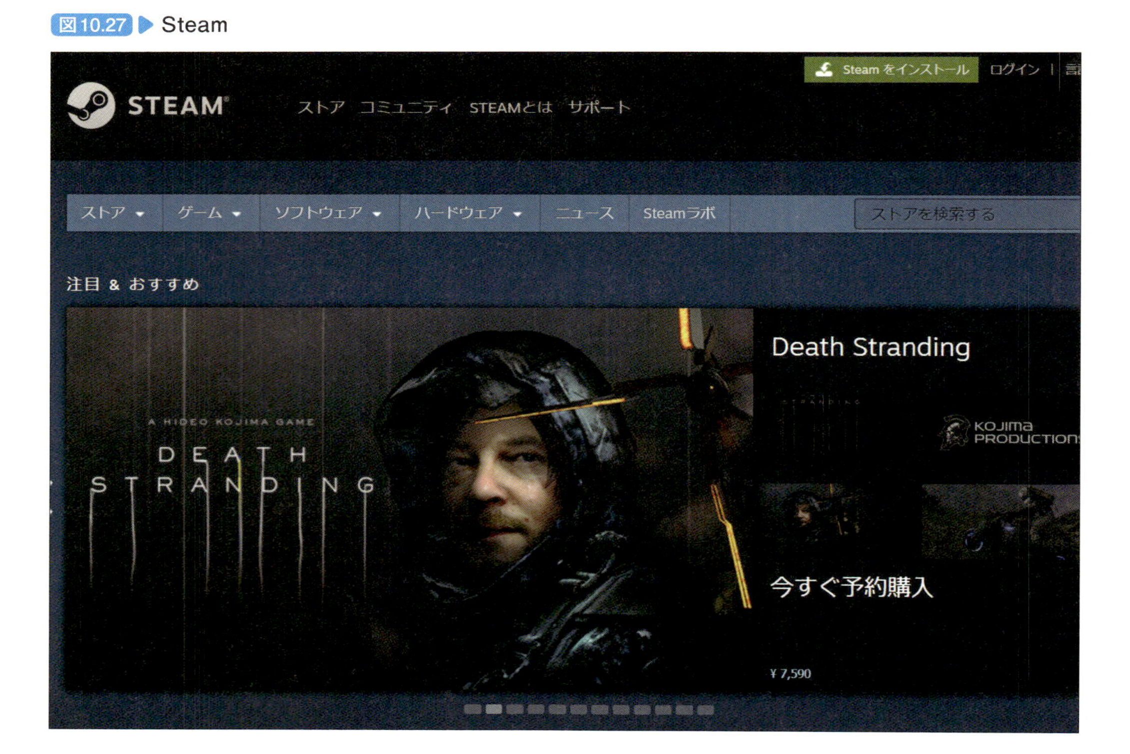

10-4-4 UDP(Unity Distribution Portal)

UDP (Unity Distribution Portal) はUnity公式のサービスで、Android向けゲームを非公式アプリストア (Google Play以外のアプリストア) に一括配布してくれるサービスです。

執筆時点ではまだβ (ベータ) 版ですが、海外の非公式アプリストアの中には数千万人～数億人のプレイヤーを抱えているところもあります。海外展開も視野に入れている場合はこれを使わない手は無いでしょう。利用料金は無料で、対応ストアは順次増やしていくとのことです。

・UDP (Unity Distribution Portal)
https://unity.com/ja/unity-distribution-portal

図10.28 ▶ UDP(Unity Distribution Portal)

コラム プレイヤーは開発者の想像を超えてくる

「無事ゲームも公開できて、やっとひと息つける……！」と思ったのもつかの間、プレイヤーが実際に遊んでくれると必ず予想外のトラブルが発生します。筆者も公開したゲームのさまざまなバグに悩まされました（中には、セーブデータが消滅するという致命的なものも……）。ここでは、しばしば起こりがちなトラブルを1つ紹介します。

とあるゲームで、累積スコアのランキングを競うイベントを作りました。しっかりやり込んでくれるプレイヤーも居て、イベントはそれなりに盛り上がり、開発者としては大満足。

しかし、そこに落とし穴がありました。一部プレイヤーのやり込み具合がこちらの想定を遥かに越えており、いつの間にか累積スコアが数億を越えた状態になりました。やり込み自体はありがたいのですが、困ったことにスコアにはint型を使っており、2,147,483,647（21億ちょっと）が値の上限でした。

上限を越えるとオーバーフローが発生し、データがおかしくなります。加えてスコア表示欄が狭かったので、UIのレイアウトもメチャクチャに。この時は急いで改修して事なきを得ましたが、プレイヤーは開発者の想像を簡単に超えてきます。

どれだけやり込んでも問題が発生しないよう、数値に関連する部分には特に注意を払いましょう。

Chapter 11

プレイされるゲームにしていこう

本章ではUnityゲーム開発に役立つさまざまな情報を紹介します。全体的に応用的なものが多く、ざっくりとした説明になっていますが、ゲーム開発を深掘りするためのカギとなる情報を盛り込んでいます。

ゲームをもっと面白くしよう

「作ったゲームを自分で遊んでみたが、あんまりおもしろくないな……」
これはゲームを開発しているとしばしば発生する問題です。
その先に待ち受けているのは出口の見えないアイデア出し＋開発、そしてお蔵入りの恐怖です。
ここではお蔵入りを避けるべく、ゲームを面白くするためのちょっとした情報をまとめています。

11-1-1　レベルデザイン

ゲームを面白くする上で、非常に重要なのがレベルデザインです。レベルデザインとは、マップの設計・敵の配置・難易度調整などを含めたゲーム空間の設計を指します。

たとえば、プレイヤーからよく見える位置に目立つオブジェクトを配置すると、プレイヤーはそのオブジェクトが気になり、そちらに向かおうとします。このように、プレイヤーがどのようにキャラクターを操作するかを考えながらオブジェクトを配置していくと、ストレスを与えない自然な動線が可能になります。

また、難易度の調整もレベルデザインの重要な要素の1つです。ゲームの進行に応じて一直線に難易度を上げるのではなく、難関ステージのあとはちょっと簡単なステージにするなど、難易度に緩急をつけた方がプレイにドラマが生まれます。

このように、プレイヤーの体験を常に考えながら要素を調整して開発することで、より面白いゲームに近づけることができます。

ProBuilder

ProBuilderはUnityのレベルデザイン用機能です。シンプルな3DモデルをUnityエディタ上で作成でき、レベルデザイン用のステージのプロトタイプを簡単に作ることができます。

このプロトタイプで「ここを高くして見通しを良くしよう」「ここは強敵が出現するようにしよう」といった方針を立てて、最後に3Dモデルを差し替えれば、レベルデザインの効率がアップします。

もちろん、ProBuilderで作った3Dモデルをそのままゲームで使用しても問題ありません。

・ProBuilder
https://unity3d.com/jp/unity/features/worldbuilding/probuilder

図11.1 ▶ ProBuilder

11-1-2 遊びの４要素

フランスの哲学者であるロジェ・カイヨワ（Roger Caillois）は、人間の遊びを「競争」「偶然」「模倣」「めまい」という４つの要素に分類しました。これはゲームを含めた「遊び」に関する普遍的な理論として、現在も通用するものとされています。

- **競争**
  レースやランキングなど、他の人と競う要素
- **偶然**
  クリティカルヒット、レアアイテムのドロップ、カードゲームで次に引くカードなど、運に左右される要素
- **模倣**
  プレイヤーがファンタジー世界の勇者になったり、野球チームを運営する監督になったり、レーサーになってレースしたりなど、何かのマネ（○○ごっこ）をする要素
- **めまい**
  爽快感、スピード感、没入感など、感覚に訴える要素

これらの要素はゲームだけに限らず、鬼ごっこやままごとなどの子供たちの遊びでもいずれかに当てはまっていることが多いです。４要素をすべて盛り込む必要はありませんが、指標として使うとゲームを面白くするための具体的な方法が見えやすくなります。

たとえば、自分のゲームに対して以下のように問いかけてみると新たな発見があるはずです。

・4つの要素が自分のゲームに含まれているか
・含まれている場合は、その要素をさらに伸ばすことは可能か
・含まれていない要素があるならば、その要素を含めるために、どのような機能を追加すれば良いか

11-1-3　プレイの動機を提供する

ゲームの面白さに気づいてもらうためには、ある程度の時間をかけてプレイヤーに遊んでもらう必要があります。そこで重要になるのが、ゲームプレイの動機となる目的や目標です。

これまでに少し触れましたが、プレイの動機が明確であれば、プレイヤーはゲームから離れづらくなります。

たとえば、以下のような仕掛けを組み合わせることで、プレイの動機を与えることができます。

・「魔王を倒して姫を救う」といったゲームの最終目的をプレイヤーに意識させる
・ステージクリアのようなプレイヤーの目の前にある目標を常に与える
・ミッションのようなプレイヤーが好きなときに達成できる数値目標を与える
・ゲームを進めることで新機能が使えるようになる仕組みを入れる（あらかじめ新機能の枠だけでも見えているとより効果的）

特にストーリーは非常に強力です。良質なストーリーとゲーム的な表現を組み合わせれば、仮にゲーム性がほとんど無かったとしてもノベルゲームとして成り立ちます（ストーリーは強力ではあるものの必須ではありませんので、自分の得意な形でプレイへの動機づけをしてみましょう）。

余談ですが、ゲーム専用機などの買い切り型のゲームに関しては、「ゲームを買う」という行為自体が動機づけとなっています。プレイヤーは「買ったからにはしっかり遊ばないともったい無い」と思うわけです。

ただし、スマホの無料ゲームではこのような動機づけは成り立たないため、利用開始時からゲームにグイグイ引き込むような動機づけが重要になります。

コラム 面白くなくても、とりあえずリリースしてみる

自分の作ったゲームをどうしても面白くできない場合は、思い切ってその状態でリリースしてしまうのもひとつの手です。

開発者が「プレイヤーがどのようなゲームを欲しているか」を100％把握することは不可能です。開発者自身がプレイして「今ひとつだなぁ……」と感じても、プレイヤーは「面白い！」と感じることもしばしばあるのです。

あまりにも迷走した場合は、お蔵入りという最悪の自体を避けて、最低限ゲームとして遊べる状態に仕上げてからリリースし、プレイヤーの反応を見てみるのもよいでしょう。

リリースすると、少なからずプレイヤーからのフィードバックを得られることができます。それらが必ずしも正しいわけではありませんが、ゲームに足りない部分を指摘してもらったり、フィードバックが得られることで開発への意欲も高まることも多いです（逆に泣きそうになることもあります……）。

自分の作るゲームにこだわりを持つことはとても大切です。しかし、常に100％の完成度を求めるのが正解とは限りません。特に経験の少ないうちは、トライ＆エラーを繰り返して経験を積んだ方が良いでしょう。

11-2 ゲームを収益化しよう

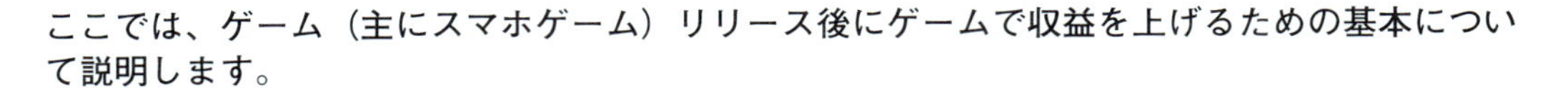

ここでは、ゲーム（主にスマホゲーム）リリース後にゲームで収益を上げるための基本について説明します。

11-2-1　ゲーム収益化は開発者の悩みのタネ

自分の作ったゲームで収益を上げることは、多くの個人ゲーム開発者にとって大きな悩みのタネです。筆者は執筆時点ではゲーム以外の受託開発で生計を立てていますが、「自分が作ったゲームやサービスで生きていけるようになりたい」と日々考えています。ゲーム開発者を志す方には同じような考えの方も多いのではないでしょうか。

自分のやりたいことで生きていけるようにするためにも、ゲームをマネタイズ（収益化）する方法を知っておきましょう。

11-2-2　広告について知っておく

ゲーム中に広告が表示されるのをよく見かけたことがあるかと思います。無料でプレイできるゲームでも、広告を組み込むことによって収益化が可能です。

Unity Ads

Unity AdsはUnity公式の動画広告サービスです。Unityエディタ上で設定をONにしてプラグインをインポートし、サンプルコードをコピー＆ペーストするだけで手軽さに組み込むことができるため、手間をかけずに広告を導入したい場合は最適なサービスです。また広告動画がゲームに特化していることもメリットの１つです。

・Unity Ads
https://unityads.jp/

図11.2 ▶ Unity Ads

他の広告配信サービス

広告配信サービスはUnity Ads以外にもたくさんあります。筆者は以下のサービスをよく利用しています。

・Google AdMob
　https://www.google.com/intl/ja_jp/admob/index.html
・maio
　https://maio.jp/
・nend
　https://nend.net/

サービスごとに広告の単価や出稿できる広告も異なります。いくつか試してみて自分に合ったサービスを探してみると良いでしょう。これらのサービスではUnity用のAssetが用意されていますので、組み込むことの難易度はそれほど高くありません。

SDK組み込み時の注意点

ただし、広告SDKを導入する際にAndroidのプラグインが干渉することがあります。またSDKを何種類も入れていると、ビルドできなくなることがあります。その場合は、干渉するプラグインを探し出して削除してください。このトラブルで苦しむ開発者はたくさんいますので、エラーメッセージでGoogle検索を行うと、たいていは解決方法が見つかります。

また、UnityやSDKのバージョンが古いことで不具合が発生することもあります。できるだけ新しいバージョンのUnityやSDKを使いましょう。

広告の種類

広告にはいくつかの種類があります。ここでは基本的な広告の種類と、それぞれの使いどころをまとめましたので、理解しておきましょう。

- **バナー広告**

  画面の上下に表示される静止画やテキストの広告です。クリックすると収益に繋がるため誤クリックを狙った配置にしているアプリもありますが、やり過ぎるとゲームの楽しさを損なうため注意しましょう。

- **インタースティシャル広告**

  静止画または動画広告が全画面ポップアップします。ポップアップの頻度が多いと日本のプレイヤーには嫌われますが、アメリカなどはマネタイズに関してプレイヤーの理解が深く、日本ほどは嫌われないようです（逆に広告が出なさすぎると「どうやって収益上げてるんだ？？」と不審がられるそうです）。

- **リワード広告**

  インタースティシャル広告と似ていますが、15〜30秒程度の動画を最後まで見るとプレイヤーに報酬（リワード）が付与される広告です。再生単価が高く、報酬があるのでプレイヤー側もよろこんで視聴してくれるため、収益の要となることが多いです。高得点を叩き出したプレイの後で報酬が2倍になるリワード広告を表示したり、ハイスコア直前でゲームオーバーになった時にコンティニュー用リワード広告を表示したりと、プレイヤーが喜ぶタイミングで表示することでより効果が高まります。

11-2-3 アプリ内課金について知っておく

11-2-2では広告による収益化を説明しましたが、ここではもう1つの強力な収益源であるアプリ内課金について説明します。

課金の準備

作ったゲームでアプリ内課金を行うには、Android・iOS共に、デベロッパーアカウントで設定を行う必要があります。本書では詳細は説明しませんので、「アプリ内課金 導入」などで検索し、手順を確認してください。

ちなみに、アプリ内課金を導入する場合は、開発者情報としてストアで住所を公開する必要があります。個人開発の場合は自宅の住所を公開することも多いかと思いますので、課金でトラブルが起こらないよう気をつけて開発・運用しましょう。

課金の種類

アプリ内課金は大きく分けて以下の3種類に分類できます。

■ **消費型**

消費型はアプリ内通貨など、一度使用すると無くなる商品です。通貨残高などのデータは独自に管理する必要があります。そのデータ管理の手間や、チート（バグなどを悪用したインチキ）への対策も考慮しなければならないため、サーバー側でデータを管理する場合がほとんどでしょう。またプレイヤーが機種変更をした際のデータ移行方法なども用意する必要があります。

■ **非消費型**

非消費型は広告の非表示化や買い切り型のキャラクターなど、使っても無くならない商品です。Android・iOS共にストアでの購入情報を元にした復元が可能ですので、一番簡単に実装できます。

■ **定期購読型**

定期購読型は雑誌の定期購読のような課金方法で、購入すると指定された期間、ユーザーに任意の対価を提供します。

課金の実装方法

UnityにはIn App Purchase（直訳するとアプリ内課金）というアプリ内課金用の機能があります。その中のCodeless IAP機能を使うことで、スクリプトを書かずにアプリ内課金を実装することが可能です。

In App PurchaseはPackage Managerからインストールでき、導入も簡単です。

・Unity IAP
https://learn.unity.com/tutorial/unity-iap

11-3 ゲームをもっと広めよう

苦労してゲームを作り上げても、遊んでくれるプレイヤーがいないと悲しくなるでしょう。ゲームがいくら面白くても、誰も知らなければプレイしてもらえません。プロモーションに励んでゲーム自体を知ってもらう必要があります。

11-3-1　プレスリリースを送る

プレスリリースを作成してメディアに送ることで、個人開発のゲームでも掲載してもらえることがあります。筆者も新作をリリースする際は20〜30ヵ所ほどプレスリリースを送って、数ヵ所で掲載していただいています。

ゲームのプレスリリースを受け付けているメディアの一覧をまとめてくれているサイトもありますので、活用しましょう。

11-3-2　SNSを使う

TwitterやFacebookなどのSNSで情報を発信して、プロモーションに活用することもできます。

ただし、やみくもにSNSでプロモーションを行っても、閲覧してくれるフォロワーが存在しないと意味がありません。以下のようなことを心がけて活動の幅を広げると、フォロワーも増えていきます。

・開発者コミュニティなどに参加する
・頑張っている人を精一杯応援する
・自分の頑張っている姿をシェアする
・誰かの役に立とうとする

11-3-3　シェア機能を実装する

ゲームのスクリーンショットなどをSNSにシェアできる機能を実装することで、プレイヤーがゲームを広めてくれることがあります。「ハイスコア更新」や「レアアイテム出現」など、ついシェアしたくなるタイミングでシェアボタンを配置しておくとプロモーションの効果が高まります。

11-3-4　プロモーションに使えるサービスを活用する

たとえば予約TOP10というサービスでは、開発中のゲームを告知して事前予約をとることができます。他にもアプリを紹介できるサービスはいろいろと誕生していますので、探してみてください。

・予約TOP10
　https://yoyaku-top10.jp/

図11.3 ▶ 予約TOP10

11-3-5　広告を出す

アプリのダウンロード単価（1ダウンロードあたり何円の収益があるか）がおおよそ判っているのであれば、広告を出してみるのもオススメです。

筆者がAppleの「Search Ads」とGoogleの「Google広告」で広告を出してみたところ、1ダウンロードあたりの出稿予算が30円程度でも毎日数件のダウンロードが発生しました。月々の予算も事前に決められますので、個人でも気軽に試すことができます。

・Search Ads
　https://searchads.apple.com/jp/
・Google広告
　https://ads.google.com/intl/ja_jp/home/

11-3-6 リピート率を向上させる

無料のゲームがあふれる現在では、ゲームを長く遊んでもらうのはかなり大変なことです。プレイヤーが「今日もやりたい」と思える要素を盛り込んでリピート率を上げましょう。

たとえば、リピート率を増やすために「コンテンツが徐々に開放されていく」ようにすることはとても効果的な仕掛けです。そのゲームを遊んでいくうちにどんどんとゲームの幅が広がっていますので、その先の展開が気になるというわけです。

また、1日1回ゲームを起動すると、アイテムなどのリワードがもらえる仕組みも非常に有効です。新しい体験とちょっとした楽しみをプレイヤーに提供し続ければ、必然的にリピート率は上がっていくはずです。

コラム PUSH通知の利用

スマホゲームの多くは、任意のタイミングでプレイヤーにメッセージを送信できる「PUSH通知」を実装しています。たとえば、以下のようなメッセージを送ることによって、リピート率を向上させる効果が見込めます。

- しばらくゲームを起動していないプレイヤーに対して「久しぶりに起動してくれたら経験値2倍ボーナスをつけます」といったメッセージを送信する
- 「新機能が実装されました」や「イベント開催中です」など、何らかのイベントごとにメッセージを送信する

PUSH通知の一風変わった使い方としては、「長いこと起動していませんね。いっそのことアンインストールしてください……」という自虐的なメッセージを送るものもあるそうです。

開発の効率を上げよう

ゲーム開発では、開発効率を向上させることはたいへん重要です。こだわりの機能や演出にかける時間を少しでも増やせるよう、開発の時短テクニックを把握しておきましょう。

11-4-1 バージョン管理を利用する

「スクリプトを変更していたら、ゲームが動かなくなってしまった……」

ゲームを開発していると、このようなトラブルにしばしば出くわします。トラブルが発生してしまうと元の状態に戻すのにも一苦労です。

このようなときに役立つのがバージョン管理です。バージョン管理とは、ゲームのプロジェクトに含まれる各ファイルの変更履歴を管理することです。

ファイル保存の最も原始的な管理方法は、定期的にプロジェクトのすべてのファイルをコピーして保存しておくことです。これを行うことで、ファイルを消したり、ファイルが壊れたりしても、保存した時点でやり直すことが可能になりますが、これはかなり面倒な作業で、かつ同じファイルがいくつも存在することになるため、新たなトラブルが起こる危険性もあります。

そこで、Gitなどのバージョン管理システムを利用すれば、各ファイルの変更履歴をすべて保存でき、いつでもファイルを前の状態に戻すことが可能になります。また複数人で開発する場合も、マージ機能などがありますので開発が進めやすくなります。

Gitはコマンドラインで利用できますが、SourceTreeなどのツールを使えば、GUIで操作することも可能です。

・SourceTree
https://ja.atlassian.com/software/sourcetree

図11.4 ▶ SourceTree

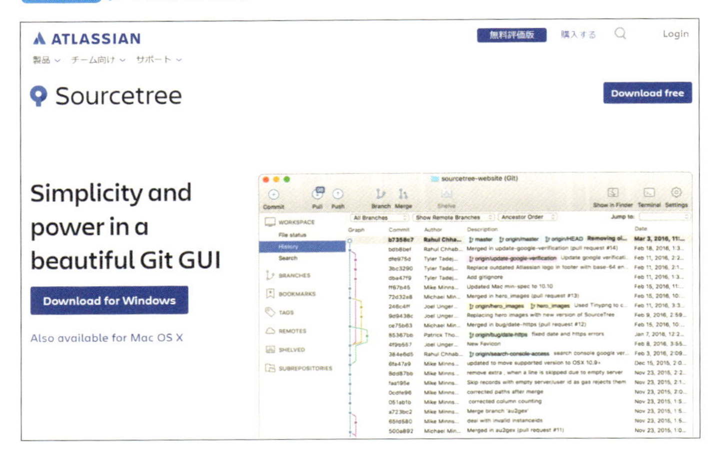

また、Gitを使うべき理由は他にもあります。それは、Gitと連携できるオンラインのバージョン管理サービスの存在です。Github・GitLab・Bitbucketなどのバージョン管理サービスにプロジェクトを丸ごと保存しておけば、手元のデータが壊れてもいつでも復元できます。

- GitHub
  https://github.co.jp/
- Gitlab
  https://about.gitlab.com/
- BitBucket
  https://bitbucket.org/

これらのバージョン管理サービスは、無料で使えるプランも用意されています。苦労して作ったゲームが破損したり消滅したりすると元も子もありませんので、悲劇が起こる前に対策しておきましょう。

11-4-2　自動ビルドを実行する

Unityでゲームを開発していると、ビルドにかかる時間が悩みのタネになります。ちょっとしたゲームでもビルドにかかる時間は結構長く、ビルド中はエディタ操作もできないため、何度もビルドしているとかなりの時間を無駄にしてしまうわけです。

そんなとき活用できるのが、Cloud Buildというサービスです。

- Cloud Build

https://unity3d.com/jp/unity/features/cloud-build

Cloud Buildは前述のバージョン管理サービスとの連携が可能で、ファイルをバージョン管理サービスにPUSH（アップロード）したとき、Cloud Buildが勝手にビルドをしてくれます。そして、ビルドしたゲームはスマホで直接ダウンロード・インストールできます。もちろん、各種ストアにアップロードすることも可能です。

利用にはUnity Team Advancedのライセンス（執筆時点で月9ドル）が必要ですが、手元でビルドしなくて良くなるのは非常に効果的です。

11-4-3 その他の開発効率化

開発効率の向上に役立つものは、他にもいろいろとあります。

エディタ拡張

Unityのエディタ上で開発していると、「こんな機能があったら便利なのに」と思うことがあります。そのようなときエディタ拡張を行うことで、自分好みの機能をUnityエディタに追加することができます。

・エディター拡張
https://docs.unity3d.com/jp/current/Manual/ExtendingTheEditor.html

エディタ拡張のAsset

Asset Storeには、強力な機能を備えたエディタ拡張Assetがたくさんあります。執筆時点でのモダンなエディタ拡張Assetを紹介します。

■ **Odin**

ListやDictionary型のフィールドをInspectorウインドウ上で編集可能にしたり、好きな処理を実行できるボタン（主にデバッグ用）をInspectorウインドウ上に簡単に配置できたりなど、Inspectorウインドウ周りを大幅に強化します。

■ **Arbor**

Unityでビジュアルスクリプティング（スクリプトを書くのではなく、エディタ上で組み立てていくこと）ができるようになります。

UniRx

スクリプトを書くのに慣れてきたら、UniRxというライブラリを使ってみると良いでしょう。

UniRxは、「Observerパターン」と呼ばれるプログラムのデザインパターンに基づいて作られた「Reactive Extensions（Rx）」というライブラリを、Unity向けに移植したものです。

ライブラリ導入のメリットは、「特定の値を監視し、値が変わったら処理を実行する」という処理がとても簡単に実装できることです。UniRxはAsset Storeで入手できます。

コラム サーバーでデータを管理してみよう

プレイヤー同士でコミュニケーションを行うゲームの場合は、サーバー側にデータを保存する必要が出てきます。プレイヤー名や使用キャラクターなどのさまざまな情報をサーバー側に保存し、他のプレイヤーがそれを読み取ることでプレイヤー同士が繋がります。

サーバーは自分で構築することも可能ですが、手っ取り早く準備する場合は、既存のBaaS（Backend as a service）を利用することをオススメします。以下のBaaSではBaaSはUnity用のSDKが提供されていて、比較的簡単にゲームに組み込むことができます。

- Playfab
  https://azure.microsoft.com/ja-jp/services/playfab/
- GameSparks
  https://www.gamesparks.com/
- Firebase
  https://firebase.google.com/?hl=ja
- NCMB
  https://mbaas.nifcloud.com/
- GS2
  https://gs2.io/

これらのBaaSはそれぞれ特徴があり、利用料金もさまざまで、機能制限はありますが無料プランもあります。

なお、これらのBaaSを使うとソーシャルゲームのようなオンラインゲームを作ることはできますが、協力・対戦型のFPSやアクションなどのリアルタイム性が求められるゲームには向いていません（サービスの構造的にどうしても遅延が発生してしまいます）。

Unityでリアルタイムのオンラインゲームを開発する場合は、Photonというプラットフォームが便利です。2013年からサービスを提供しており、情報も豊富です。

また、Unity公式のマルチプレイヤー向けツールも2020年ごろにリリースされる予定ですので、今後のアップデートに注目です。

- リアルタイムマルチプレイヤーゲームを作ろう
  https://unity.com/ja/solutions/real-time-multiplayer

11-5 Unityの魅力的な機能をさらに知っておこう

本書で説明したゲーム開発以外にも、Unityにはたくさんの機能があります。ここでは、その一部を紹介しますので、興味を持ったものがあれば試してみてください。

11-5-1 VR/AR

Unityは VRや ARにも対応しており、それらの分野でも大いに活用されています。

VR

魅力的なデバイスが日々登場し、さらなる盛り上がりを見せるVR(Virtual Reality = 仮想現実)。VRコンテンツはアトラクションや映像として楽しめるほか、空間を気軽に作成・体験できることを活かして、不動産や家具販売にも利用され始めています。

皆さんの中にも、きっとRPGなどの世界にVRで入って楽しみたい(むしろ暮らしたい)という方が居るかと思います。Unityでは、Package ManagerからOculus、Google VR、OpenVRなどに対応したVRコンテンツ開発用パッケージをインストールできます。また、Gear VRなどのVR機器に関してもSDKを入れることで対応可能です。

筆者がGoogle VRを試してみたところ、シーンのカメラを変更するだけでVR対応が可能というとんでもないお手軽さでした。手持ちのスマホと安価なVRゴーグルがあれば、Unityで作った世界を歩き回れてしまうわけです。

AR

VRと並んで、盛り上がりを見せているAR(Augmented Reality = 拡張現実)。仮想の世界に入って楽しむVRに比べ、現実の世界にプラスアルファの要素を加えるARの方が日常生活に組み込みやすいため、先に大きく成長するのはARだろうともいわれています。

Unityでは、Android向けのARCore、iOS向けのARKitともにパッケージを入れることで対応可能です。

https://developers.google.com/ar/
https://developer.apple.com/jp/arkit/

また、Android/iOSそれぞれに対応するのが大変であれば、Unityが標準でサポートしているVuforia Engineを使って、一気に両OSに対応することも可能です。

https://unity3d.com/jp/partners/vuforia

11-5-2 Shader

Shaderは金属や木など、オブジェクトの質感を変えたり、オブジェクトを歪ませたりする際に使用します。普段はデフォルトのShaderやAssetに含まれるShaderを使うことが多いかと思いますが、自分で作成することも可能です。

Shader Graph

Shader GraphはUnity 2018から搭載された機能で、Shaderをグラフィカルに組み立てることができるようになりました。この機能によって以前よりもShader作成のハードルが下がっていますので、一度試してみてください。

・Shader Graph
https://unity.com/ja/shader-graph

Shaderを手書きする

ShaderはHLSL言語の派生言語であるCgで書かれており、スクリプトで使うC#とは大きく異なるため、新たに学習が必要です。ただし、Cgでプログラムを書けるようになると、表現の幅が大きく広がります。

・シェーダーリファレンス
https://docs.unity3d.com/ja/Manual/SL-Reference.html

ちなみに筆者はごく簡単なShaderしか書いたことがありませんが、画像をスクロールさせるShaderを作って背景スクロールを楽に実装できたり、画像アニメーション用Shaderを作って負荷を抑えつつ大量のSpriteをアニメーションさせたりと、結構役に立っています。

11-5-3　タイムライン

本書で作ったゲームは、ゲームオーバー画面で自動でタイトル画面に遷移させる処理など、時間の流れに沿った処理をスクリプトで実現しています。これを同様のことが行えるのがUnityのタイムライン機能です。この機能を使用すれば、時間の流れに沿った処理をタイムライン上で組み立てることができます。

・タイムライン
https://docs.unity3d.com/ja/current/Manual/TimelineSection.html

ゲーム中のイベントシーンや映像コンテンツを作成する場合は、タイムラインを使うと意図通りの処理を組みやすくなるでしょう。また、シューティングゲームの敵キャラクターのように、時間経過に応じて一定の動きをするオブジェクトにも利用可能です。

11-5-4　ECS

ECS（Entity Component System）とは簡単にいうと、できるだけ負荷を抑えて、大量のオブジェクトを同時に扱えるようにする仕組みです。Unityで万単位のオブジェクトを動かす場合、通常のゲームオブジェクトを使うと負荷が高すぎてゲームとして用をなしませんが、このECSを利用するとゲームを滑らかに動作させることが可能になります。

これだけを聞くと「それならば常にECSを使えばよいのでは？」と思うでしょうが、導入には以下のようなハードルがあります。

・通常のゲームオブジェクト（MonoBehaviour）とは別の仕組みで動くため、設計変更やスクリプトの書き換えが必要になる
・現時点では実装がややこしくなる（リリースされて日が浅く、気の利いたメソッドが少ない）

ただし、ゲームオブジェクトを一括でEntityに変換してくれる機能など、Unityエディタ側でのECSサポートも徐々に充実してきていますので、今後に期待しましょう。

ECSを使って大量のオブジェクトが動いている様は圧巻で、かつ大量のオブジェクトが扱えるとなるとゲームのアイデアも広がります。興味のある方は、以下の公式サンプルプロジェクトを参考してください。

・ECSの公式サンプルプロジェクト
https://github.com/Unity-Technologies/UniteAustinTechnicalPresentation

なお、ECSはDOTS（Data-Oriented Technology Stack）の機能の1つです。ゲームをDOTSに対応すれば、パフォーマンスの大幅な向上が見込めることに加え、Unity Physicsという新しい物理エンジンも使用できるようになります。Unity Physicsは高速でゲームが動作することに加え、物理演算を何回実行しても同じ結果が得られる（つまり物理挙動の事前予測ができる）ことが大きな特徴です。

・DOTS
　https://unity.com/ja/dots
・Unity Physics
　https://unity.com/ja/unity/physics

コラム Unityでゲーム以外を作ることはできるのか

筆者は以前からAndroidやiOSのネイティブアプリを開発していましたが、Unityでゲーム開発を行うようになってから、「Unityを使えばゲーム以外のアプリも簡単にマルチプラットフォーム対応できるのでは」と思い始めました。

AndroidやiOSネイティブで開発する場合、プログラムやUIをそれぞれ作らないといけないため、実装の手間が二重にかかります。この手間をUnityで減らせないかと考えたわけです。

結論からいうと、Unityで普通のアプリを作ることは「可能」です。ただし、以下のようなメリットとデメリットが存在します。

■メリット

・マルチプラットフォーム対応
　Unityはマルチプラットフォームに対応しているため、Android/iOSに向けたアプリを一気に作ることが可能です。
・リッチな表現がしやすい
　ゲームエンジンという特性上、アニメーションや多種多様なエフェクトなど、リッチな表現や演出が実装しやすいです。
・UI作成ツールの使い勝手が良い
　Android StudioやXcodeと比較すると、UnityのUI作成機能はシンプルで使いやすいです。細かな部分で多少苦慮しますが、UIの開発コストはいくぶん抑えられるはずです。

■デメリット

・バッテリー消費の問題
　ネイティブアプリは各OSに最適化されていますが、Unityはゲーム以外のアプリには不要な処理が含まれており、どうしても無駄が出てしまいます。

特に顕著なのがフレームレートです。たとえばUnityでは、毎フレームUpdate()や描画系の処理が呼ばれますが、ネイティブアプリでは動きが少ないのでほとんどの場合に無駄な処理となります。そのため、ツール系のアプリを常に高FPSで動かし続けていると多くのバッテリーを消費してしまいます。バッテリーを少しでも節約したい場合は、UIにアニメーションさせる時のみFPSを高くするなどの工夫が必要になってきます。

・Unityに無い機能を使うときに、少し面倒

Unityはゲームのための機能が充実していますが、Android/iOSが持つすべての機能を使えるわけではありません。そのような機能を使うためには、Android/iOSそれぞれのネイティブプラグインを作る必要があります。

また、ネイティブプラグインは各OSでしか動作しないためエディタ上でデバッグ実行する場合はダミーの処理も実装しないといけません。これらのことから、ゲームではないアプリをUnityで開発するかどうかは、作ろうとしているアプリの特徴を考慮しつつ検討した方が良いでしょう。マルチプラットフォーム対応の開発フレームワークはFlutterやXamarinなど他にも多数ありますので、それらを検討しても良いでしょう。

・Flutter
https://flutter.dev/
・Xamarin
https://docs.microsoft.com/ja-jp/xamarin/

図11.a ▶ Flutter

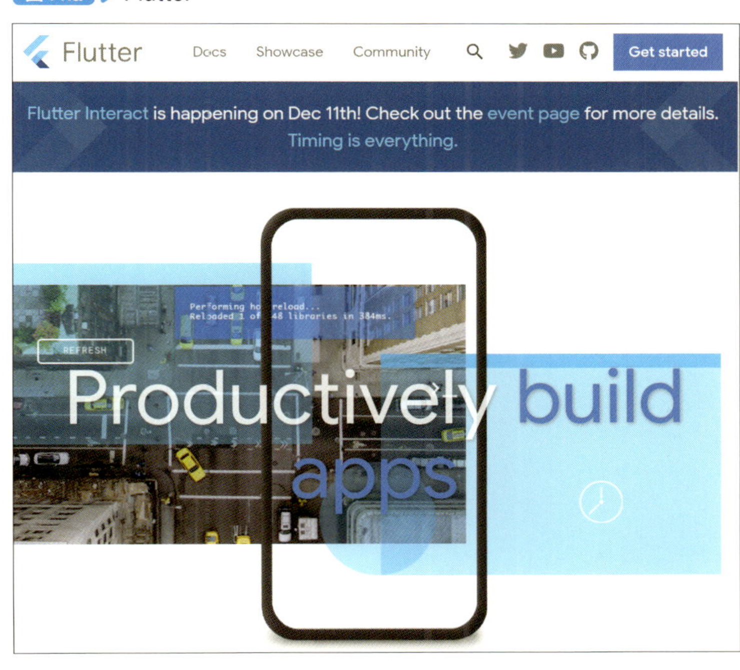

イベントに参加してみよう

1人での開発も楽しいですが、ゲーム開発の仲間がいるとお互いに刺激が得られ、モチベーションも保ちやすくなります。ここではUnity関連のイベントについてまとめています。

11-6-1 Unityに関連したイベント

Unityに関連したイベントは、勉強会・もくもく会・オンラインイベントなどさまざまな種類があり、毎日のように開催されています。

イベントの多くは誰でも参加できるようになっており、Unityを学び始めたばかりの人から本格的なゲームを開発している人まで、学生・社会人問わずさまざまな人たちがいます。

これらのイベントでは他の開発者と意見を交換できたり、最新技術にも触れることができるので参加しない手はありません。以降で主なUnity関連イベントを紹介します。

11-6-2 Unity Meetup

Unity MeetupはUnityの公式イベントサイトです。定員10人以下の小規模なイベントから、国内最大のカンファレンスイベント「Unite」まで、Unityに関するさまざまなイベントが紹介されています。

・Unity Meetup
https://meetup.unity3d.jp/jp/

図11.5 ▶ Unity Meetup

11-6-3 Unity1週間ゲームジャム

Unity1週間ゲームジャムはお題が出てから1週間でゲームを作り上げる、不定期開催のオンラインゲームジャムイベントです。

参加は自由で敷居に低く、初心者の作品から非常にクオリティの高いものまで出揃う、とても間口の広いイベントです。

・Unity1週間ゲームジャム
https://unityroom.com/unity1weeks

図11.6 ▶ Unity1週間ゲームジャム

11-6-4　その他の勉強会・イベント

Unity Meetup以外にも、企業主催のものから個人主催のもくもく会まで、多種多様な勉強会が頻繁に開催されています。勉強会の告知・運営管理プラットフォームのconnpassやATNDで募集されていますので、チェックしてみましょう。

・connpass
　https://connpass.com/

 connpass

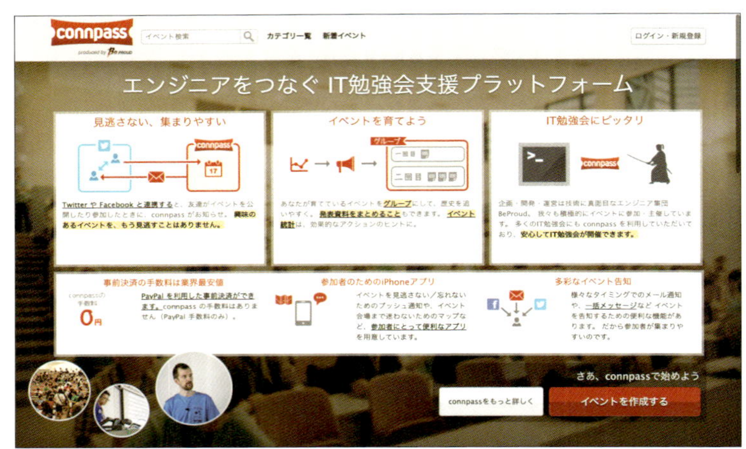

あとがき

本書を最後までお読みいただき、ありがとうございました。

1冊を通してのサンプルゲーム開発は大変なところもあったかと思いますが、きっと実践的な開発テクニックが身についたことかと思います。

そして、Unityは基礎を身につけてからが本番です。新しい機能やすごいAssetが日々追加されていますので、開発の合間にぜひ最新の情報も追ってみてくださいね。

さて、本編が終わったところでゲームとUnityの未来についてちょっと想いを馳せてみましょう。

例えば10年後。ゲームやUnityは今よりも盛り上がっているか、それとも衰退しているか、どちらだと思いますか？

筆者は10年間でゲームはますます盛り上がっていき、Unityはゲーム以外にもさまざまな方面に広がっていくと考えています。

Unityでのゲーム開発を目一杯楽しんで、気が向いたらゲーム以外のものも作れる。Unityは本当にステキです。

そんなステキなUnityを使って、どんどん作品を世に出していきましょう！筆者も頑張って作りますよー！

近い将来皆さんのゲームをプレイできること、そしてお互いゲーム開発者としてお会いできることを楽しみにしています！

最後に、担当編集者の春原さんには本書の執筆にあたって大変お世話になりました。この場を借りて心から御礼申し上げます。また、仕事部屋に突入するのをガマンしてくれた子供たち、いつも応援してくれた妻にも心から感謝！

サンプルファイルについて

本書で使用するサンプルファイルは、著者によるGitHubページで配布しています。

https://github.com/akako/honkaku_unity

■GitHubページの構成

GitHubページは以下の図のようなフォルダ構成になっており、ご自身のPCに取り込む際は
は、いずれか方法で行ってください。

①Sourcetree (https://www.sourcetreeapp.com/) やTortoiseGit (https://tortoisegit.org/) などのGitクライアントを使用する

②GitHubのトップページにある「Clone or download」ボタンをクリックし、「Download ZIP」をクリックする

▶ ZIPファイルで一括ダウンロード

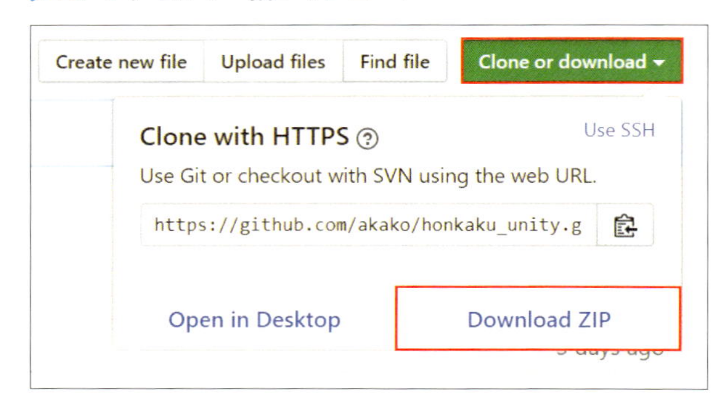

▶ GitHubページの構成

フォルダ	内容・導入手順
Games	内　　容：ビルドした完成版サンプルプロジェクト 導入手順：zip解凍後、IkinokoBattle.exe（Windows）もしくはIkinokoBattle.app（macOS）を実行する
Projects	内　　容：前の章までの作業内容を含むサンプルプロジェクト（ex.IkinokoBattle7であれば6章まで） 導入手順：zip解凍後Unityエディタで開き、各種AssetをAsset Storeからインポート、Standard Assetsのエラーを修正する（6-2-1参照）
Scripts	内　　容：各章で使用するスクリプト 導入手順：macOSでは、FinderでScriptsのディレクトリを開いてコピ＆ペーストする（Unity Editor上にコピペすると、同名のスクリプトがある場合は勝手にリネームされてしまうため）
Textures	内　　容：2-3-8で使用する画像ファイル
UnityPackages	内　　容：パッケージ（各所で使用する画像・音声データなど。ダブルクリックでインポート可能） 導入手順：ダブルクリックでインポートが可能

■サンプルプロジェクトの取り込みについて

Projectsフォルダにあるサンプルプロジェクトは、前章までの作業内容は含みますが、Assetは含んでいません。使用する前にAssetのインポート、Standard Assetsのエラー修正（6-2-1参照）を行ってください。使用前にインポートが必要なAssetは以下のとおりです。

▶ インポートが必要なAsset

ファイル	Asset
IkinikoBattle6.zip	Standard Assets（6-2-1参照）、Wispy Skybox（6-2-1参照）
IkinikoBattle7.zip	Standard Assets（6-2-1参照）、Wispy Skybox（6-2-1参照）、"Query-Chan" model SD（6-2-2参照）、Cinemachine（6-4-1参照）、Woman Warrior（6-6-2参照）
IkinikoBattle8.zip	Standard Assets（6-2-1参照）、Wispy Skybox（6-2-1参照）、"Query-Chan" model SD（6-2-2参照）、Cinemachine（6-4-1参照）、Woman Warrior（6-6-2参照）、Level 1 Monster Pack（7-1-1参照）、Low Poly Survival modular Kit VR and Mobile（7-5-1参照）
IkinikoBattle9.zip	Standard Assets（6-2-1参照）、Wispy Skybox（6-2-1参照）、"Query-Chan" model SD（6-2-2参照）、Cinemachine（6-4-1参照）、Woman Warrior（6-6-2参照）、Level 1 Monster Pack（7-1-1参照）、Low Poly Survival modular Kit VR and Mobile（7-5-1参照）、DOTween（8-2-3参照）
IkinokoBattle_complete.zip	Standard Assets（6-2-1参照）、Wispy Skybox（6-2-1参照）、"Query-Chan" model SD（6-2-2参照）、Cinemachine（6-4-1参照）、Woman Warrior（6-6-2参照）、Level 1 Monster Pack（7-1-1参照）、Low Poly Survival modular Kit VR and Mobile（7-5-1参照）、DOTween（8-2-3参照）

索 引

記号・数字

A

B~D

E~H

I~M

N~R

S

T~U

V~W

あ行

か行

さ行

た行

な行

は行

ま行

や行

ら行

■賀好 昭仁（かこう あきひと）

CREATOR GENE代表、東京大学生産技術研究所 特任研究員。Webサービス・スマホアプリ・ゲームなどの企画および開発を経て、2019年に独立。開発を通じて世の中のハッピーを増やすべく、日々活動している。

装丁 ● ライラック
本文デザイン ● リンクアップ
本文レイアウト ● スタジオ・キャロット
編集 ● 春原正彦
URL ● https://book.gihyo.co.jp/116/

本書の内容に関するご質問は、下記の宛先までFAXまたは書面にてお送りください。お電話によるご質問、および本書に記載されている内容以外のご質問には、一切お答えできません。あらかじめご了承ください。

宛 先：
〒162-0846
東京都新宿区市谷左内町21-13
技術評論社　書籍編集部
『作って学べる　Unity 本格入門』質問係
FAX：03-3513-6167

なお、ご質問の際に記載いただいた個人情報は質問の返答以外の目的には使用いたしません。また、質問の返答後は速やかに破棄させていただきます。

作って学べる　Unity 本格入門

2020年2月 4日　初版　第1刷発行
2020年7月15日　初版　第2刷発行

著　　者　賀好 昭仁
発 行 者　片岡 巌
発 行 所　株式会社技術評論社
　　　　　東京都新宿区市谷左内町21-13
電　　話　03-3513-6150（販売促進部）
　　　　　03-3513-6160（書籍編集部）
印刷／製本　株式会社 加藤文明社

定価はカバーに表示してあります。

ISBN978-4-297-10973-8　C3055
PRINTED IN JAPAN